Naturschutz

Klaus-Dieter Hupke

Naturschutz

Eine kritische Einführung

2. Auflage

Klaus-Dieter Hupke
Geographie und ihre Didaktik
Pädagogische Hochschule Heidelberg
Heidelberg, Deutschland

ISBN 978-3-662-62131-8   ISBN 978-3-662-62132-5   (eBook)
https://doi.org/10.1007/978-3-662-62132-5

Die Deutsche Nationalbibliothek verzeichnet diese Publikation in der Deutschen Nationalbibliografie; detaillierte bibliografische Daten sind im Internet über http://dnb.d-nb.de abrufbar.

Planung/Lektorat: Sarah Koch
Springer Spektrum ist ein Imprint der eingetragenen Gesellschaft Springer-Verlag GmbH, DE und ist ein Teil von Springer Nature.
Die Anschrift der Gesellschaft ist: Heidelberger Platz 3, 14197 Berlin, Germany

Vorwort zur 2., erweiterten und aktualisierten Auflage

Nachdem die Erstauflage von 2015 von den Leserinnen und Lesern gut angenommen wurde, andererseits der gesetzliche Hintergrund ebenso wie die Praxis von Naturschutz einem raschen Wandel unterliegen, haben sich Verlag und Autor zu einer Neuauflage des Werks entschlossen.

Jedes der bisherigen Kapitel wurde einer Aktualisierung unterzogen. Zusätzlich wurde ein Kapitel über „Naturschutz in Zeiten anthropogenen Klimawandels" hinzugefügt. Eine „tagesaktuelle" Ausrichtung der inhaltlichen Gliederung wurde dabei vermieden. So wird die im Moment noch nicht abgeschlossene Diskussion um das sog. Insektensterben durchaus sehr ernst genommen und fließt in gleich mehrere Kapitel als Teilaspekt von bedrohter Biodiversität mit ein.

Der starken Verbreitung des Buches in unserem Nachbarland wurde mit einer stärkeren Berücksichtigung der Situation des Naturschutzes in Österreich Rechnung getragen, welcher in vielem dem deutschen Naturschutz ähnlich ist, aber doch mit teilweise eigener Terminologie und Inhalten, und der noch stärker als in Deutschland dezentralisiert ist, d. h. Angelegenheit der österreichischen Bundesländer.

Eine Gesamtdarstellung des Naturschutzes, welche alle maßgeblichen Gesichtspunkte und Teilthemen umfassen würde, wird nach wie vor nicht angestrebt. Allerdings haben Rückmeldungen an den Verfasser gezeigt, dass das Werk an einigen (Fach-)Schulen und Hochschulen als einführende Literatur in die Thematik empfohlen wird. Dieser Aspekt wurde im Rahmen der sachten Umarbeitung mit berücksichtigt; der Untertitel hat sich daher auf „Eine kritische Einführung" verschoben. Für Auszubildende und Studierende verwandter Fächer dürfte dies genügen. Naturschutzfachleute im engeren Sinne müssen sich dagegen bereits in ihrer Ausbildung unbedingt in die einschlägigen Gesetze und Verwaltungsrichtlinien einarbeiten. Diese wurden zwar berücksichtigt, stehen aber zugunsten der allgemeinen „Lesbarkeit" nicht vergleichbar im Mittelpunkt, wie dies für die Kulturgeschichte des Naturschutzes und für dessen Bedeutung für unsere Lebenspraxis zutrifft.

Das Buch geht von der Situation des Naturschutzes im deutschsprachigen Raum aus, wo ja auch fast alle Leser angesiedelt sind. Darüber hinaus wird jedoch auch, der ersten Auflage folgend, der internationale Raum in den Blick genommen. Dies geschieht zum einen, indem die zunehmende internationale Vernetzung von Naturschutz(-politik) aufgezeigt wird. Zum anderen werden aber auch internationale regionale Schwergewichte (nach Fläche, Bevölkerungszahl und Wirtschaftskraft) dargestellt: die USA, Brasilien, Afrika, Indien; aber auch: die Weltmeere, die Antarktis. Man könnte kritisieren, dass im Sinne der oben genannten Kriterien so wichtige Räume wie Osteuropa/Russland, China/Ostasien oder Australien unberücksichtigt bleiben. Aber die Hinzunahme hätte den Rahmen des Werkes, das überschaubar und erschwinglich bleiben sollte, gesprengt. Auch hier gilt, dass nicht unbedingte Vollständigkeit, sondern das exemplarische Aufzeigen wichtiger Leitlinien und Mechanismen des Naturschutzes beabsichtigt ist.

Bedanken möchte ich mich auch bei den beiden Fotografen Wenzel Halla und Stefan Hupke, die Bildmaterial von ihren Reisen beigesteuert haben; ebenso bei meinen Studierenden, die bei Naturbegegnungen auf Exkursionen u. a. nach Indien oft ihren Finger einfach schneller am Auslöser hatten.

Heidelberg   Klaus-Dieter Hupke
im Frühjahr 2019

Statt einer Einleitung

Es gehört wohl zum Wesen nicht mehr ganz junger Leute, gewissen Verlusten nachzutrauern, die seit der eigenen Jugend eingetreten sind. Für mich ist dies unter anderem auch sichtbar an einem Mangel an physischer Naturerfahrung durch junge und heranwachsende Menschen. Keine Naturpädagogik und keine auf nachhaltige Entwicklung ausgerichtete Bildung haben dies bislang wettmachen können. Kinder und Jugendliche sind heute in einem ähnlichen Ausmaß aus der Natur vertrieben wie Indianerstämme des 19. Jahrhunderts aus ihren ursprünglichen Jagdgründen. Es gibt Hinweise aus der Anthropologie, dass Menschen grundsätzlich Jäger und Sammler sind und daher die Tendenz zeigen, interessante Lebewesen und Dinge zu fangen, zu sammeln und nach Hause zu bringen. Wo dies heute kulturell überlagert in Kaufhäusern und auf virtuellem Gebiet geschieht, hat sich ein nur kümmerlicher Ersatz für die genannten Primärerfahrungen entwickelt.

Selbstverständlich gab es in meiner Jugend, also in den 1960er- und 1970er-Jahren, durchaus schon vereinzelte ausgewiesene Naturschutzgebiete, und eine ganze Anzahl von Tieren und Pflanzen durfte nicht gepflückt, gefangen oder beunruhigt werden, stand also bereits unter Naturschutz. Allerdings interessierte sich damals für das, was per Gesetz bereits verboten war, so gut wie niemand.

Das hat sich in der Zwischenzeit deutlich geändert. Kinder und Jugendliche durchstreifen nach wie vor Marginalflächen, werden nun aber durchaus vom Gesetzgeber bzw. den ausführenden Organen verfolgt, im Zweifelsfall hilft die interessierte Öffentlichkeit mit. Ein Kind, das eine Blindschleiche oder die Kaulquappe eines Grasfrosches mit nach Hause nimmt, wird zwangsläufig tendenziell kriminalisiert („Eltern haften für ihre Kinder"). Insofern tun mir die heutigen Kinder Leid. Dieses Buch ist also auch geschrieben für die jungen Leute aus meinem unmittelbaren sozialen Umfeld, für Marion und Stefan, für Wenzel, Jonas, David und Jan.

Das Buch legt Wert auf eine fach(wissenschaft)liche Grundausrichtung. Es soll aber auch für Laien lesbar sein. Anders als in der Coleopterologie (Käferkunde) oder in der Atomphysik gibt es für Naturschutz keine Fachleute im eigentlichen Sinne, da jedes Mitglied der Gesellschaft davon betroffen ist und subjektive Zugänge wichtig erscheinen. Allerdings gibt es durchaus Leute, die sich beispielsweise botanisch oder bei Libellen etwas besser auskennen als andere und daher wichtige Argumente in Naturschutzfragen liefern können.

Im Zweifelsfall habe ich meine Thesen und Aussagen mitunter etwas pointierter formuliert; nicht, um zu provozieren, aber um zur eigenen Reflexion des Lesers anzuregen.

Eine komplette lehrbuchartige Darstellung des Naturschutzes im deutschsprachigen Raum war nicht geplant und auch auf den wenigen Seiten nicht zu leisten. Insofern wird der (nun doch wieder) Fachmann durchaus einige wichtige Themen, Fachbegriffe und Stichworte des Naturschutzes innerhalb der Darstellung vermissen. Auch der Aufbau des Buches ist nicht strikt lehrbuchartig; die einzelnen Kapitel bauen auch nicht aufeinander auf. Sie stehen weitgehend parallel und können auch unabhängig voneinander, etwa in der Art einzelner Essays, gelesen werden.

Ansonsten bin ich für eine persönliche Rückmeldung erreichbar und auch für kritische Anmerkungen dankbar.

Heidelberg im Frühjahr 2015

Klaus-Dieter Hupke

Inhaltsverzeichnis

1

Was ist für uns Natur?

Ein Bekannter regte sich vor einiger Zeit sehr darüber auf, dass viele Nachbarn seinen Hund nicht mochten. Die heutigen Menschen hätten eben kein Verständnis mehr für Natur.

Mehr noch als die konkreten Probleme des Freundes interessierte mich dabei die Zuordnung des Hundes zur **Natur.** – Selbstverständlich stammt der Haushund *(Canis lupus familiaris)* (Abb. 1.1a) von einem Wildtier, dem Wolf *(Canis lupus)* (Abb. 1.1b), ab und ist somit, zumindest historisch-genetisch, in engem Zusammenhang zu sehen mit Natur. Aber sind wir selbst als *Homo sapiens* dies nicht auch? Immerhin wurde der Hund, anders als der Mensch, über Jahrtausende hinweg einer systematischen Zuchtauswahl unterworfen, die niemand so generell als Natur bezeichnen würde. Und natürlich besitzt der Hund auch Eigenschaften, die auf seine Stammesgeschichte zurückweisen, z. B. eine Verdauung, die nur beim Streunern so richtig funktioniert, oder ein Fell, das im Winter dichter als im Sommer ist. Aber zeigt

© Springer-Verlag Berlin Heidelberg 2020
K.-D. Hupke, *Naturschutz,*
https://doi.org/10.1007/978-3-662-62132-5_1

Abb. 1.1 **a** Der Wolf als Haustier (eigene Aufnahme). **b** Der Wolf als Wildtier. (Foto: © Harald Nachtmann)

der Mensch solche naturhaften Züge in seiner Physiologie und selbst in seinem Verhalten nicht auch? Und wenn dies so ist, warum ist dann der Mensch Nicht-Natur?

An diesem Beispiel zeigt sich, dass es bei der Zuordnung Hund – Natur um etwas ganz anderes geht. Der Hund ist für uns insofern Natur, als er für den nicht oder nicht immer willentlich vom Menschen beherrschten Bereich steht. Trotz menschlicher Erziehung bleibt im Hund etwas Ungezügeltes und Unberechenbares, das sich im harmlosen Falle in einem unerwünschten Hundehaufen äußert (übrigens der Anlass des oben genannten Konflikts), im schlimmen Falle darin, dass Menschen durch Bisse verletzt oder sogar totgebissen werden. Auf jeden Fall wird ein Hund immer eine Tendenz zum Freilauf, zu wildem Toben, zum Beutemachen etc. haben, die ihm nur teilweise oder in Ansätzen abzuerziehen ist. Dies ist der Kernbereich der Naturhaftigkeit des Hundes.

Zur **Begriffsbestimmung** ist es jedoch auch angebracht, sich mit dem absoluten Gegenteil von Natur im oben dargelegten Verständnis als das Ungeregelte und Unberechenbare zu befassen. Dies wäre dann das Geregelte und Angepasste, das Kontrollierte schlechthin. Wir sind diesem Kontrollierten in vieler Hinsicht unterworfen. Man nehme nur einmal einen durchschnittlichen Tagesablauf eines Normalbürgers. Die Zeiten von Aufstehen, Körperpflege, Mahlzeiten sowie Berufstätigkeit mit zugehörigen Pausen sind üblicherweise streng geregelt. Dies gilt auch für den Freizeitbereich: Am Samstag erledigen viele Menschen ihren Großeinkauf, am Dienstag oder Donnerstag geht man in den Verein oder in die Selbsthilfegruppe, am Mittwoch oder Freitag ins Fitnessstudio, am Sonntagnachmittag wird die Schwiegermutter besucht. Vor allem die Feiertage um Weihnachten, Neujahr und Ostern sind für die meisten Menschen mit einem Netz aus regelhaften Abläufen verbunden, die eher an Berufstätigkeit als an Freizeit erinnern. Dazu kommen zahlreiche soziale Zwänge und Imperative: Schuhe putzen, Zähne putzen (möglichst mit Interdentalbürste und

Abb. 1.2 Beispiele für „Nicht-Natur". **a** Algenpest an der französischen Küste (© picture alliance/dpa). **b** doppelköpfige Schildkröte „Tom und Jerry" auf der Reptilien-World Anaconda in Halle, 2008. (© picture alliance/dpa – Report)

Zahnseide), den Großputz in der Wohnung durchführen, aber auch den Sperrmüll nicht vergessen, den Müll richtig sortieren, die Steuererklärung abgeben, Abläufe und

Fristen beachten. Haben die Kinder überhaupt ihre Schultaschen richtig gepackt? Und ihr Schulvesper nicht vergessen? (Ich fühle mich so verschwitzt:) Habe ich heute Morgen auch mein Unterarm-Deo nicht vergessen? Was ist mit den Terminen beim Orthopäden und beim Notar? Und was ist, wenn der Orthopäde, den ich eigentlich wegen meines Hüftleidens aufsuche, vielleicht doch auch meine Füße sehen will? Hatte einer der Socken nicht neulich Löcher?

Diese Liste lässt sich nahezu beliebig lange fortsetzen. Ihre Inhalte sind in gewissem Sinne austauschbar. Entscheidend ist lediglich, dass wir in einem häufig unüberschaubaren Geflecht aus Zwängen und Ritualen leben. Zugegebenermaßen machen diese in einiger Hinsicht das Leben leichter. Zum einen, weil sie zumindest in sozialer oder in gesamtgesellschaftlicher Hinsicht oftmals sinnvoll und nützlich sind. Zum anderen aber auch, weil sie häufig automatisch oder als bedingte Reflexe ablaufen und damit im Einzelfall wenig seelischen oder intellektuellen Kraftaufwand erfordern. In der Summe stellen sie dennoch eine nicht zu unterschätzende Belastung dar. Zahlreiche individuelle Strategien sind darauf angelegt, ihnen zu entfliehen: Wir tun dies beispielsweise, indem wir sonntags oft „unnötig" lange im Bett liegen bleiben. Wir entfliehen ihnen teilweise durch „Krankheit", die uns, vor allem in den Augen der Mitwelt, einen gewissen Dispens schafft von den täglichen Kleinpflichten und Aufgaben. Und wir fliehen vor ihnen, auch das wieder sozial geregelt, in den Urlaub. Oder wir fliehen vor ihnen in Träume, sowohl in nächtliche als auch in Tagträume.

Sowohl in unseren (virtuellen) Träumen als auch in den (realen) Urlauben suchen wir immer wieder Landschaften auf, die man sich als frei von Menschen vorstellt und die ihren eigenen Gesetzen gehorchen. Die Menschen sind in diesen Räumen Fremdkörper, bei einer gehäuften

Anwesenheit würden sie den Charakter der „Natur" zerstören. Am besten und reinsten sind diese Landschaften, wenn sie ausschließlich für uns alleine zugänglich sind. Die Suche nach einer **unberührten Natur** bildete seit jeher den Hauptantrieb für Entdeckungs- und Forschungsreisen wie auch für Abenteuer- und Selbsterfahrungsurlaube. Letztere sind sozusagen die Entdeckungsreisen für die Angehörigen der heutigen Mittelschicht. Auf Reisen wird nicht nur Natur aufgesucht, sondern sie wird durch diese Reisen auch konstruiert und in gewissem Sinne überhaupt erst hervorgebracht.

Da der Mensch die (vermeintlich) unberührte Natur braucht als Gegenbegriff und Ausgleich zu der zivilisatorisch umgestalteten und durchplanten Alltagswelt, neigt er dazu, Naturräume als natürlicher anzusehen, als diese in Wirklichkeit sind. Vor allem die Fehlinterpretationen fremder Lebensräume und Ökosysteme wie der nordamerikanischen Prärien oder der afrikanischen Savannen als natürlich (s. Kap. 30) legen davon Rechenschaft ab. Selbst der heimische Stadtwald erscheint angesichts unserer Bedürfnisse natürlicher, als er streng genommen ist. Und dies gilt natürlich auch für unseren Haushund, mit dem wir in den Wald gehen, um mit ihm zu toben. All dies ist für uns Natur, weil wir diese Definition brauchen für alles, das uns ermöglicht, gesellschaftliche Zwänge abzuschütteln, wenigstens für einen Moment und weitgehend nur als Imagination. Dumm ist nur, wenn uns in dieser Natur Menschen begegnen, die es stört, wenn der Hund seine Hinterlassenschaften am Fußweg ablegt, oder die etwas dagegen haben, wenn der Hund an ihnen hochspringt: Menschen „ohne Sinn für die Natur" eben.

Dass wir uns in einer Illusion wähnen, wenn wir etwa zum 1. Mai oder an Christi Himmelfahrt unsere

Wohnstätte verlassen, um in der Natur spazieren zu gehen, dürfte somit auf der Hand liegen. Wir interpretieren aus unserem Alltagsverständnis heraus die Forste ebenso wie die Agrarlandschaft als Natur. Gelegentlich wird diese Sichtweise gestört durch Eindrücke, welche die **Naturferne** des jeweiligen Standortes gegen jede Illusion deutlich machen: etwa das Kreischen der Motorsäge im Wald, die tiefen Räderspuren durch schwere Forstmaschinen, die breit angelegten Kahlschläge oder den Agrarchemie versprühenden Traktor. Den **Eindruck reinster Natur** verbreiten darum Landschaftsbilder, die der traditionellen Agrarlandschaft vor Beginn der Industrialisierung entsprechen: kleinteilig, mit kleinen Nutzungsparzellen, Feldhecken und einzeln stehenden Bäumen, mit Trockenmauern, Tümpeln und unbegradigten Bachläufen, dazwischen Wiesen voller Blumen.

Natur wird unter den genannten Umständen aber auch zum Synonym für das Positive allgemein, dem das Unnatürlich-Negative und das Entfremdete gegenübersteht (Abb. 1.2, Tab. 1.1).

Übrigens sind es bereits Kinder im Grundschulalter, die der oft beengenden familiären Obhut entfliehen, Lager oder Baumhäuser in Wäldern bauen und Staudämme an Bächen anlegen. Zumindest tun Kinder dies, soweit noch Wälder oder Bäche in ihrer Wohnumgebung

Tab. 1.1 Natursemantiken

Definitionsmerkmal von Natur	Gegensatzbegriff
Bereich außerhalb der gesellschaftlichen Kontrolle	Das Kontrollierte, zivilisatorisch Gestaltete
Agrarisch-Relikthaftes	Das Moderne, Vereinheitlichte, Angepasste, Effizienzorientierte
Allgemein-Positives	Das Unnatürlich-Negative, das Entfremdete

existieren und sie nicht von Naturschutzwarten, Förstern, engagierten Spaziergängern oder anderen „Naturschützern" daraus vertrieben werden.

Was bedeutet für uns „Natur"?

Für 93 % der Bundesbürgerinnen und -bürger bedeutet Natur ganz einfach „Gesundheit und Erholung". 71 % gaben diese Funktion von Natur auch als einen ganz wichtigen persönlichen Grund für die Notwendigkeit von Naturschutz an. Gefragt nach den wichtigsten Leistungen der Natur für den Menschen geben 26 % spontan „Entspannung und Erholung" an; nur die „Luft zum Atmen" (37 %) sowie „Nahrung" (28 %) werden häufiger genannt. Die Erholungswirkung ist damit eine der präsentesten Facetten der Natur im Bewusstsein der Bevölkerung.

(Bundesamt für Naturschutz 2012d, S. 323; zitiert nach BMU und BFN 2012 (Hrsg.) Naturbewusstsein 2011).

2

Warum Naturschutz?

Historische Entwicklung des Naturschutzgedankens

Schon im hochmittelalterlichen Minnesang (um 1200 n. Chr.) spielte der Genuss der Natur, vor allem einer frühlingshaften, eine zentrale Rolle und stand für hohe Lebensqualität und Zuversicht, den *hohen muot*. Vogelgesang und blühende Blumen bildeten die ästhetische Entsprechung für eine positive innere Stimmung (Abb. 2.1) – und natürlich, sie standen auch schon symbolisch für die geschlechtliche Liebe oder umfassten deren Ambiente. Doch eine Forderung nach **Schutz der Natur** findet sich in dieser und auch in vielen weiteren Epochen nicht. Nicht, dass aus heutiger Sicht die damalige Natur keines Schutzes bedurft hätte. Das **hohe Mittelalter** war eine Zeit der Bevölkerungs- und Siedlungsvermehrung, der Degradierung und Rodung von Wald, insbesondere in den Mittelgebirgen. In den Beckenlagen und Tiefländern war der

© Springer-Verlag Berlin Heidelberg 2020
K.-D. Hupke, *Naturschutz,*
https://doi.org/10.1007/978-3-662-62132-5_2

Abb. 2.1 Der in der 2. Hälfte des 12. Jahrhunderts lebende Dichter Heinrich von Veldeke. (Aus einer etwas späteren Darstellung: Weingartener Liederhandschrift, Anf. 14. Jhdt.). Im räumlichen Mittelpunkt der Darstellung steht aber nicht der Dichter selbst, sondern Elemente der Natur (Baum, Vögel). Es handelt sich um eine frühlingshafte Natur: der Baum ist mit grünen Blättern besetzt; ein Elterntier rechts oben (gelb) scheint einen Jungvogel („farblos" grau) zu füttern. (Aufnahme: Digitale Bibliothek der Württembergischen Landesbibliothek Stuttgart)

Wald schon Jahrhunderte zuvor weithin verschwunden – bis auf die geringen Reste an Wäldchen, die den vorwiegend kleinen Gemeinden als winterlicher Brennholzvorrat dienten. – Grund genug also für die Forderung nach Naturschutz.

Und doch gab es diesen nicht, es gab nicht einmal ansatzweise ein Bewusstsein in diese Richtung. Wenn überhaupt, wurden Vögel und Blumen als schützenswerte Formen der Natur gesehen, die man vielleicht nicht gerade willkürlich töten oder zertreten sollte. Aber ein prinzipielles Bewusstsein der Endlichkeit und der Verwundbarkeit der Natur war noch nicht gegeben. Vielleicht auch, weil die Prozesse, durch welche die Natur zurückgedrängt und vernichtet wurde, eben doch so langsam verliefen, dass sie im Laufe eines damals zumeist kurzen Menschenlebens nicht als massiv wahrgenommen wurden. Die bereits seit Kindertagen gewohnte degradierte Natur wurde als „Natur schlechthin" wahrgenommen. Eine Vergleichsfolie, wie sie heute wissenschaftlich als Konstrukt etwa der potenziellen natürlichen Vegetation vorliegt, war in einer Wahrnehmung, die mehr auf unmittelbarer Anschauung aufbaute, noch nicht gegeben. Natur war das, was ohne erkennbares Zutun des Menschen vorhanden war. Diese Sichtweise ist uns auch heute nicht fremd. Viele Menschen sprechen von der Natur, die sie etwa an einem sonnigen Maifeiertag aufsuchen. Diese „Natur" besteht aus bewirtschafteten Forsten, aus Wiesen und Weiden, die an die Stelle der natürlichen Wälder getreten sind, oder gar aus Getreidefeldern. Ähnlich naiv haben wohl die Menschen im Mittelalter Natur erlebt.

Auf das hohe Mittelalter folgte das Spätmittelalter, danach die frühe Neuzeit mit der Renaissance. Die Rückbesinnung auf antike Ideale führte allerdings ebenfalls nicht zu Naturschutz im heutigen Sinne. Auch der Absolutismus mit dem Wirtschaftssystem des Merkantilismus bewirkte eher eine **intensivere Nutzung der Natur,** etwa in Form der Entwässerung von Mooren, oder eine verstärkte ackerbauliche Nutzung unter Wegfall der Brache. Aber ein solches Nützlichkeitsdenken ist dem Naturschutz eher entgegengesetzt.

Den entscheidenden **Anstoß zum Schutz der Natur** brachte schließlich eine allmähliche gesellschaftliche Umwälzung, die in ihrer Tragweite nicht hoch genug einzuschätzen ist. Die Macht des Adels wurde, zunächst ökonomisch, allmählich gebrochen. Bürgerliche Schichten, zuvor am unteren Rand oder in der Mitte der gesellschaftlichen Hierarchie, stiegen auf und entfalteten ein neues Arbeitsethos. Ingenieure, vielfach auch Arbeiter, machten bahnbrechende Erfindungen, setzten diese wirtschaftlich um und wurden damit reich. Die Phase der **Industrialisierung** war erreicht. Zuerst startete dieser Prozess bekanntlich in Großbritannien, aber bald auch schon auf dem europäischen Festland: in Frankreich, in den Beneluxstaaten, in der Schweiz, in Deutschland. Dieser Prozess der Industrialisierung umfasste nicht nur die eigentliche Industrie als Produktionsstätte von Gütern, sondern auch die gesamte Siedlungs- und **Agrarlandschaft.** Letztere in einem doppelten Sinne: Zum einen wurden die agraren Prozesse industriell effizienter gestaltet, z. B. mithilfe von Kunstdünger. Andererseits wurde der Landwirtschaft auch immer stärker die Rolle des Rohstoff- und Nahrungsmittelproduzenten für den stetig ansteigenden Bedarf der industrialisierten Gesellschaft zugewiesen. In dieser Spannungssituation veränderte sich die Agrarlandschaft. Sie wurde effizienter, produktiver – und eintöniger.

Adel und Bildungsbürgertum, in einiger Hinsicht die Verlierer dieser neuen Entwicklung mit Industriellen und Industriearbeitern als neuen sozialen Antipoden, reagierten verunsichert auf den eintretenden Verlust. Der Adel verlor dabei objektiv seine vorherrschende soziale Position. Weniger verständlich zunächst allerdings ist, dass der nun entstehende Naturschutz vor allem von Vertretern des **Bildungsbürgertums** getragen wurde. Dieses hatte in der neuen Gesellschaft durchaus seine Chancen: etwa in der zunehmenden Zahl von Lehrstühlen an den Universitäten sowie in der Herausbildung neuer wissenschaftlicher

Disziplinen. Das Problem des Bildungsbürgertums war ein ganz anderes. Es war und ist an der ontologischen Vielfalt der Phänomene interessiert, dem eigentlichen Hauptinhalt seines Bewusstseins: An der Vielfalt der ethnischen Kulturen, der Sprachen, der lokalen Sitten und Gebräuche, der Landschaften, der Lebensräume und ihrer Tier- und Pflanzenarten.

Diese (natur-)historisch bedingte Vielfalt wurde mit Eintritt des industriellen Zeitalters drastisch reduziert, ein Prozess, der bis zum heutigen Tage an Geschwindigkeit und Brisanz immer noch zunimmt. Zunächst machte sich dieser **Verlust an Vielfalt** (oder Diversität) aber noch nicht so sehr in den fernen tropischen Regenwäldern oder Savannen bemerkbar und noch weniger in überfischten Meeren, sondern der Bildungsbürger bekam den Verlust der Vielfalt in seiner unmittelbaren Umgebung zu spüren: etwa bei seinen Spaziergängen durch Wälder und durch die agrare Landschaft. Nicht, dass sich diese Einheiten gegen Ende des 18. Jahrhunderts und damit vor Beginn der eigentlichen Industrialisierung auf dem Kontinent noch im oder nahe dem Naturzustand befunden hätten. Ganz im Gegenteil: Diese überkommenen Agrar- und Waldlandschaften waren durch **Übernutzung** degradiert und im ökonomischen Sinne oft wenig produktiv. Aus natürlichen Wäldern waren im Laufe der Jahrhunderte weitständige Hudewälder (auch: Hutewälder) mit alten Eichen hervorgegangen oder anthropogene Heiden oder extensiv genutzte Magerrasen – auf jeden Fall aber fast stets erstaunlich kleinteilige Lebensräume. Diese **Kleinteiligkeit** ergab sich zumindest in zweierlei Hinsicht: zum einen im Blick auf den Artenreichtum, zum anderen im Hinblick auf die optisch-visuellen bzw. auf die ästhetischen Qualitäten von Landschaft. Letzteres ist der Blick des Landschaftsmalers. Die ersten Kritiker des industriezeitlichen **Landschaftswandels** standen auch der

Kunst sehr nahe und bewerteten die Veränderungen in der Landschaft mit den Augen des nach Motiven suchenden Künstlers.

Neben der Forst- und Agrarlandschaft, die überwiegend dörfliche Siedlungen umgab, waren aber auch die Dörfer selbst und die Lebensweise der Dorfbewohner einem raschen Umbruch ausgesetzt. Lokale Bauweisen befanden sich auf dem Rückzug, lokale Trachten ebenfalls, ebenso die Vielzahl der Dialekte im Vergleich zur vordringenden Hochsprache. Auch das kulturelle dörfliche Leben wurde vereinheitlicht. Die universitäre Volkskunde (heute: Europäische Ethnologie) verlor dabei vielleicht sogar noch stärker als andere Disziplinen ihren Forschungsgegenstand. Aber auch eine Botanik und Zoologie, welche nach dem Muster der damaligen Zeit vor allem versuchten, die Vielfalt von Tier- und Pflanzenarten zu erfassen und zu systematisieren, einschließlich entsprechender vergleichender morphologischer Untersuchungen, fanden ihre Objekte in der industriell geprägten und vereinheitlichten Agrarlandschaft immer seltener. – Nicht zufällig entstanden (Kultur-)**Denkmalschutz** und Naturschutz ab etwa der Mitte des 19. Jahrhunderts zeitlich weitgehend parallel und auch in einer großen intellektuellen Nähe zueinander.

Dass es Landarbeitern und Bauern in der von kultureller und natürlicher Diversität geprägten „alten Zeit" zumeist nicht unbedingt gut gegangen war, blieb dabei außer Betracht. Ebenso wurde von den bürgerlichen Kritikern der landschaftlichen Veränderungen nicht beachtet, dass die Vielfalt zumeist eine Folge des Mangels war: der menschlichen Armut, die zur Ausnutzung auch marginalster Möglichkeiten zwang, ebenso wie des Mangels an fruchtbaren Böden bzw. des Mangels an Möglichkeiten, die Fruchtbarkeit der Böden wiederherzustellen. Auch stellten die bürgerlichen Betrachter wohl kaum große Überlegungen an, wie hart der körperliche Arbeitseinsatz in Wald und Feld gewesen sein mag; ein Umstand, der im Zuge der Industrialisierung der Landwirtschaft durch Mechanisierung erst viel später überwunden werden sollte. Ihr Blick war vielmehr derjenige des gebildeten Laien, des Wissenschaftlers, des Künstlers, des Spaziergängers und Wanderers.

Doch auch die von den Industrialisierungsprozessen vorgegebenen Umstrukturierungsvorgänge in der Landwirtschaft sollten damit nicht idyllisiert werden. Der Landwirt hatte zumeist nichts oder wenig davon. Zunehmender Flächenertrag führte in der zweiten Hälfte des 19. Jahrhunderts zu einem Überangebot an agraren Produkten und einem tendenziellen Preisverfall, der als Agrarkrise in die Agrargeschichte einging. Von den eintretenden Fortschritten hatte der einzelne Bauer in der Regel bestenfalls dann einen Vorteil, wenn er sich, oft auf dem Wege des Generationenwechsels, beruflich veränderte und einen neuen Beruf in der Industrie oder in den Dienstleistungen fand. Dieser Prozess, ebenso bis heute nicht zum Abschluss gekommen, führte zu einem Höfesterben und verlief parallel zu den neuen Formen einer Arbeitskraft sparenden Produktion, was wiederum eine weitere Homogenisierung der Agrarflächen und damit neue Verluste an Diversität nach sich zog.

Man kann aus der Entstehungsgeschichte des Begriffs Naturschutz zum einen verstehen lernen, dass selten (im europäischen Rahmen: fast niemals) eine **„unberührte Natur"** als Zielinhalt gemeint ist. Und zum zweiten, dass visuelle und ästhetische Wahrnehmungsgrundlagen, individuell-subjektiv oder gesellschaftlich-intersubjektiv, eine große Rolle spielen. Dabei hat sich insbesondere das Bild einer traditionell überbrachten Agrarlandschaft in den Köpfen sehr verfestigt (Abb. 2.2, im Gegensatz dazu Abb. 2.3). Diese **traditionelle Agrarlandschaft** zu

Abb. 2.2 Strukturreiche (und artenreiche) traditionell geprägte Agrarlandschaft am Beispiel des Randecker Maares (Schwäbische Alb). Das Foto stammt aus den 1970er-Jahren. (Eigene Aufnahme)

Abb. 2.3 Eintönige Agrarlandschaft am Beispiel der Haller Ebene (bei Schwäbisch Hall). Die Aufnahme stammt etwa aus der gleichen Zeit wie Abb. 2.1. (Eigene Aufnahme)

erhalten ist auch heute noch das oft uneingestandene Ziel von Naturschutz in Mitteleuropa. Diese soll selbst dann noch erhalten bleiben, wenn sie sich sozial, ökonomisch und technisch überlebt hat. Dass dies heute pro Flächeneinheit größeren Arbeitsaufwand und damit Kosten verursacht als die eigentliche (moderne) Agrarproduktion, ist das Hauptproblem des Naturschutzes. Naturschutz versucht, auf eine kurze Formel gebracht, das Alte zu erhalten, und ist somit ideengeschichtlich betrachtet etwas sehr Modernes.

Kritik eines Zeitgenossen an der Vereinheitlichung der traditionellen Agrar- und Forstlandschaft

„Jede vorspringende Waldspitze wird dem Gedanken der bequemen geraden Linie zu Liebe rasirt, jede Wiese, die sich in das Gehölz hineinzieht, vollgepflanzt, auch im Inneren der Forsten keine Lichtung, keine Waldwiese, auf die das Wild heraustreten könnte, mehr geduldet. Die Bäche, die die Unart haben, in gewundenem Lauf sich dahinzuschlängeln, müssen sich bequemen, in Gräben geradeaus zu fließen … Bei der rechtwinkligen Eintheilung der Grundstücke fallen dann auch alle Hecken und einzelnen Bäume oder Büsche, die ehedem auf den Feldmarken standen, der Axt zum Opfer" (Ernst Rudorff 1880, zitiert nach Sieferle 1984, S. 161).

Diese geistesgeschichtliche Modernität steht im Gegensatz zur Einbindung des Naturschutzgedankens in immer stärker verkrustete konservative Weltbilder seit dem Ende des 19. Jahrhunderts. Eine „unberührte" Natur wird zu einer Metapher in der sozialen und politischen Auseinandersetzung, die zu sehr vielem „taugt"; auch dazu, eine vergangene Epoche zu idealisieren oder „unverbrauchtes Volkstum" zu repräsentieren. Das erste umfassende deutsche Naturschutzgesetz wurde von den Nationalsozialisten im Jahr 1935 verabschiedet. Die nach dem neuen **Reichsnaturschutzgesetz** mögliche vergleichsweise einfache und großzügige Herausnahme von Naturschutzgebieten aus der intensivierten agraren Nutzung erfolgte wohl schon vor dem Hintergrund der angestrebten Landgewinne im Osten.

Zur Vielfalt und zum Wandel naturschutzethischer Begründungen

Wie im vorangehenden Abschnitt deutlich wurde, geht es bei Naturschutz nicht einfach, wie häufig selbst interessierte und vorgebildete Laien meinen, um Restposten einer mehr oder weniger unberührten Natur. Vielmehr stehen speziell in Mitteleuropa alte Agrarlandschaften im Mittelpunkt, oft durch jahrhundertelange Übernutzung degradiert und an Nährsalzen verarmt. Gerade diese Flächen bringen aber oft eine erstaunliche biologische Vielfalt an Tier- und Pflanzenarten hervor, die neben der ästhetischen Kleinteiligkeit des Landschaftseindrucks im Mittelpunkt naturschützerischer Bemühungen steht.

Die ästhetische Vielfalt (Abb. 2.6) hat Kiemstedt (1967) in seinem V-Wert quantitativ zu erfassen versucht, um die Bedeutung von Landschaften für die **Erholung** abzuschätzen. Insbesondere eine halboffene Landschaft, in der Ackerflächen und Grünland von Wäldchen oder Hecken durchbrochen werden, möglichst in der Nähe von Kleingewässern, besitzt in der abendländischen Tradition eine erstaunliche Konstanz, angefangen vom elysischen Landschaftsideal der alten Griechen bis zu den modernen englischen Landschaftsparks (Abb. 2.4). Diese Tradition des Gartens ist kulturell übermittelt und wird möglicherweise ergänzt durch eine anthropologische Konstante,

Abb. 2.4 Vielfältige halboffene Kunstlandschaft eines Englischen Gartens am Beispiel des Schlossparks Schwetzingen. (Eigene Aufnahme)

die dem menschlichen Bedürfnis nach einer **halboffenen Landschaft** mit Ausblick (um Beutetiere oder Feinde frühzeitig zu entdecken), aber auch mit Versteck- und Rückzugsmöglichkeiten Rechnung trägt. Immerhin ist der Mensch als Spezies in den halboffenen afrikanischen Savannen entstanden (vgl. auch Kap. 30) und hat in Europa wohl zuerst die halboffenen Waldsteppen (warmzeitlich) oder Waldtundren (kaltzeitlich) im Südosten des Kontinents besiedelt.

Die landschaftsästhetische Vielfalt spiegelt die traditionelle Agrarlandschaft wider (vgl. Kap. 2.1 und Abb. 2.2). In vieler Hinsicht ist Naturschutz also **Kulturlandschaftsschutz** und damit eher dem von Historikern dominierten Denkmalschutz zuzuordnen.

Zu den entscheidenden Zielen naturschützerischer Bemühungen gehörte jedoch seit jeher, die Vielfalt an Tier- und Pflanzenarten zu erhalten. Diese Vielfalt ist gekoppelt an den Strukturenreichtum der betreffenden Lebensräume, was sie eng an die traditionelle Agrarlandschaft bindet. Zum anderen ist es allerdings gerade die Nährsalzarmut der betreffenden Lebensräume und Ökosysteme, welche die schützenswerte Vielfalt primär der Flora, damit einhergehend aber auch der Fauna hervorbringt. Dieser heute häufig plakativ gebrauchte **Wert der Vielfalt** stellt vielleicht die originärste und von außen her am leichtesten nachvollziehbare Zielsetzung des Naturschutzes dar. Hier wird dieser zumindest seinem begrifflich-semantischen Kern am ehesten gerecht.

Schon die Listen der geschützten Arten machen aber deutlich, dass entgegen der Ökologie im Naturschutz nicht alle Arten den gleichen Wert besitzen (vgl. Kap. 10). Bevorzugt behandelt werden beispielsweise Vögel und Tagfalter, bei den Blütenpflanzen Orchideen (Orchidaceae); dagegen eher nicht Spinnen (Araneae) und unscheinbare Kreuzblütler (Fam. Brassicaceae). Womit sich im Einzelfall der Wert einer Art also durchaus auch nach ästhetischen Maßstäben bemisst. Dieser argumentative Spagat wird häufig dadurch aufgehoben, dass man attraktive und im Gelände leichter auffindbare Arten zu **Zielarten** erhebt und die weniger auffälligen als Kielwasserarten mitschwimmen lässt: Wo erstere erhalten bleiben, können auch letztere oft unerkannt existieren.

Vielfalt wird im Naturschutz zumindest auf zwei Ebenen diskutiert. Zum einen ist traditionell die erwähnte Vielfalt an Arten wichtig. Daneben gilt es aber, bei geschätzten annähernd 50.000 Tierarten in Deutschland (Bundesamt für Naturschutz 2012a; die allermeisten davon Insekten), diese Unzahl zu strukturieren und nach Möglichkeit operativ zu reduzieren. Dies gelingt über die Registrierung von **Lebensräumen**, **Ökosystemen** oder **Biotopen**, in denen durch Abstraktion zumindest teilidentische Flächen mit einem zu erwartenden ähnlichen

Inventar an Tier- und Pflanzenarten ausgegliedert werden können. Gelingt es, diese zu erhalten, kann auch ein Großteil der Tier- und Pflanzenarten erhalten werden.

Eine dritte Variante von biologischer Vielfalt, heute meist **Biodiversität** genannt, wird aber neben Biotopen und Arten heute zunehmend auf der **genetischen Vielfalt** unterhalb der Art (wissenschaftlich: Spezies) festgemacht. Mit den immer besser werdenden Möglichkeiten, das Genom von tierischen und pflanzlichen Individuen einer vergleichenden Betrachtung zu unterziehen, zeigt sich, dass **Arten** nicht so konstant und homogen sind, wie oftmals vermutet. Vielfach lassen sie sich noch nicht einmal als solche exakt bestimmen und damit zählen. Im Grunde genommen gehört die Vermutung distinkter Arten einem wissenschaftlich bereits längst überlebten Weltschöpfungsmodell an. Nur beim Vorhandensein distinkter Arten wäre es Noah prinzipiell möglich gewesen, alle diese Arten paarweise in seine Arche aufzunehmen. Die moderne Biologie ist über diesen Bewusstseinsstand spätestens seit Charles Darwin weit hinausgegangen. Daher lautet die Zielvorstellung inzwischen vermehrt, möglichst viel von der genetischen Vielfalt auch unterhalb der Artebene zu erhalten. Streng genommen bedeutet dies jedoch, dass fast schon der Verlust eines einzigen Individuums, zumindest theoretisch, zu einem Verlust an genetischer Vielfalt beiträgt. Der Schutz von Arten (eines der Hauptanliegen eines Naturschützers) und der Schutz von (tierischen) Individuen (Anliegen des Tierschützers; dem Naturschützer als solchem eher gleichgültig) begegnen sich hier fast schon wieder.

Ein weiterer Bereich von Vielfalt liegt darüber hinaus noch in der **landschaftlich-ästhetischen Vielfalt,** wie sie dem Naturkundler oder auch dem Erholungssuchenden begegnet. Gerade die vom europäischen Naturschutz bevorzugten traditionellen Agrarlandschaften weisen eine solche ästhetische Vielfalt auf, aber auch naturnahe Tropenlandschaften im Vergleich zu agrarischen Monokulturen. Im Ideal der ästhetischen wie der genetischen Vielfalt fließen die Ziele eines Erhalts althergebrachter Agrarlandschaften mit den Ansätzen eines Prozessschutzes und des Schutzes von primären Waldstandorten in den Tropen unter diesem Gesichtspunkt zu einer einheitlichen Zielvorstellung ineinander.

Die **Biodiversitätsdiskussion** hat sich seit den 1980er-Jahren sehr stark in die Wälder der feuchten Tropen verlagert. Dort finden sich zwar nicht die Arten- und Individuenzahlen der Großtierwelt der afrikanischen Savannen, aber die Diversität ergibt sich – selbst für den eingearbeiteten Betrachter – oft im Unsichtbaren: in der Vielfalt von Baumarten (die von unten häufig gleich aussehen) oder in der Vielfalt von Insekten in den Baumkronen (entsprechende Forschungen wurden erst seit den 1970er-Jahren durch T. Erwin mittels Anwendung von Insektiziden in Panama, von D. Perry mittels Seilwindensystemen in Costa Rica, von französischen Forschern mittels Ballonsystemen in Guayana, von deutschen Forschern auf Kränen in Venezuela und von malaysischen Wissenschaftlern auf begehbaren Plattformen durchgeführt).

Es gibt kaum ein Großnaturschutzgebiet, in dem nicht **Forschung** betrieben wird. In den Statuten der Nationalparks ist diese sogar ausdrücklich verankert. Forscher genießen im Vergleich etwa zu Wanderern in den Nationalparks zudem besondere Freiheiten: Sie dürfen, funktional angemessen und meist nach ausdrücklichem Antrag, sogar Wege verlassen und die Kernzone flächenhaft betreten. Insofern sind solche Schutzgebiete nicht nur Reservate für bedrohte Tiere und Pflanzen geworden, sondern auch Reservate für Forscher, die als „Wald-Wiesen-Biologen" an unseren Universitäten im Gegensatz zu den Genetikern und Molekularbiologen, welche die Außenforschung im Gelände zumeist nicht mehr benötigen, in gewissem Sinne ebenfalls als bedroht anzusehen sind.

Karten der Biodiversität sind aus methodischen Gründen der Datenerhebung nur schwer zu erstellen und werden daher oft eher intuitiv ausgewiesen. So fällt auf, dass Inselarchipelen, vor allem der Tropen (Indonesien/ Philippinen, aber auch Karibik), fast durchweg eine hohe Biodiversität zugesprochen wird, ebenso den immerfeuchten bis wechselfeuchten Subtropen (Mittelmeerraum, Kanaren) (Abb. 2.5; Wittig und Niekisch (2014, S. 162). In der Realität sind kleine Inseln im Vergleich etwa zu den Tieflandswäldern am Amazonas oder im westlichen Kongobecken pro Flächeneinheit jedoch meist eher artenarm. Allerdings besteht ein hoher **Lokalendemismus** (ausschließliche Verbreitung in einer sehr kleinen Region); d. h. viele Arten würden aussterben, wenn es gerade diese kleine Insel nicht mehr gäbe. Zumeist uneingestanden wird ein solcher Lokalendemismus auf Karten der Biodiversität fast durchweg hoch bewertet. Wittig und Niekisch (2014, S. 162) sagen zu Recht: „Biodiversität [ist] nicht nur Quantität, sondern auch Qualität." Wobei letztere, die sich v. a. in Lokalendemismus niederschlägt, besonders schwer messbar und gegen erstere aufzurechnen ist. Ein ähnliches Phänomen der Bewertung haben wir auch auf mitteleuropäischen Ruderalflächen, die oft ähnlich artenreich sind wie die vom Naturschutz präferierten Magerrasen. Allerdings besteht auf Ruderalflächen ein hoher Prozentsatz der Arten aus weit, oft weltweit verbreiteten Ruderalpflanzen, die aus Sicht des Naturschutzes, da nicht bedroht, eher niedrig im Wert eingestuft werden (vgl. Kap. 13).

Beim Naturschutz deutlich stärker im Hintergrund und am ehesten noch in Nationalparks integriert, steht die Idee

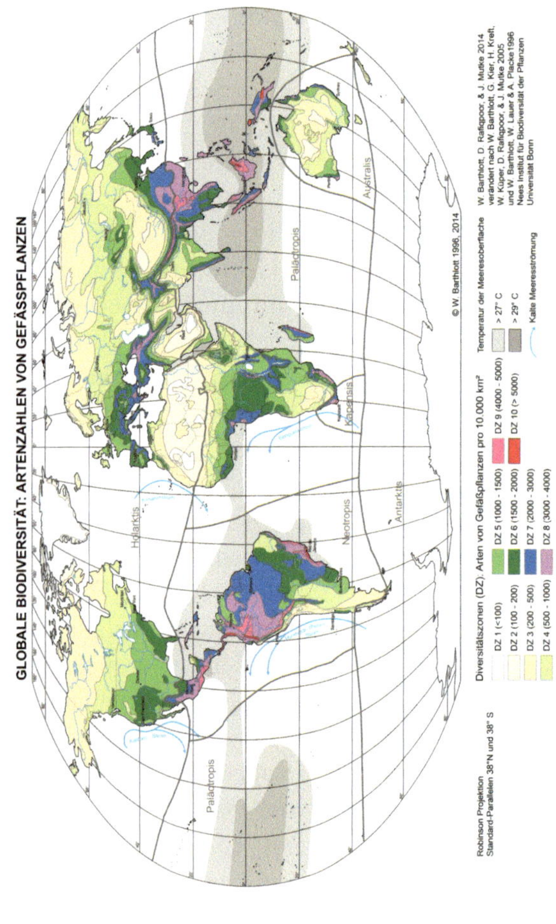

Abb. 2.5 Weltkarte der pflanzlichen Artenvielfalt. (© W. Barthlott, Universität Bonn; mit freundlicher Genehmigung)

der **Bildung** im Umgang mit der Natur. Leider ist der Aktionsraum eines durchschnittlichen Besuchers im naturgeschützten Gelände derartig eingeengt, dass die eigeninitiativen Formen von Naturbildung oft nur wenig über die Betrachtung von Hinweistafeln hinausgehen.

Daneben spielen im Naturschutz noch andere Wertgrundlagen eine Rolle, die mit mentaler Gesellschaftsflucht zusammenhängen. Die entsprechenden Lebensräume, in denen man solche Bedürfnisse ausleben könnte, finden sich in diesem Falle eher in „naturnahen" Wäldern oder „verwilderten" Flussauen als in den Relikten traditioneller Agrarlandschaften. – Es ist auch die Vielfalt der Ansprüche an eine schützenswerte Natur, die es ermöglicht, dass Naturschutz nicht nur sehr Verschiedenes, sondern oft auch geradezu Entgegengesetztes umfasst. Dies hängt davon ab, welche Zielvorstellungen der Naturschützer jeweils ins Auge fasst (Abb. 2.6). Die vielseitigen und teilweise gegenläufigen Argumentationslinien des Naturschutzes sind in Tab. 2.1 zusammengefasst.

Vielfach erkennen Naturschützer auch einen **Eigenwert von Natur** an: Natur soll um ihrer selbst willen erhalten werden. Das klingt zugegebenermaßen gut, ist aber in sich nur wenig schlüssig. Dieses Buch versucht immer wieder darauf hinzuweisen, dass am genau gleichen Standort unterschiedliche Formen von Natur möglich sind, denen dann jeweils ein solcher Eigenwert zugestanden werden müsste. Naturzentrisch lässt sich das Zieldilemma des Naturschutzes nicht lösen. Ähnliches gilt für den Schutz von Arten. Grundsätzlich stehen viele Arten in Konkurrenz miteinander, die Häufigkeit von Tier- und Pflanzenarten sowie ihre räumlichen Verbreitungsgrenzen werden mindestens so sehr durch die Konkurrenz zu anderen Arten bestimmt wie durch abiotische Faktoren. Geht man vom Eigenwert der Natur aus, sind alle diese Arten gleich viel wert.

Tab. 2.1 Argumente für den Naturschutz in Stichworten (nach Gigon und von Rütte 2014, S. 311; abgeändert)

Argumente für den Naturschutz	Hinweise zu den Argumenten
Moralisch-ethisches Argument	Alle Arten haben einen Existenzwert und ein Existenzrecht
Kulturgeschichtliches Argument	Lebende Kulturgüter wie Hecken, Halbtrockenrasen samt ihren Arten sind genauso erhaltenswert wie unbelebte Kulturgüter
Ästhetisches Argument	Viele Arten, Lebensgemeinschaften und Landschaften werden als schön empfunden, z. B. Orchideen, Schmetterlinge, artenreiche bunte Wiesen
Gesundheitliches Argument	Die Natur produziert reines Wasser, saubere Luft usw. und dient der Erholung
Psychohygienisches Argument	Der Besuch von Natur tut gut: Lebensqualität, Heimatgefühl, Identitätsstiftung; Erleben von Ursprünglichem, nicht von Menschen Gemachtem
Pädagogisches Argument	Biotope und Arten sind Anschauungsobjekte und Erfahrungsräume für Schulkinder (und Ältere)
Wissenschaftspraktisches Argument	Biotope und Arten als Untersuchungsobjekte für die Wissenschaft
Ökonomisches Argument	Ökonomisch bedeutende Ökosystemleistungen (Genpool für Züchtung, Bioindikation, Heilpflanzen, Blüten-Bestäubung, Schädlingsregulierung, Bionik, touristischer Wert usw.)

Wir müssen also klären, welche Natur wir an welchem Standort wollen und warum wir diese wollen (vgl. Kap. 7).

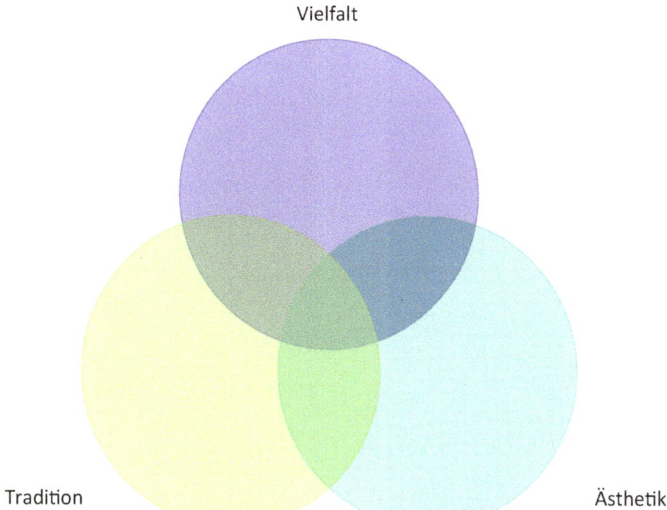

Abb. 2.6 Das Kriterien-Kleeblatt des Naturschutzes: Vielfalt, Ästhetik, Tradition

Zahl des Monats

Die Natur zu schützen ist eine Pflicht des Menschen – so sehen es 95 % der Bundesbürgerinnen und -bürger. Gefragt nach den persönlichen Gründen zum Schutz der Natur, betonen 67 % deutlich das Recht zukünftiger Generationen auf eine intakte Natur, 63 % sind sehr davon überzeugt, dass Tiere und Pflanzen ein eigenes Recht auf Existenz haben, und 50 % unterstreichen die Verantwortung für die globalen Folgen des menschlichen Handelns.

(Bundesamt für Naturschutz 2012b, S. 509).

Zielsetzungen von Naturschutz

- biologische Vielfalt
- Leistungs- und Funktionsfähigkeit des Naturhaushaltes einschließlich der

- Regenerationsfähigkeit und nachhaltigen Nutzungs-
  fähigkeit der Naturgüter sowie
- Vielfalt, Eigenheit und Schönheit sowie der Erholungswert von Natur und Landschaft

(Bundesnaturschutzgesetz 2009, § 1, in: Deutscher Taschenbuch Verlag 2015, S. 3).

3

Warum der Naturschutz gegenüber Umweltschutz und Tierschutz die schlechteren Karten hat

Als sich in den 1950er- und 1960er-Jahren in den bundesdeutschen und österreichischen Wohnstuben Fernsehgeräte etablierten, gehörten **Tiersendungen** zu den beliebtesten Programmsparten. Zunächst war es vor allem der „Fernsehprofessor" **Bernhard Grzimek,** der es geschickt verstand, privates Interesse und naturschützerische Ambitionen *(Serengeti darf nicht sterben)* mit ' folgten, etwa Eugen Schuhmacher mit *Die letzten Paradiese.* Während Grzimek sehr der ostafrikanischen Savanne verhaftet war, bezog der kantig wirkende Schuhmacher auch andere Erdräume und Klimazonen, etwa die Polargebiete, mit ein. Heinz Sielmann nahm in seinen *Expeditionen ins Tierreich* auch stärker heimische mitteleuropäische Lebensräume in den Blick.

Um das Jahr 1970 hielt – ausgehend von der rebellierenden akademischen Jugend – bei vielen eine kritischere Sicht auf den „Tieronkel" Bernhard Grzimek Einzug, die Loriot wunderbar in einen Sketch umgesetzt hat. In dieser Zeit entstanden neue Formate von Tier-

© Springer-Verlag Berlin Heidelberg 2020
K.-D. Hupke, *Naturschutz,*
https://doi.org/10.1007/978-3-662-62132-5_3

sendungen, die beispielsweise nicht Einzelarten und deren Lebensweise, sondern die Lebensräume als solche stärker in den Blick rückten. Dazu gehörten Filme über Korallenriffe und über tropische Regenwälder. In diesen Übergangszeitraum um das Jahr 1970 gehören auch die fachwissenschaftlich erstaunlich präzisen Sendungen des Wissenschaftsjournalisten Horst Stern, der unter anderem den bisher nicht als fernsehtauglich geltenden Spinnen eine eigene Sendung widmete und dabei mit inzwischen fortgeschrittener Technik erstaunliche Nahaufnahmen präsentieren konnte.

Bereits um 1980 herum klang das Interesse an Tiersendungen jedoch ab. Sendungen mit stärkerem Eventcharakter schoben sich in den Vordergrund wie Sportveranstaltungen und diverse „Dokus" und „Contests". Ebenso gewannen Vorabendserien („Soaps") an Bedeutung. Die Internationalisierung des deutschen Fernsehprogramms gewann an Gewicht, wobei vor allem Einflüsse aus den USA an Bedeutung zunahmen. Diese hatten stets auf starke Effekte gesetzt, teils unter Vernachlässigung der wissenschaftlichen Redlichkeit (ein frühes Beispiel ist die Disney-Produktion *Die Wüste lebt*). – Der Niedergang des Tierfilms ging Hand in Hand mit dem Aufkommen privater Fernsehsender. Gleichzeitig erfolgte ein Wandel in der Zuschauerstruktur. Die ehemaligen Liebhaber von Tiersendungen starben oder zogen ins Alten- oder Pflegeheim um. Für die an Werbeeinnahmen interessierten Privatsender war das werbungsresistente ältere Publikum nicht mehr interessant. Zudem hatte sich die Fernsehkultur verändert. Während sich zu Beginn des deutschen Fernsehzeitalters die Familie am Abend im Wohnzimmer versammelte, um gemeinsam fernzusehen, läuft heute häufig der Fernseher „so nebenher". Das konzentrierte Hinschauen und lange

Beobachten verlieren an Bedeutung. Für informative Natursendungen ist das kein guter Hintergrund.

Dieser Exkurs soll veranschaulichen, wie es zu einem **Bedeutungsverlust des Naturschutzes** auch in der Öffentlichkeit kommt und warum die naturschützerischen Vereine heute überaltern; ein Schicksal, das sie im Übrigen mit nahezu allen Vereinen mit Ausnahme von Sportvereinen teilen.

Das sich verringernde Interesse am Naturschutz steht im Gegensatz zum **Aufblühen des Umweltschutzes** in den 1970er-Jahren (Verfassungsrang durch § 20a GG seit 1994). Umweltschutz versteht sich als Schutz der natürlichen Umwelt des Menschen. Im Vergleich zum Naturschutz liegt dem Umweltschutz eine Umkehr des Denkmodells zugrunde. Während Naturschutz die Natur *vor dem Menschen* bewahren will, will Umweltschutz die natürliche Umwelt *für den Menschen* bewahren. Diese Unterscheidung ist keine rein akademische, sondern hat durchaus praktische Konsequenzen, die Uhrmeister et al. (1998) in ein sehr anschauliches Beispiel gefasst haben. Demnach würde ein Umweltschützer den Rheinfall von Schaffhausen sicherlich in ein Wasserkraftwerk umwandeln. Ein Naturschützer dagegen würde diesen wie seit jeher völlig nutzlos die Felsen herunterdonnern lassen. – Besser kann man den prinzipiellen Gegensatz von Natur- und Umweltschutz nicht in ein Beispiel fassen.

In der momentanen Energieversorgungs-, Klima- und Nachhaltigkeitsdebatte tritt dieser prinzipielle **Gegensatz zwischen Naturschutz und Umweltschutz** (vgl. Kap. 33) in vielerlei Hinsicht zutage: etwa, wenn tropische Wälder in Südostasien geopfert werden für den Ölpalmenanbau zugunsten einer Energieversorgung mit nachwachsenden Rohstoffen. Im politisch-instrumentellen Rahmen wird dieser Interessenskonflikt von Natur- und Umweltschutz aber regelmäßig ignoriert. Dies zeigt sich sowohl bei der

Benennung von einschlägigen Ministerien als auch in der Selbstdefinition von Ämtern wie der Landesanstalt für Umwelt, Messungen und Naturschutz in Baden-Württemberg oder dem Bundesamt für Naturschutz mit seinen Arbeitsebenen auf gesamtstaatlicher Ebene. Die Zusammenführung zu einem Gesamtbegriff „Natur- und Umweltschutz" ist gängige Praxis, nicht nur in Politiker-reden. Dabei besteht die Gefahr, dass die spezifischen Interessen des Naturschutzes untergehen.

Doch nicht nur der Umweltschutz hat in den zurück-liegenden Jahrzehnten als naturschutznaher Terminus an Bedeutung gewonnen Auch der **Tierschutz (Abb. 3.1)**, der ebenso wie der Umweltschutz oft mit Naturschutz ver-wechselt bzw. von diesem nicht scharf getrennt wird, hat an Einfluss zugelegt.

Naturschützern geht es um den Erhalt von Tier- und Pflanzenarten wie auch um den Erhalt der betreffenden

Abb. 3.1 „Für Milch sterben Kälber" – Graffiti auf einem Feld-weg. Tierschutz hat im Gegensatz zum Naturschutz das Wohl des tierischen Individuums im Auge. (Eigene Aufnahme)

Lebensräume. Natur interessiert den Naturschützer also auf einer Aggregationsebene oberhalb des tierischen Individuums. Tierschützer hingegen nehmen gerade dieses vom Naturschützer „vernachlässigte" tierische Individuum ernst. Auf eine knappe Formel gebracht: Tierschützer fordern Menschenrechte für Tiere. Mit dieser grundsätzlichen ideellen Parallelisierung von Mensch und Tier ist der Tierschutz recht erfolgreich. Die vielleicht erfolgreichste radikale Tierschutzorganisation ist PETA (People for Ethical Treatment of Animals). In den vergangenen Jahren haben deutsche wie europäische Tierschützer erfolgreich Gesetzesinitiativen auf den Weg gebracht, z. B. zum Verbot der Käfighaltung von Legehennen sowie zum Verbot des Schlachtens von Hunden und Katzen (etwa zum Verzehr oder zur Fellgewinnung). Seit 2002 ist der Tierschutz explizit im Grundgesetz Artikel 20a festgeschrieben.

Tierschutz fußt auf Werturteilen, die nach Immanuel Kant (1781/1974) *a priori* gefasst sind, d. h. nach ihren Gründen keiner rationalen Bewertung unterliegen. Allerdings kann es schon zu Problemen kommen, wenn es um die Adaptierbarkeit und um den praktischen Gebrauchswert tierschützerischer Vorstellungen geht. So steht der Tierschutz im Gegensatz zur jahr(hundert)tausendealten Tradition unserer Gesellschaft, tierische Nahrungsmittel, vor allem aber Fleisch zu essen. Zudem zeigen allein die Physiologie des Menschen und die Bauart seines Gebisses, dass *Homo sapiens* eben ein Auch-Fleisch-Esser ist, wobei man selbstverständlich darüber streiten kann, wie hoch dieser Fleischkonsum sein sollte und welcher Fleischverbrauch dem Menschen überhaupt zuträglich ist.

Problematisch scheint die Forderung nach natürlichen Lebensbedingungen für die Tiere oder auch der Ruf nach deren „Freiheit", wenn es sich um Haustierrassen handelt, die unter natürlichen Bedingungen überhaupt nicht lebensfähig wären und für welche die Freiheit einen jämmerlichen Tod zur Folge hätte. Der Tierschutz übersieht geflissentlich, dass sowohl Individuen als auch ganze Populationen von Haustieren nur unter dem Gesichtspunkt der Fleischproduktion entstanden (und lebensfähig) sind. Für das Tier eigene Freiheitsrechte zu fordern, geht somit weitgehend ins Leere. Paradox wird die Situation dann, wenn tierschützerische Aktivisten Käfigtiere, etwa Zuchtnerze, befreien und damit dem sicheren nahen Tod überantworten.

Noch vor rund 200 Jahren war ein Großteil der Bevölkerung Bauern, während dies heute in Deutschland wie in den meisten Industriestaaten kaum mehr etwa 2 % der Bevölkerung sind. Je mehr wir uns von einer bäuerlichen Gesellschaft entfernen, desto mehr individuelle Aufmerksamkeit erhält das Tier, das im bäuerlichen Betrieb vor allem als Produktionsfaktor gesehen wurde. An die Stelle der **Nutztiere** sind weitgehend **Haustiere** als Schmusetiere getreten, die in vieler Hinsicht eher Familienmitgliedern gleichgestellt sind. Dies hat in weiten Kreisen die Haltung zum Tier verändert. – Diese Einflussgrößen erzwingen keine Hinwendung zum Tierschutz, aber sie legen diese nahe.

Interessant ist, dass auch Naturschutzorganisationen wie der **WWF** (World Wide Fund for Nature, ursprünglich World Wildlife Fund) sich des tierischen Individuums bedienen, indem sie etwa eine vom Klimawandel bedrohte Eisbärenfamilie auf einer einsamen kleinen Eisscholle darstellen. Dies ist nicht nur ein Zugeständnis an den Tierschutz, um den es dem WWF im Kernanliegen überhaupt nicht geht, sondern ein Zugeständnis an den Betrachter, dem man unterstellt, dass ihn tierische Individuen mehr bewegen als ein Bedrohungsszenario auf Artbasis. So haben sich Panda *(Ailuropoda melanoleuca)* (Abb. 3.2),

Abb. 3.2 Die „putzigen" Panda-Bären bieten sich als Maskott-chen an. (© picture alliance/dpa)

Großkatzen (Tiger *(Panthera tigris)*, Jaguar *(Panthera onca)* und Eisbär *(Ursus maritimus)*) als Maskottchen der weltgrößten Naturschutzorganisation abgelöst.

Im Vergleich zu Umweltschutz und Tierschutz hat es der Naturschutz bis heute nicht geschafft, im Grundgesetz verankert zu werden. Der Naturschutz kann daher besten-falls indirekt aus der Verfassung abgeleitet werden.

Aber da gab und gibt es doch das Volksbegehren in Bayern, wo im Frühjahr 2019 weit mehr als eine Million Menschen ihr Votum zugunsten des Schutzes von Bienen gaben und damit auch Landesregierung und Landesparla-ment zum Handeln zwingen. Ein großer Erfolg für den Naturschutz also?

Ja und nein. Der mediengängige Kurztitel des Volks-begehrens „Rettet die Bienen" hat die Mehrzahl der Unterzeichnenden bewusst im Glauben gelassen, für den Schutz der Honigbienen einzutreten. Der zumeist nicht intensiv gelesene mehrseitige Zusatztext geht dagegen vom

Schutz der mehrere Hundert Arten umfassenden Wildbienen und anderer Insekten aus. Das Volksbegehren ist damit durchaus naturschutzorientiert. Aber es handelt sich doch durch die Differenz zwischen „erstem Eindruck" und maßgeblichem Inhalt eben auch um eine Art „Mogelpackung". Der Naturschutz nutzt die öffentliche Sympathie zugunsten der Honigbiene: Blütenbestäuber (wie Wildbienen auch), Honigsammler und überhaupt „bienenfleißig", um „im Kleingedruckten" sein eigentliches Ziel, den Schutz der vielen Wildbienenarten, ins Auge zu fassen. In deren Sinne sind Honigbienen, die seit Jahrtausenden auf maximalen Honigertrag gezüchtet sind, als leistungsstarke Nahrungskonkurrenten der Wildbienen nun eher kontraproduktiv (Steffan-Dewenter, Tscharntke 2000; Geldmann, Gonzáles-Varo 2018). Überdies sind Honigbienen gar nicht rückläufig; ganz im Gegenteil, Imkern wird immer mehr zum verbreiteten Hobby von Stadtbewohnern. Die Diversität von Bienenarten durch Förderung der Honigbiene zu stützen wäre ein ähnliches Unterfangen, wie der Diversität von wildlebenden Großsäugern durch Förderung der Milchkuhhaltung auf die Beine zu helfen.

Tierschutz im Grundgesetz

Art 20a.
  Der Staat schützt auch in Verantwortung für die künftigen Generationen die natürlichen Lebensgrundlagen und die Tiere im Rahmen der verfassungsmäßigen Ordnung durch die Gesetzgebung und nach Maßgabe von Gesetz und Recht durch die vollziehende Gewalt und die Rechtsprechung   (https://www.gesetze-im-internet.de/bundesrecht/gg/gesamt.pdf ges. 21.4.2017).

Verkehrte Welt im Wald

Verkehrte Welt, will man meinen:

So geht derzeit die Jägerzunft, die sich sonst eher mit dem Vorwurf der Schießwut konfrontiert sieht, in punkto Jagdfieber in die Defensive: Einem landesweiten Gutachten, das zunehmenden Wildverbiss an empfindlichen Baumarten wie Tanne und Eiche verzeichnet, entgegnet der Landesjagdverband mit einer klaren Absage, die Urheber der Baumschädigung künftig verstärkt aufs Korn zu nehmen.

[…]

Im Gegensatz dazu blasen ausgerechnet Naturschützer zum Halali auf Waldbewohner: Weil Wildschweinrotten im Ländle zunehmend Hausgärten und Maisäcker verwüsten, Autounfälle verursachen oder geschützte Biotope zerstören und damit Schaden in Millionenhöhe anrichten, müsse den Sauen der Garaus gemacht werden, fordern schon seit Jahren Verbände wie der NABU: „Weniger füttern – mehr schießen", so ihr Anliegen (Die Rundschau für den Kreis Ludwigsburg Jg. 40, Nr. 42 vom 16.10.2013).

Anmerkung des Verfassers: Die Welt im Wald erscheint nur dann als verkehrt, wenn man die unterschiedliche Zielediskussion von Naturschutz und Tierschutz nicht unterscheiden kann.

Auf relativ verlorenem Posten stehen die Anliegen des Naturschutzes auch im **Nachhaltigkeitsdiskurs** (engl. *sustainability*), wie er seit den 1990er-Jahren die politischen und medialen Debatten bestimmt. Die von dem Forstökonomen Carlowitz stammende ursprüngliche Intention einer nachhaltigen Nutzung war, einem (Nutz-) Wald nicht mehr Holz zu entnehmen, als im gleichen Zeitraum wieder nachwächst. Dies ist zugegebenermaßen gemessen an den multiplen Funktionen eines Waldes einseitig, aber es ist gut operationalisierbar, d. h. relativ leicht zu berechnen und zu überwachen.

Das Problem des modernen Nachhaltigkeitsansatzes ist demgegenüber, dass diese Operationalisierbarkeit gerade eben nicht gegeben erscheint. Allgemein formulierte ökologische Ziele werden mit ökonomischen, sozialen und kulturellen Zielsetzungen verflochten, sodass letzten Endes Ziele und Wege vage erscheinen und Nachhaltigkeit sehr stark den Charakter eines positiven „Catch-all" angenommen hat.

Werden von den Vertretern dieses Ansatzes dennoch konkrete Ideen formuliert, bedienen diese eher den bereits dargestellten Umweltschutz als die Ziele des Naturschutzes – mit der entsprechenden Problematik.

4

Naturschutz – auf welchen Flächen?

Es ist ja ganz nett, wenn einige kleine Einzelheiten geschützt werden, Bedeutung für die Allgemeinheit hat diese Naturdenkmälerchensarbeit aber nicht. Pritzelkram ist der Naturschutz, so wie wir ihn haben. Naturverhunzung dagegen kann man eine geniale Großzügigkeit nicht absprechen. Die Naturverhunzung arbeitet „en gros", der Naturschutz „en detail".

(Hermann Löns 1911; zitiert nach Schoenichen 1954, S. 279).

Was Hermann Löns hier vor mehr als 100 Jahren kritisiert, ist die **Kleinflächigkeit** der vom „Naturdenkmalschutz" geschützten Flächen, gemessen an der Flächenausdehnung der übrigen Agrar- und Forstlandschaften. Diese weit überwiegenden Flächen werden im Zuge einer Modernisierung und Technisierung ihrer Bewirtschaftung zunehmend vereinheitlicht und entsprechen damit immer weniger Naturschutzvorstellungen.

Im Vergleich zu den ersten Anfängen des Naturschutzes im 19. Jahrhundert konnte zwar der Flächenanteil an

© Springer-Verlag Berlin Heidelberg 2020
K.-D. Hupke, *Naturschutz,*
https://doi.org/10.1007/978-3-662-62132-5_4

geschützten Flächen in der Zwischenzeit fortlaufend ausgedehnt werden, allerdings beträgt er auch heute im Höchstfall wenige Prozent der Gesamtfläche (Naturschutzgebiete und Nationalparks als streng geschützte Flächen machen z. B. in Bayern und Baden-Württemberg insgesamt rund 4 % der Landesflächen aus). Da aber gleichzeitig die Intensivierung und Vereinheitlichung vor allem der Agrarlandschaft noch drastisch zugenommen haben, bleibt die Diskussion um die **Flächenpräferenz** von Naturschutz und Landnutzung weitgehend erhalten.

Hinzu kommt die Erkenntnis der biologischen Genetik, dass **Populationen** zumindest langfristig nur ab einer gewissen Individuenzahl überlebensfähig sind, weil sonst ein Genverlust einsetzt. Moderne naturschützerische Ansätze versuchen daher, geschützte Flächen untereinander zu vernetzen. Dies geschieht idealerweise durch linienhafte oder bandartige Strukturen. Hierbei bieten sich Bachläufe und ihre bachbegleitende Ufervegetation, oft Gehölzstreifen, an. – Empirisch lässt sich allerdings der Nutzen solcher **Vernetzungen** im Sinne einer Stabilisierung der Artenvielfalt kaum nachweisen. Überdies muss auch der Unterschiedlichkeit der einzelnen Biotope und Lebensräume Rechnung getragen werden. Eine geschützte Bachaue ist als lineare Struktur sicherlich gut geeignet, Bacharten zu vernetzen. Aber gilt dies auch für Arten etwa von Magerrasen?

Ein anderer Entwurf der Naturschutz-Planung ist das **Trittstein-Konzept:** Verwandte oder gleichartige Lebensräume sollen in so großer Nähe zueinander liegen, dass die jeweiligen Populationen sich ohne Probleme austauschen können. Das Konzept ist von seiner Logik her naheliegend, würde aber extrem umfangreiche Forschungen erfordern, welche von den in Mitteleuropa heimischen Zehntausenden von Tier- und Pflanzenarten nun welche Distanz zu überbrücken vermögen. Es steht zu vermuten, dass flugfähige Arten wie Vögel und auch die meisten Insekten dies zumindest über mehrere Kilometer hin zu leisten vermögen, Amphibien und Reptilien dagegen eher nicht. Auch ist die Ausprägung der zwischen den Trittsteinen liegenden Flächen zu beachten. Es gibt Landschaftstypen, die durchwandert werden können, auch wenn sie als dauerhafte Lebensräume für die meisten Arten ungeeignet sind. Autobahnen gehören dazu aber mit Sicherheit nicht. Insgesamt gilt, dass der Verkehr aus naheliegenden Gründen gut vernetzt ist, während naturgeschützte Flächen zumeist sehr isoliert und verinselt liegen.

Vielfach ist man von einer Politik der Ausweisung naturschützerischer Vorrangflächen völlig abgekommen und fordert Naturschutz auf ganzer Fläche. Dies wird in der Praxis nur dann möglich sein, wenn erhebliche Kompromisse bezüglich der agraren und forstlichen ökonomischen Effizienz geschlossen werden. Im Grunde kann dies nur durch eine Extensivierung der landwirtschaftlichen Produktion gelingen.

Die Voraussetzungen für eine solche **Extensivierung** der agrarischen und forstlichen Produktion waren über Jahrzehnte hinweg in Europa günstig. Die Landwirtschaft erzeugte Überschüsse im Sinne von „Getreidebergen", „Butterbergen" und „Milchseen". Die Agrarpolitik der 1980er- und 1990er-Jahre war gekennzeichnet durch eine Abkehr von der Förderung der Produktion hin zu einer Förderung der einzelnen bäuerlichen Existenzen. Diese ließe sich gut mit naturschützerischen Zielen verbinden.

Seit einigen Jahren verzeichnen wir dagegen eine entgegengesetzte Tendenz. Die erwartete Klimaerwärmung hat in wohl nahezu allen Industriegesellschaften zu einer verstärkten **Förderung nachwachsender Energiestoffe** geführt, in Deutschland forciert durch die Novelle des Erneuerbare-Energien-Gesetzes von 2009 (vgl. Kap. 33).

Ein immer größerer Anteil der agraren Produktion wird energetisch genutzt und führt damit, auch weltweit, zu einer Verknappung agrarer Güter und zu einem tendenziellen Preisanstieg. Die von kurzfristigen Ernteschwankungen abgesehen traditionell langfristig stabilen Agrarpreise werden markttechnisch immer häufiger an die Rohölpreise gekoppelt, mit starken Preisanstiegserwartungen für die Zukunft. Landwirtschaftliche Flächen werden zunehmend knapp und teuer. Die ebenfalls steigende Nutzung der Holzreserven der Wälder für Heizungssysteme weist in eine vergleichbare Richtung.

Der Naturschutz muss also mit der **Landnutzung** um Flächen konkurrieren und wird damit immer teurer. Erneut zeigt sich hier auch die in der Öffentlichkeit nur wenig wahrgenommene Konkurrenzsituation zwischen Umweltschutz und Naturschutz. Die Forderung an den ohnehin weniger populären Naturschutz ist naheliegend, doch seine Ziele etwas zurückzustecken, um damit das „wichtigere" Weltklima zu schützen.

Als Folge der oben genannten Tendenzen entwickelt sich die Agrarlandschaft hin zur räumlichen Segregation: Ein kleiner Prozentsatz der Fläche wird aus der intensiven Nutzung herausgenommen und vorrangig unter den Interessen des Naturschutzes bewirtschaftet. Der an Fläche mindestens zwanzigfach überwiegende Anteil wird einem zunehmenden Intensivierungsdruck ausgesetzt, unter hohem Einsatz von Agrarchemikalien und mit immer geringer werdender biologischer Diversität (s. Kap. 32, 33).

Grundsätzlich ist eine **landwirtschaftliche Nutzung in Naturschutzgebieten** nicht ausgeschlossen, sie darf nach dem Bundesnaturschutzgesetz (und nach der Sachlogik) nur nicht den Zwecken des Naturschutzes zuwiderlaufen. Diese Zwecke ergeben sich nach den Schutzstatuten, die für jedes Naturschutzgebiet eigens festgelegt werden müssen. Dies können im Vergleich unterschiedlicher Naturschutzgebiete sogar entgegengesetzte Zielsetzungen sein: etwa im Falle eines völligen Rückzugs des Menschen eine Sukzession in den „Naturzustand", im anderen Falle sorgfältige Pflege, um den intendierten Zustand zu erhalten. Oft ist diese **Pflege,** die traditionelle agrare Nutzungstechniken imitiert, für den Erhalt des schützenswerten Zustands sogar unerlässlich. Ein Großteil der lichtoffenen Magerrasen, Heiden und Flachmoore muss durch ständige Mahd künstlich waldfrei gehalten werden.

Eine solche ertragsextensive Wirtschaftsweise ist allerdings unter dem Gesichtspunkt der effizienten (= preisgünstigen) Agrarproduktion nicht mehr wettbewerbsfähig. Heute wird vor allem unter enormem Aufwand an Düngemitteln ein hoher Ertrag pro Flächeneinheit produziert. Diese Düngung aber – und damit jede Intensivierung der landwirtschaftlichen Nutzung – begünstigt einige wenige besonders schnellwüchsige Pflanzenarten, die dann die große Vielfalt der übrigen Arten verdrängen. Naturschutz und hoher landwirtschaftlicher Ertrag (Letzterer sowohl pro Fläche als auch in der Gesamtbilanz der Betriebe) schließen sich damit gegenseitig aus. Während die traditionelle Landwirtschaft in gewissem Sinne diese hohe Artenvielfalt überhaupt erst hervorgebracht hat, ist die moderne Landwirtschaft zum Gegenspieler des Naturschutzes geworden.

In gewisser Weise ein Bindeglied zwischen der Ausweisung vorrangiger Naturschutzflächen und dem übergreifenden Gesamtflächenschutz stellen die **Ackerrandstreifenprogramme** dar (vgl. auch Kap. 25), die von den meisten Landesregierungen in Deutschland seit den 1990er-Jahren verabschiedet wurden. Landwirte erhalten Geld dafür, dass sie vor allem entlang von Feldwegen randliche Streifen aus der intensiven agraren Nutzung herausnehmen. Zwar sind hier ebenfalls die betroffenen Flächen klar abgegrenzt und definiert, aber es wird doch ein Effekt greifbar, der stärker als die Ausweisung von Naturdenkmälern und Naturschutzgebieten auf die gesamte agrare Nutzfläche bezogen ist. Außerdem erleichtert die lineare Struktur dieser Biotope ihre räumliche Vernetzung, welche u. a. die Wanderung von Arten begünstigt.

Gerade **Naturdenkmäler** als die kleinsten Einheiten geschützter Flächen umfassen häufig nur Einzellebewesen, wie etwa beim Schutz einzelner alter Bäume. Hier zeigt sich, sofern es sich um eine sehr häufige und insgesamt in keiner Weise bedrohte Baumart handelt, der ästhetisierende Charakter vieler naturschützerischer Ansätze. – Auch wenn ein Baum selbstverständlich für seine bloße physische Existenz eine gewisse Fläche benötigt, handelt es sich hier jedoch nicht um einen Flächenschutz, sondern um den Schutz eines pflanzlichen Individuums, das zudem noch einen kleinflächigen Lebensraum für andere Lebewesen, insb. Vögel und Insekten, bietet.

Naturschutz durch Vertragslandwirtschaft und Flächenextensivierung am Beispiel Nordrhein-Westfalens

Schon Ende der 1970er-Jahre gab es in Nordrhein-Westfalen Bestrebungen, landwirtschaftliche Nutzung und Biotoppflege miteinander zu koppeln. In einem dreijährigen Pilotprojekt wurde von der Abteilung Geobotanik und Naturschutz im Auftrag des nordrhein-westfälischen Umweltministeriums ab 1985 getestet, ob sich diese Idee in die Praxis umsetzen ließ – und wenn ja, zu welchen Kosten. Mit rund 40 Landwirten wurden daraufhin Verträge über die Renaturierung und naturschutzgemäße Nutzung von Wiesen, Weiden, Magerrasen und Heiden abgeschlossen.

Gerade einmal 200 ha umfassten die Vertragsnaturschutzflächen in der Eifel damals. Heute sind es rund

3600 ha. Inzwischen gibt es in den Kreisen Euskirchen, Düren und Aachen mehr als 500 Landwirte, die erfolgreich Vertragsnaturschutz betreiben, teilweise seit mehreren Jahrzehnten. In ganz NRW nehmen ca. 5200 Landwirte auf mehr als 25.000 ha am Vertragsnaturschutz teil.

Spektakulärer Erfolg

Von Beginn an wurden die Auswirkungen der Maßnahmen mit Förderung durch das nordrhein-westfälische Umweltministerium wissenschaftlich kontrolliert, vor allem durch die Bonner Landwirtschaftliche Fakultät. Für das jetzt abgeschlossene Forschungsprojekt haben die Forscher rund 150 Bonner Examens-, Diplom- und Doktorarbeiten aus den letzten 30 Jahren ausgewertet. Diese historischen Daten haben sie mit aktuellen Erhebungen von mehr als 100 Gebieten in der Eifel verglichen. „Eine derart günstige Datenbasis dürfte im Bundesgebiet wohl einmalig sein", sagt [der betreuende Wissenschaftler; d. Vf.] Schumacher nicht ohne Stolz. Die Ergebnisse übertreffen alle Erwartungen: Der schleichende Verlust von Pflanzenarten konnte nicht nur aufgehalten werden – in der Eifel hat sich der bisherige Trend sogar gedreht: Die meisten Rote-Liste-Arten zeigen starke, teilweise sogar exponentielle Zunahmen ihrer Populationen. Auch die Artenvielfalt auf den Wiesen und Weiden hat sich stabilisiert und teilweise sogar um das zwei- bis dreifache zugenommen. Ähnliches gilt zum Beispiel für Teile des Siegerlands und des Hochsauerlands, wo Vertragsnaturschutz ebenfalls seit mehr als 10 Jahren praktiziert wird. Professor Schumacher: „Diese Regionen dürften zu den wenigen Kulturlandschaften in Deutschland gehören, in denen eine Trendwende gelungen ist." Möglich wurde die Erfolgsstory unter anderem auch durch die Bereitschaft des Landes, der Kreise, Gemeinden und der NRW-Stiftung, ihre Flächen zu renaturieren und zu günstigen Preisen zu verpachten.

Ebenso wichtig war aber auch die finanzielle Förderung des Vertragsnaturschutzes durch das Land NRW und die Europäische Union. „Das Prinzip ‚Naturschutz durch Nutzung' lässt sich aber nur durchhalten, wenn das, was dort wächst, auch im Betrieb verwertet wird", betont

Schumacher. „Diese Integration des Naturschutzes in den landwirtschaftlichen Betrieb ist wesentlicher Bestandteil des Konzepts" (Verband Biologie, Biowissenschaften und Biomedizin, VBIO e. V., https://www.vbio.de/?news_id=4089Viele; ges. 24.2.2015).

5

Extremstandorte – von der Wirtschaft gemieden, vom Naturschutz bevorzugt?

Wie Kap. 2 deutlich machte, sind es vor allem landschafts-ästhetische Gründe, die zum Schutz ausgewählter Landschaftselemente führen. Sofern diese Naturschutzgebiete oder (bei eher punktueller Erstreckung) Naturdenkmäler an vorgesellschaftliche Naturstrukturen angelehnt sind und waren, handelt es sich überproportional um Sonderstandorte wie Felsen, Wasserfälle, Höhlen und Kalktuffgrotten, Blockhalden/Felsenmeere (Abb. 5.1), Dünen und andere, in der Fläche also eher untypische Landschaftselemente. Die meisten davon stocken auf flachgründigen Böden, die weder für die Landwirtschaft noch für eine intensive Forstwirtschaft geeignete Standorte darstellen. Auch für große Fabriken sowie Kultur- und Freizeiteinrichtungen wie Schulen, Bäder und Sporthallen werden in der Regel ausgedehnte ebene Flächen bevorzugt.

Der Schutz von Felsen und anderen **Extremstandorten** fällt häufig leicht, weil außer eventuell durch Steinbruchunternehmen oftmals keine wirtschaftliche Nutzung infrage kommt, die entsprechenden Flächen also

© Springer-Verlag Berlin Heidelberg 2020
K.-D. Hupke, *Naturschutz,*
https://doi.org/10.1007/978-3-662-62132-5_5

Abb. 5.1 Der Extremstandort Felsenmeer gehört zu den wenigen von Natur aus weitgehend waldfreien Flächen in Mitteleuropa und wird mit seiner charakteristischen Kleintier- und Pflanzenwelt (einschließlich weiterer Organismen wie Flechten) häufig als Naturschutzgebiet oder Naturdenkmal ausgewiesen. (Kleiner Odenwald bei Heidelberg, eigene Aufnahme)

bereits markttechnisch billig sind. Eine wichtige Voraussetzung für Naturschutz, nicht viel zu kosten, ist damit bereits erfüllt. Daneben sind diese Standorte oft reich an Spezialisten in Flora und Fauna, welche die entsprechende Biodiversität hochhalten. Und schließlich sind solche Standorte zumeist weniger vom Menschen überformt als wirtschaftlich besser geeignete Standorte mit tiefgründigen Böden. Den wirtschaftlichen Idealfall eines Naturdenkmals stellt eine Höhle dar: Da sie rein unterirdisch verläuft, schließt sie eine Flächennutzung an der Erdoberfläche im Stockwerk darüber keineswegs aus.

Die flächengrößten geschützten Gebiete sind in Deutschland also nicht grundlos die ausgedehnten **Wattenmeerflächen** an der Nordsee geworden. Ohne großen und daher zumeist unwirtschaftlichen Kultivierungsaufwand sind diese zyklisch vom Meer eingenommenen Flächen kaum intensiv zu nutzen. Und doch sind diese Wattflächen arten- und biomassereich. Für die Ausweisung zum Naturschutzgebiet also ideal. Man muss nur darauf achten, einige Hintertürchen für die hier, von der Fläche her gesehen, doch marginalen Nutzungsinteressen offen zu lassen: also etwa für die Krabbenfischerei oder für touristische Wattwanderungen. Ansonsten ist der Naturschutz im Wattenmeer mehr oder weniger fast umsonst zu haben – und verbessert enorm die flächenbezogene deutsche Naturschutzstatistik! Für Politiker bilden solche Leistungszahlen oft die Messlatte naturschützerischen Handelns und können gut neben Inflationsrate, Wirtschaftswachstum und Arbeitslosenquote als numerische Argumentationsstütze der politischen Leistungsbilanz dienen.

Selbstverständlich sind auch stark anthropogen veränderte Flächen als Naturschutzgebiete besonders geeignet, sofern sie ihrem Charakter entsprechend nicht wirtschaftlich genutzt werden können. Dies galt etwa für den Dümmer in Niedersachsen, der nach seiner Eindeichung in der NS-Zeit als Hochwasserstaubecken diente. Erst in jüngerer Zeit kam es hier durch einen Anstieg der touristischen Nutzung der Wasserflächen zu einem Konflikt der Interessen.

Kaum anders nutzbar als für den Naturschutz waren aber auch die Rieselfelder großstädtischer Kläranlagen, die häufig einen amphibischen Lebensraum für Wasser- und Sumpfvögel sowie Rastplätze für Durchzügler darstellten.

Durch das Fortschreiten der Abwassertechnologie sind die meisten Rieselfelder heute überbaut worden (wie in Freiburg i. Br.) oder haben ihre ursprüngliche Funktion der Abwasserreinigung zumindest weitgehend verloren (wie in München).

6

Verwirrende Vielfalt – Flächenkategorien des Natur- und Landschaftsschutzes: Naturschutzgebiete, Nationalparks, Naturdenkmäler, Landschaftsschutzgebiete, Naturparks

Für Menschen (auch gebildete), die nicht hobbymäßig oder beruflich regelmäßig mit Naturschutz zu tun haben, sind ein Nationalpark und ein Naturpark ziemlich leicht zu verwechseln. Die Gemeinsamkeit beider Kategorien liegt darin, dass sie flächenmäßig sehr ausgedehnt sind: einige Dutzend bis mehrere 100 km². Es handelt sich also um ein Gebiet etwa von einer durchschnittlichen Gemeindegemarkung bis hin zu Landkreisgröße.

Damit ist die Gemeinsamkeit zwischen einem Nationalpark und einem Naturpark aber auch schon weitgehend erschöpft. Während ein **Nationalpark** in seinem Kernbereich den strengsten Naturschutzbedingungen unterliegt und ohne Sondergenehmigung nicht betreten werden darf, ist ein **Naturpark** nicht viel mehr als eine Art Mogelpackung, die eher ein touristisch wirksames Etikett als einen bestimmten Schutzstatus transportiert. Allerdings enthält wohl jeder deutsche Naturpark in einigen

© Springer-Verlag Berlin Heidelberg 2020
K.-D. Hupke, *Naturschutz,*
https://doi.org/10.1007/978-3-662-62132-5_6

Bereichen Flächen mit einem stärkeren Schutzstatus, insbesondere Naturschutzgebiete. Aber zu einem Naturpark gehören eben auch und flächenmäßig meist überwiegend Areale, die keinem Schutz unterliegen. Dieses besondere Verfahren hat es möglich gemacht, dass große Teile unserer Mittelgebirge Naturparks werden konnten, ohne dass die anfänglich skeptischen Naturparkgemeinden in ihrer Planungshoheit nennenswert eingeschränkt wären.

Unter einem **Naturschutzgebiet** dagegen muss man sich eine Fläche vorstellen, auf welcher der Schutz der Natur Vorrang genießt. Dabei sind agrare oder forstliche Nutzungen keineswegs ausgeschlossen. Sie sind oft sogar Voraussetzung für den Erhalt des als schützenswert geltenden Status quo. Um den optimalen Schutz zu gewährleisten, muss für jedes Naturschutzgebiet eine eigene Naturschutzverordnung erlassen werden, welche auch die Möglichkeiten, die Art und Intensität einer eventuellen Nutzung regelt. Naturschutzgebiete sind also Individuen, die keinesfalls nach dem Gießkannenprinzip gleich behandelt werden dürfen. Wo in einem Falle die zuwachsende Biomasse eines Magerrasens jedes Jahr gemäht und entfernt werden muss, bleibt im anderen Falle eines Waldschutzgebiets die Fläche eventuell jahrzehntelang unbeeinflusst. Welche Pflegemaßnahmen erlassen werden oder aber unterbleiben, bestimmt sich aus dem angestrebten Endstatus der Natur sowie aus den Interpretationen, wie sich dieser am besten erreichen bzw. erhalten lässt.

Naturschutzgebiete stellen einerseits einen eigenen Typus von geschützter Fläche im Sinne des Bundesnaturschutzgesetzes dar. Andererseits aber werden die streng geschützten **Kernzonen** eines Nationalparks oder eines Biosphärenschutzgebiets ebenfalls zu den Naturschutzgebieten gerechnet. Insofern bilden Naturschutzgebiete eine Überkategorie, die für alle streng geschützten Flächen gilt: also solche, in denen Naturschutz Vorrang hat.

Weil Naturschutzgebiete die Nutzung sehr stark einengen, ist ihre Ausweisung meist nur möglich, wenn es sich um öffentlichen Besitz (oder um solchen einschlägiger Stiftungen oder Organisationen) handelt. Alles andere würde die Enteignung der bisherigen Besitzer und Nutzer bedeuten.

Eigentlich ist auch ein **Naturdenkmal** ein solches, wenn auch kleines Naturschutzgebiet. Nach dem Bundesnaturschutzgesetz wird für ein Naturdenkmal eine Obergrenze von 5 ha festgelegt. Ist es größer, handelt es sich um ein Naturschutzgebiet i.e.S. Naturdenkmäler müssen aber überhaupt nicht flächenmäßig definiert sein. Ein einzelner Baum oder ein geologischer Aufschluss können z. B. auch als Objekte, in diesem Falle ohne Flächenbezug, geschützt sein.

Seit mehr als 100 Jahren werden Naturdenkmäler als „Pritzelkram" (Hermann Löns) einer verbreiteten Kritik von Naturschützern unterzogen, die auf großer Fläche, wenn nicht auf der gesamten Fläche Natur schützen wollen. Die ersten geschützten Objekte wie der Drachenfels im Siebengebirge bei Bonn waren zunächst kleindimensioniert. Das erste Amt für Naturschutz in Preußen war die Staatliche Stelle für Naturdenkmalpflege (gegründet 1906). Dennoch scheint es nicht abwegig, Kleinobjekte der Natur, die erhaltenswert erscheinen, als solche unter besonderen Schutz zu stellen. Wenn diese Denkmäler besonders zahlreich sind und die intensiv genutzte Kulturlandschaft unterbrechen und ergänzen, können sie durchaus einen Beitrag etwa zur ästhetischen wie zur Artenvielfalt leisten. Eine massierte Ausweisung von Naturdenkmälern sollte möglich sein, da die im Einzelfall geringe Flächenbeanspruchung die Hemmschwelle zur Ausweisung eines neuen Naturdenkmals gering erscheinen lässt. Durch eine intensive Durchsetzung mit geschützten Kleinelementen wie Einzelbäumen, Hecken, Trockenmauern etc. gewinnt der betreffende Landschaftsausschnitt auch in der breiten Fläche.

Bei einem **Landschaftsschutzgebiet** handelt es sich um Flächen, bei denen nur der grobe Charakter der Flächenwidmung nicht verändert werden darf. Das bedeutet, ein Wald darf hier nicht abgeholzt oder agrare Nutzfläche nicht aufgeforstet werden. Auch Siedlungen dürfen nicht in ein Landschaftsschutzgebiet hinein erweitert werden. – Ein Landschaftsschutzgebiet schützt aber nicht vor radikaler Umwandlung oder Intensivierung einer gegebenen Landnutzungskategorie. Ein naturnaher Wald mag in einen Douglasienforst umgewandelt werden. Aus Grünland kann ein horizontweites Maisfeld entstehen. Dies ist in einem Landschaftsschutzgebiet problemlos möglich, sofern nicht andere Regelungen dagegen sprechen. Entsprechend sind die Nutzungsmöglichkeiten von Land- und Forstwirtschaft nur wenig eingeschränkt und der Schutz von Natur ist nachrangig. Selbst der im Begriff enthaltene Landschaftsschutz wird nur in einem sehr breiten Verständnis desselben gewährleistet.

Grundsätzlich gilt: Gerade weil das Landschaftsschutzgebiet den Landeigentümern und Nutzern nur wenige Auflagen macht und die bisherige Art der Nutzung einschließlich einer Nutzungsintensivierung weitgehend garantiert, kann es auch weitflächig ausgewiesen werden. Große Wald- und Agrarflächen insbesondere unserer großstadtnahen Regionen sind heute Landschaftsschutzgebiete, wobei diese vor allem die Siedlungserweiterung bremsen. – Ebenso grundsätzlich gilt aber auch: Je intensiver und strenger die Schutzauflagen einer bestimmten Schutzkategorie sind, desto kleiner werden im Allgemeinen die ausgewiesenen Flächen sein.

Weil der Grundeigentümer sein Land weiter nutzen kann, sind Landschaftsschutzgebiete weitgehend in privatem Besitz verblieben.

Wiederum streng geschützt, aber kleinflächig sind Totalreservate der Forstverwaltung (Abb. 6.1), die in Baden-Württemberg **Bannwälder** heißen, in anderen Bundesländern jedoch unter mehreren anderen Bezeichnungen ebenfalls üblich sind; in Österreich, wo „Bannwälder" für Lawinenschutzwälder an Gebirgshängen stehen, unter der Bezeichnung **Naturwald**reservat. – Hier hat der Mensch sich aus der Nutzung und Beeinflussung der Waldvegetation völlig zurückgezogen. Das Ziel ist vor allem ein wissenschaftliches: Es soll untersucht werden, welcher Waldtyp an einem bestimmten Standort boden- und klimagemäß ist und sich auf Dauer durchsetzen wird. Allerdings wird man bei der Langlebigkeit von Bäumen da schon ein paar Jahrhunderte warten müssen, bis sich (vielleicht) der erwartete wissenschaftliche Erkenntnisgewinn einstellt. „Vielleicht" deshalb, weil die Vegetationsforschung immer mehr von einer festen **Klimaxvegetation** als unter bestimmten Umweltbedingungen angestrebten Endzustand (im deutschen Sprachraum vor allem abgewandelt als: potenzielle natürliche Vegetation) abgekommen ist. Heute gelten, speziell in artenreichen Waldökosystemen, die zu erwartenden Entwicklungen zumindest ein Stück weit als offen und nicht vorhersagbar. Dies liegt schon allein an der Ausbringung von Arten, die an dem Standort ursprünglich fremd sind, aber gelegentlich eine hohe Konkurrenzkraft entfalten.

Abb. 6.1 Bannwald im mittleren Neckarraum nördlich von Stuttgart. Dass der Wald nicht mehr genutzt wird, ist an der stehen gebliebenen starken Rotbuche (*Fagus sylvatica*) links zu erkennen; ebenso daran, dass die zur Seite geneigte absterbende Linde (*Tilia* spec.) rechts nicht entfernt wird, sowie am Totholz im Vorder- und Mittelgrund rechts. Auch der starke Jungwuchs, vor allem an Bergahorn (*Acer pseudo-platanus*), bleibt stehen und hindert die Durchgängigkeit des Waldes. (Eigene Aufnahme)

Bannwald, Naturwald, Wildnisgebiet …

Ab dieser Stelle wird der Begriff Naturwald für kleinere oder größere Flächen verwendet, die komplett aus der forstlichen (oder sonstigen) Nutzung herausgenommen wurden. Der in Baden-Württemberg übliche Ausdruck

> Bannwald ist zwar plakativ, hat aber den Nachteil, dass in den Alpen unter diesem Begriff Lawinenschutzwälder oberhalb v. a. von Ortschaften unter diesem Begriff gefasst werden, die durchaus einer wirtschaftlichen Nutzung geöffnet sind. – Der Ausdruck Naturwald ist u. a. in Nordrhein-Westfalen und Sachsen, aber auch in Österreich als offizielle Bezeichnung üblich.

Da man mit Bannwäldern/Naturwaldreservaten die feinen standörtlichen Unterschiede aufzeigen möchte, sind sie oft zahlreich gestreut, daher aber auch nur jeweils kleinflächig möglich, um keine zu großen Waldanteile aus dem forstlichen Nutzungskonzept herausnehmen zu müssen. Allein schon diese Kleinflächigkeit lässt einen raschen natürlichen Wandel zum Urwald fragwürdig erscheinen, da ja eine laufende Beeinflussung von Nachbarflächen her zu erwarten ist – beispielsweise durch Wildverbiss bei den in mitteleuropäischen Wäldern durch weitgehende Ausrottung der „Großräuber" Braunbär, Wolf und Luchs zumeist unnatürlich hohen Beständen von Schalenwild.

Da Bannwälder streng geschützt sind, werden sie in ihrer Fläche auch der Überkategorie der Naturschutzgebiete zugerechnet.

Seit 2005 werden die Großschutzgebiete **Nationalpark, Biosphärenreservat** und **Naturpark** zu den **Nationalen Naturlandschaften** zusammengefasst; organisiert von der in Brüssel ansässigen *Europarc Federation* als Dachverband. Dieser Terminus findet in der aktuellen Fassung des deutschen Bundesnaturschutzgesetzes (2015) keine Erwähnung. Er ist als eher inoffizielles Label zu sehen, das der besseren Selbstdarstellung und Vermarktung der Großkategorien des Natur- und Landschaftsschutzes dient, die ansonsten wenige gemeinsame Merkmale haben.

Die wichtigsten Flächenkategorien des Natur- und Landschaftsschutzes in Deutschland (Begriffe u. Kriterien in Österreich sind vergleichbar)

Bannwald/Naturwald (je nach Bundesland unter verschiedenen Bezeichnungen): Völlig unbewirtschaftete Probeflächen der Landesforstverwaltung, die sich langfristig wieder zu „Urwald" entwickeln sollen; zumeist kleinflächig (wenige Hektar).

Biosphärenreservat: Ähnlich Nationalpark in Größe und Zonierung, dient aber nicht vorrangig dem Naturschutz, sondern eher der Entwicklung nachhaltiger Wirtschaftsweisen, dem *Man-and-Biosphere*-Programm der UNESCO zugeordnet.

Landschaftsschutzgebiet: Nur die Grundkategorien der Landnutzung (Wald/Agrarland/Siedlung) dürfen nicht ausgeweitet oder ineinander überführt werden. Unterliegt ansonsten keinen strengen naturschützerischen Kriterien. Weitgehend in Privatbesitz.

Nationalpark: Großflächig, zumeist mehrere Gemeindegemarkungen übergreifend; in Kern- und Randzonen unterteilt; nur Erstere streng geschützt, Letztere auch touristisch genutzt.

Naturdenkmal: Wie Naturschutzgebiet, aber kleinflächig (nach BNSchG < 5 ha).

Naturpark: Großflächig, schließt meist auch Naturschutzgebiete und Landschaftsschutzgebiete mit ein, ansonsten ohne besonderen Schutzstatus, insgesamt eher Label zur besseren touristischen Vermarktung.

Naturschutzgebiet (i.e.S.): Zumeist in öffentlichem Besitz, Naturschutz hat Vorrang vor der agraren und forstlichen Nutzung.

Nationalpark im Nordschwarzwald: Pro und Contra

Pro Nationalpark

Ein Stück Wildnis, 100 km² groß und damit gerade einmal 0,7 % der Waldfläche Baden-Württembergs umfassend, erregt die Gemüter im Nordschwarzwald. Die Fläche des geplanten Nationalparks liegt komplett im Staatswald, ein Großteil steht bereits unter Schutz. Diese

Naturschutzinseln sollen verknüpft und drei Viertel des Gebiets nach 30 Jahren Entwicklungszeit dem Kräftespiel der Tier- und Pflanzenwelt überlassen werden. Skifahren, Radeln oder Wandern ist auf markierten Wegen erlaubt, der Mensch ist im Nationalpark als Sportler, Genießer, Beobachter und Lernender ausdrücklich erwünscht.

Baden-Württemberg ist neben Rheinland-Pfalz das einzige Flächenland, das noch kein solches Schutzgebiet hat. Das will die grün-rote Landesregierung ändern. Die sachlichen Argumente dafür liefert das unabhängige, europaweit ausgeschriebene Gutachten. Sein Fazit: ein Nationalpark Nordschwarzwald bringt der Region viele Chancen sowie einen Mehrwert für Natur, Tourismus und Wirtschaft. Die Risiken – etwa durch Borkenkäfer – seien beherrschbar. Die Regierung sieht sich durch diese Expertise in ihren Plänen bestätigt (Andrea Koch-Widmann, *Stuttgarter Zeitung* vom 9.4.2013).

Contra Nationalpark
Bei einer rational abwägenden Gesamtbilanzierung wird überaus deutlich, dass die zu erwartenden nachteiligen Folgen eines möglichen Nationalparks im Nordschwarzwald die behaupteten, insgesamt jedoch entweder nur geringen oder aber widerlegbaren Vorteile bei weitem überwiegen, insbesondere gibt es weder aus dem Bereich des Naturschutzes noch aus der Sicht des Tourismus überzeugende, wissenschaftlich belegbare Argumente für ein Großschutzgebiet wie die sog. Nationalparke. Während das vom baden-württembergischen Staatsforstbetrieb entwickelte Alt- und Totholzkonzept für den gesamten Schwarzwald nicht nur eine Sicherung, sondern sogar eine Verbesserung der Biodiversität bei einem gleichzeitig optimalen Interessenausgleich für alle Wald-Stakeholder erwarten lässt, sind für den touristischen Erfolg marktgerechte Hotelangebote und eine attraktive touristische Infrastruktur entscheidend, nicht jedoch die Ausweisung eines nur scheinbar menschlich unbeeinflussten Großschutzgebietes.

Die mögliche Errichtung eines Nationalparkes wäre insofern eine ausschließlich politische Entscheidung zur Befriedigung der Interessen zahlreicher Naturschutzverbände.

(Wolfgang Tzschupke 2013, Nationalpark „Nordschwarzwald" – Argumente und Gedanken. Gutachten zu den möglichen Auswirkungen eines Nationalparks im Nordschwarzwald; Internetseite:https://www.unser-nordschwarzwald.de/wp-content/uploads/2013/03/NP_NSchwarzwald_Gutachten_2013.02_c.pdf; ges. 6.8.2014).

7

Welche Natur wollen wir wie schützen?

Gehen wir mehr als 7000 Jahre in der Geschichte zurück, in eine Zeit also, bevor die ersten Rodungen in Mitteleuropa stattfanden. Fast das ganze Gebiet des heutigen Deutschlands und Österreichs war damals von Wald bedeckt, überwiegend Laubmischwald, je nach lokalem Gesteinsuntergrund, Exposition, Relief, Klima und Boden in einer jeweils spezifischen Baumartenmischung.

Auf den später gerodeten Flächen wurden die Vorläufer der heutigen Getreidesorten angebaut. Da keine ausreichende und systematische Düngung erfolgte, musste das Land immer wieder über Jahre brach liegen gelassen werden. Dazu kamen die extensiv beweideten Areale an den Rändern der dörflichen Nutzflächen. Insgesamt schuf der Mensch ein **Mosaik** aus offenen und nach wie vor mit Wald bestandenen Flächen. Auf den offenen Flächen wanderten Arten ein, die zuvor in Mitteleuropa zumindest großflächig keinen Platz gefunden hatten: Licht liebende Arten aus den Hochlagen der Alpen oder von extremen Felsstandorten, Arten aus den Steppen Südosteuropas

© Springer-Verlag Berlin Heidelberg 2020
K.-D. Hupke, *Naturschutz*,
https://doi.org/10.1007/978-3-662-62132-5_7

oder aus dem Mittelmeergebiet. Da die eigentlichen Waldarten meist nicht ausstarben, brachte diese **Zuwanderung**
einen Anstieg der Artenzahl und der Zahl der Lebensgemeinschaften (und damit eine höhere Beta-Diversität)
mit sich. Heute kann so der Eindruck entstehen, diese
alteingewanderten Pflanzen (**Archäophyten**) und alteingewanderten Tiere (**Archäozoen**) gehörten zu unserer
Landschaft seit jeher dazu.

Doch diese über Jahrtausende in ein stabiles Gleichgewicht gekommene Entwicklung geriet seit dem 19. Jahrhundert, verstärkt seit dem 20. Jahrhundert, in Gefahr.
Die intensiveren Landnutzungstechniken gefährdeten
zumeist eher diese alten Zuwanderer als die eigentlichen
Arten des Waldes. Herbizide und Insektizide beseitigten
aus der Agrarlandschaft tendenziell alles, was nicht deren
Produktionsziel diente. Kleinformen der gewachsenen
Kulturlandschaft wie Tümpel, Feldhecken und einzeln
stehende Bäume wurden im Zeitalter der Maschinen-
arbeit tendenziell als Hindernisse empfunden und meist
beseitigt. Stärkere Zufuhr von Düngemitteln begünstigte
die Zunahme einiger weniger besonders wuchskräftiger
Arten auf Kosten der vielen anderen, die seltener wurden
oder ausstarben.

Die Folge dieses Veränderungsprozesses ist ein rapider
Rückgang der Artenzahlen in der Agrarlandschaft. Dieser
wird von Naturliebhabern wahrgenommen (Kap. 2). So
ergibt sich das Paradoxon, dass das Augenmerk von Naturschutz heute oft mehr den (prä-)historisch zugewanderten
Arten als den eigentlich natürlich vorkommenden Arten gilt.

Diese Situation zeigt deutlich ein **Zieldilemma des
Naturschutzes** auf: Was soll denn überhaupt geschützt
werden? Abb. 7.1 zeigt am Beispiel von südwestdeutschen
Sanddünen das vielfältige Potenzial von Natur. Bedeutet
Naturschutz, eine möglichst „unberührte" Natur zu
schützen oder diese gegebenenfalls wiederherzustellen? In

Abb. 7.1 **a** Hoher Mischwald aus Kiefern (*Pinus silvatica*) und Eichen. **b** Offener Sandmagerrasen aus Moosen, Flechten (Lichenes) und Kräutern, beides am naturräumlich vergleichbaren Standort und zur gleichen Jahreszeit (Ende April). (Eigene Aufnahmen).

diesem Falle müsste der Mensch sich weitestmöglich aus den geschützten Flächen zurückziehen. Dies wäre „Naturschutz durch Unterlassung". Eine andere Zielsetzung des Naturschutzes ist an vielfältigen und in sich wiederum artenreichen Lebensgemeinschaften interessiert. Die Summe der vorhandenen Tier- und Pflanzenarten ist hier das Ziel. Gesichtspunkte der Natürlichkeit einer Lebensgemeinschaft treten demgegenüber zurück. Hierbei liegt weniger die ursprüngliche Natur als vielmehr eine überkommene und selbst wiederum gefährdete Agrarlandschaft im Fokus.

Derartige Relikte einer **überkommenen Agrarlandschaft** haben sich vor allem in Ungunst- und Randlagen halten können, die seit jeher extensiver genutzt wurden als die Gunstgebiete. Eine solche **Ungunstlage** – unter dem Gesichtspunkt des potenziellen landwirtschaftlichen Ertrags – kann sich im Rahmen unterschiedlicher naturräumlicher Einheiten ergeben.

Im reich beregneten Nordwestdeutschland sind dies vor allem die von Kalk und oft auch von Tonbestandteilen ausgewaschenen Sandböden, zumeist Überbleibsel der älteren Eiszeiten. Die Rodung des Waldes, insbesondere für die

Lieferung von Feuerholz an die Salinen von Lüneburg, hat den Prozess der Aushagerung und des Nährsalzverlusts noch beschleunigt. Zurück blieb eine botanisch gesehen recht eintönige Landschaft, die **Heide**, in der vielfach das Heidekraut (auch Besenheide, *Calluna vulgaris*) dominierte. Bauern des Mittelalters und der frühen bis mittleren Neuzeit werden diesen Landschaftstyp wohl als abstoßend hässlich empfunden haben. Heide bedeutet semantisch „Öde", mangelnde Produktivität. Diese war auch durch einen harten sogenannten Ortsteinhorizont (durch Sedimentation der oberflächlich ausgewaschenen Mineralien) der unter diesen Bedingungen entstandenen Podsolböden in einigen Dezimetern Tiefe bedingt. Dieser ist teilweise wasserstauend und für eine landwirtschaftliche Nutzung ungünstig. Erst in der zweiten Hälfte des 19. Jahrhunderts konnte mithilfe von Dampfpflügen der Ortsteinhorizont umgebrochen und mit nachfolgender Düngung und Kalkung die Heide auch für den Ackerbau produktiv gemacht werden. Das Verschwinden der Heide markierte aber zugleich den Beginn von deren romantischer Überhöhung, die dann letztendlich zur frühen Unterschutzstellung der letzten Heidereste um den Wilseder Berg als Naturschutzgebiet Lüneburger Heide geführt hat. Heute ist ein Massenansturm von Besuchern insbesondere in den Monaten August und September zu verzeichnen, wenn die Heide blüht.

Dabei ist die atlantische Heide aus botanischer Sicht recht artenarm. Die von Natur aus nährsalzarmen Sande der vergangenen Eiszeiten, auf denen sich die norddeutsche Heidelandschaft bevorzugt entwickelt hat, führen bei einer weiteren Abschöpfung durch menschliche Nutzung zu einem extremen **Nährsalzmangel**, vor allem an Kalzium, Kalium, Magnesium, Stickstoff und Phosphor, der eine artenreichere Vegetation ausschließt. Zudem ist der Boden noch sauer (geringer pH-Wert). Nur wenige Spezialisten an Blütenpflanzen wie das Heidekraut können sich hier behaupten, dazwischen Moospolster und Flechtenbestände, die ebenfalls mit wenig auskommen.

Ein anderer Typ von **Marginallandschaft** findet sich in den weiten Teilen Württembergs mit kalkhaltigen Gesteinen. In den Gäulandschaften am mittleren und oberen Neckar und dessen Nebenflüssen handelt es sich dabei um Muschelkalk, auf der Schwäbischen Alb um Juragesteine. Wo diese Kalkgesteine eine Tonbedeckung aufweisen, etwa durch das Flugsediment des Löss in niederen Lagen oder durch Lehm als Lösungsrückstand der Kalkgesteine, sind die Kalkregionen gut ackerbaulich nutzbar. An Hanglagen jedoch oder in unmittelbarer Nähe von Hangkanten entlang von Schichtstufen und Flusstälern tritt das Kalkgestein oft direkt an die Oberfläche. Da der zum Ackerbau erforderliche tiefgründige Boden hier fehlt, wurden diese Flächen oft jahrhundertelang extensiv beweidet, meist als **Allmendflächen** im Gemeinschaftsbesitz. Anders als in der an sich artenarmen atlantischen Heide entwickelte sich in solchen **Steppenheiden** (nach Gradmann 1898) eine sehr große Vielfalt insbesondere von Blütenpflanzen. Bis zu 300 Arten können für diese Magerrasen und ihre Randbereiche des Steppenheidewaldes auf kleinem Raum von wenigen Ar Fläche als durchaus charakteristisch gelten.

Rein wirtschaftlich sind diese ursprünglich ausgedehnten Flächen heute nicht mehr nutzbar. Die natürliche Sukzession bewirkt, dass innerhalb weniger Jahre ein Gebüsch aufkommt, vorrangig mit Schlehe (*Prunus spinosa*) und Hartriegel (*Cornus sanguinea*). Innerhalb einiger Jahrzehnte entsteht ein Wald, der die lichtbedürftige artenreiche Bodenvegetation so sehr beschattet, dass diese rasch verschwindet. An ihre Stelle tritt eine geringere Artenvielfalt von „gewöhnlichen", d. h. auch anderenorts weit verbreiteten Waldarten.

Wie in anderen geschützten Lebensräumen auch, sind es vor allem die „schön blühenden" Arten, die innerhalb der vertretenen Flora bevorzugt geschützt werden. In den württembergischen **Kalkmagerrasen** sind dies maßgebend die Familie der **Orchideen** (Orchidaceae) mit etwa zwanzig Arten und die Gattungen der **Enziane** mit insgesamt rund fünf Arten (Abb. 7.2). Beide Zielgruppen des Naturschutzes kommen zwar oft zusammen vor, etwa in der gleichen Hangpartie, haben aber teilweise unterschiedliche bis entgegengesetzte **Standortansprüche**. Enziane der Gattungen *Gentianella* und *Gentianopsis* besitzen derbe Blätter und Sprosse und sind damit gut gegen Tritte von Weidetieren geschützt. Ein kräftiger Inhaltsstoff, der in Form des Enzianschnapses von der entsprechenden Klientel durchaus geschätzt wird, schützt die Enziane weitgehend vor Verbiss durch weidende Schafherden. Enziane gedeihen daher überall dort gut, wo die Beweidung vielen anderen Pflanzenarten sehr zusetzt, und haben innerhalb der Standortkonkurrenz der Arten somit Vorteile. Orchideen dagegen sind zartwüchsig und nehmen die Tritte durch Schafhufe übel. Zudem schmecken sie noch recht gut.

Die Frage, welche Standortansprüche welche Arten stellen, ist im Rahmen des Naturschutzes nicht so

Abb. 7.2 Pflegekonkurrenten in Magerrasen: **a** Deutscher Kranzenzian (*Gentianella germanica*) und **b** die Orchidee Spinnen-Ragwurz (*Ophrys sphegodes*), beides attraktive Zielarten des Naturschutzes. (Eigene Aufnahmen)

akademisch, wie sie anmutet. Setzt man in den Kalkmagerrasen tatsächlich die jahrhundertealte Tradition der **Schafbeweidung** fort, wird man tendenziell einen Enzianrasen erhalten, ergänzt um stachelige Pflanzenarten, die ebenfalls vom Vieh gemieden werden, wie die Silberdistel (*Carlina acaulis*). Doch die **Pflegemaßnahmen** durch Schafe reichen zumeist nicht mehr aus und müssen durch das Mähen der Flächen (Abb. 7.3) ergänzt werden. Diese **Mahd** führt zu einem Rückgang der Enziane und zu einer Zunahme der Orchideen (Orchidaceae). Dies gilt insbesondere dann, wenn – wie oft zu beobachten – die Mahd bereits im August vorgenommen wird, zu einer Zeit also, in der die Herbstenziane erst zu blühen begonnen haben. Es wirkt paradox, wenn dem Naturliebhaber wegen des Pflückens einer einzigen Enzianblüte

Abb. 7.3 Bei steilen Hanglagen wird nach Aufgabe der Schafweide die Motorsense eingesetzt, um die Holzgewächse zurückzudrängen. Die Arbeit ist langwierig und mühselig, somit relativ teuer. Oft geschieht sie in Auftragsarbeit an private Landschaftspfleger durch die Untere Naturschutzbehörde beim Landratsamt. (Eigene Aufnahme)

strafrechtliche Konsequenzen drohen, aber der Landschaftspfleger Hunderte davon an einem Vormittag abmäht. – Der Naturschutz muss also bereits über die präferierte Pflegemaßnahme eine Entscheidung treffen, welche Arten bzw. Artenkombinationen er schützen möchte: Orchideen oder Enziane. Für beide gemeinsam gibt es eben keinen optimalen Schutz auf derselben Fläche.

Mit einem bis in Naturschutzkreise weit verbreiteten (Vor-)Urteil muss in diesem Zusammenhang aufgeräumt werden: Die **Biologie** ist als Naturwissenschaft nicht etwa dazu in der Lage, bei derartigen Zielkonflikten eine Entscheidung zu treffen. Hinter den Zielen des Naturschutzes stehen stets **Werturteile.** Diese lassen sich aber bekanntlich nicht aus den Naturwissenschaften gewinnen, die stets aufzeigen, wie etwas ist oder funktioniert, aber nicht, wie etwas sein soll. Derartige Werthaltungen sind der naturwissenschaftlichen Rationalität, um den bereits schon zitierten Ausdruck von Immanuel Kant noch einmal aufzugreifen, stets *a priori* vorgeordnet. Das heißt beispielsweise, dass die Biologie als Wissenschaft nicht sagen kann, ob Biodiversität ein erstrebenswertes Ziel ist. Wenn aber naturwissenschaftsfern und *a priori* eine solche Werthaltung vorhanden ist, kann die naturwissenschaftliche Forschung durchaus Kriterien und Umsetzungsmöglichkeiten nahelegen.

Zielkonflikte gibt es auch beim faunistischen Naturschutz:

Der Schutz von großen und kleinen Eulen

Als besonderer Erfolg für den Naturschutz kann die Wiederansiedelung unserer größten Eulenart, des Uhus (*Bubo bubo*), gelten. In der näheren Umgebung von Heidelberg brüteten im Frühling 2018 mindestens drei Paare.

Als nicht vorhergesehener Nebeneffekt ergab sich ein Rückgang der zuvor im Gebiet siedelnden kleineren Eulenarten. Die zuvor häufigen Waldkäuze hört man fast nicht mehr rufen, Waldohreulen zumindest deutlich seltener. Auch Rückgänge bei den Schleiereulen werden dem Uhu zugerechnet. Dass er auch einen Steinkauz erlegt hat, kann als gesichert gelten, da neben den Überresten eines solchen Vogels auch ein Uhu-Gewölle gefunden wurde.

Dass der Uhu auch gelegentlich den als ebenfalls schützenswert geltenden Wanderfalken kröpft, ist ebenfalls seit langem bekannt.

Ob Naturschutz allerdings unter diesen Umständen überhaupt das schützen kann, was er zu schützen versucht, wird in der Literatur gelegentlich angezweifelt:

„Wo immer Naturschutz nun eingreift, ob er die Flächen ‚pflegt' oder ‚sich selbst überlässt': In beiden Fällen verändert der Schutz die schutzwürdige Vegetation, und zwar nach aller Erfahrung auf unvorhergesehene Weise". (Hard 1997, S. 568; zusammenfassend und ebenfalls aus eher kritischer Perspektive: Wilson 2014).

Der amtliche Naturschutz ist heute erkennbar bemüht, bei der Neukonzipierung von Lebensräumen bereits standörtliche Vielfalt einzuplanen. So werden Packungen aus Bruchstein oder Altholz errichtet, zusammengeschnürt von einer Art Käfig aus Drahtgitter. Oder es werden Hölzer mit unterschiedlich starken Bohrungen als Lebensraum für Wildbienen angeboten. Oder es werden Nisthilfen für Singvögel oder Fledermäuse aufgehängt. Alle diese Angebote sind sicherlich gut gemeint und können durchaus für das Überleben von Einzelarten wichtig werden. – Allerdings unterliegen in Ausprägung wie im Fertigungsprozess so gut wie alle solcher struktureller Lebenshilfen einer hochgradigen Standardisierung. Diese erschließt sich dem Betrachter erst dann richtig, wenn er nacheinander unterschiedliche neu geschaffene Biotope besucht. Mit dieser immergleichen „Individualisierung" von Kleinstrukturen wird aber die traditionelle Nutzungsvielfalt, die diese ersetzen soll, gerade nicht erreicht. Das Grundproblem moderner Gesellschaften ist, dass wohl auch im Bewusstsein eines Mankos stets von Vielfalt gesprochen wird, aber genau das Gegenteil stattfindet. Es werden ja nicht nur naturgeschützte Gebiete standardisiert, sondern schlicht jedes gesellschaftliche Subsystem: der Produktionsprozess als solcher, abstrakte Systeme wie die Verwaltung und die modularisierte Ausbildung unserer Studierenden, bis hin zu konkreten Projekten wie der Anlage von Schulhöfen und Kinderspielplätzen. Bei deren Besuch macht sich die gleiche Langeweile breit wie in einem großen Modekaufhaus, wenn man die Auslagen der unterschiedlichen Mode-Labels aufsucht: Hinter einer vordergründigen Vielfalt verbirgt sich das immer Gleiche oder doch Ähnliche einer standardisierten Ware, die den Wechsel vor allem entlang der Zeitachse in der Abfolge unterschiedlicher modischer Vorlieben kennt. Diese enorme Tendenz zur Standardisierung gilt auch für Pflegemaßnahmen in Naturschutzgebieten. Da wird über die gesamte geschützte Fläche der gleiche Pflegeplan mit einer Mahd innerhalb von, sagen wir, zwei Wochen im August gelegt. Ursprünglich handelte es sich vielleicht um eine öffentliche Allmendfläche, die vielen Nutzern zugänglich war. Da wurden neben Rindern und Schafen auch Ziegen und evtl. ein Esel für die Beweidung eingesetzt: Tiere jeweils mit unterschiedlichen Verhaltensweisen im Gelände und mit unterschiedlichen Futtervorlieben. Ganz unterschiedlich wirkte sich die Viehhaltung auch entlang von Triebwegen und an Lägerplätzen aus. Vielleicht konnten aber

Abb. 7.4 Versuch, durch differenzierende Mahdtermine in der Landschaftspflege die traditionell vielfältige agrare Nutzung zu imitieren (Kissinger Heide b. Augsburg). (Eigene Aufnahme)

auch im Frühsommer an geeigneter Stelle trotz Beweidung Gras und Kräuter etwas höher und dichter wachsen und haben einen armen Dorfbewohner zum Mähen mit der Sense herausgefordert, um etwas Heu für den Winter zu gewinnen. In einer besonderen Mangelsituation wurde vielleicht an tiefgründiger Stelle auch einmal für einen Sommer ein kleiner Acker angelegt, der im folgenden Jahr wieder brachfiel. – Diese traditionelle Nutzungsvielfalt ist die eigentliche Grundlegung des überlieferten Artenreichtums. Sie ist kaum durch eine standardisierte Pflege zu imitieren (Abb. 7.4).

Gelber Enzian

Die folgende Begebenheit hat sich tatsächlich ereignet; um niemanden zu diskreditieren, werden jedoch keine Orts- und Personennamen genannt.

Der **Gelbe Enzian** (*Gentiana lutea*) gilt gemeinhin als (Mittel-)Gebirgspflanze, die üblicherweise in Höhenlagen oberhalb 500 m NN vorkommt. Es handelt sich um die größte Enzianart mit dicken fleischigen Wurzeln, die auch zur Herstellung von Enzianschnaps Verwendung finden. Die Pflanze ist in Baden-Württemberg insgesamt an sich nicht bedroht. Hauptverbreitungsräume sind hier der Schwarzwald, die Schwäbische Alb und das Alpenvorland. Ursprünglich war die Art auch in den Muschelkalkplatten der Gäulandschaften an der Tauber im Norden des Landes bei Höhenlagen um 200 m NN verbreitet, ist aber dort verschwunden (Sebald u. a. 1996, Bd. 5, S. 24).

Nun wurde vor wenigen Jahren nordwestlich Stuttgart eine einzelne Pflanze in einem Halbtrockenrasen in ebenfalls wenig mehr als 200 m Höhe entdeckt. Die örtliche Sektion des NABU sorgte dafür, dass rasch eine grobe Umzäunung aus Holzstangen vorgenommen wurde, um die Pflanze vor dem Pflegeeinsatz (Abmähen) zu schützen.

Auf der Website des örtlichen NABU wird der Sensationsfund eher versteckt präsentiert. Der Seitenhieb gegen einen mutmaßlichen „Naturverbesserer", der die Pflanze hier angesiedelt haben könnte, ist erkennbar polemisch geprägt. Eine gezielte Veränderung der Natur mögen die Autoren offensichtlich ganz und gar nicht.

Andererseits könnte es aber auch sein, dass die Pflanze, deren Samen weit durch den Wind verbreitet werden, sich doch von selbst an dem neuen Standort angesiedelt hat. In diesem – und nur in diesem – Falle sind die Naturschützer bereit, dies als großen Erfolg zu feiern.

Die Frage, ob sich der Gelbe Enzian selbst an diesen Standort ausgebreitet hat oder von irgend jemandem dort angesiedelt worden ist, lässt sich kaum beantworten. Für die autonome Ansiedlung spricht die Tatsache, dass es die Art bis in jüngere Zeit im klimatisch vergleichbaren Taubergebiet durchaus in größerer Anzahl gegeben hat. Für eine künstliche Ansiedlung spricht die ausgesprochene Einzigartigkeit und Isoliertheit des Standortes gegenüber den bisher bekannten. Diese Pflanze scheint im mittleren Neckarraum um Stuttgart in jüngerer Zeit nirgendwo vorgekommen zu sein.

Sofern sich die Frage der „Künstlichkeit" des neuen Standortes klären ließe, wären die Konsequenzen klar. Im Falle einer gezielten Ansiedlung würde das Individuum des

Gelben Enzians am neuen Standort herausgerissen und dies als weitere Pflegemaßnahme im Naturschutzgebiet gelten. Im Falle einer spontanen Neuansiedlung würde der NABU hingegen an eine breitere Öffentlichkeit treten und sich für diesen Erfolg gebührend feiern lassen: sich selbst und den Gelben Enzian als geschützte Art.

Der Schutz durch Einzäunen des Gelben Enzians einerseits sowie die Polemik gegen einen möglichen Anpflanzenden andererseits verraten die genannte Unsicherheit der organisierten Naturschützer, ob der neue Standort wirklich „natürlich" ist.

Prozesse der Natur, die etwa zur spontanen Ansiedlung neuer (wenngleich einheimischer) Arten führen, gelten im Naturschutz als schützenswert. „Was die Natur tut", könnte man in Anlehnung an ein altes protestantisches Kirchenlied sagen, „das ist wohlgetan". Die Natur, unabhängig, was sich inhaltlich in ihr und durch sie ereignet, gilt per se als gut. Es handelt sich dabei um eine quasireligiöse Überinstanz, deren Eigenschaften und Verhalten im inhaltlichen Sinne nicht weiter zu bewerten sind.

Dem Außenstehenden und mit Naturschutz nicht Vertrauten erschließt sich dabei nicht automatisch, warum der gleiche Umstand (neuer Standort des Gelben Enzians) im einen Falle gut (von selbst angesiedelt), im anderen Falle (künstlich angesiedelt) schlecht sein soll. Immerhin handelt es sich doch um den gleichen Endzustand.

Der Naturschutz ist nicht bereit, einen bestehenden Zustand (Gelber Enzian mit neuem Standort) aus sich selbst heraus inhaltlich zu bewerten. Mögliche Setzungen wären hierbei:

1. Der Gelbe Enzian bereichert das Artenspektrum des Naturschutzgebiets XY, erhöht die lokale Biodiversität.
2. Der Gelbe Enzian gehört nicht in den mittleren Neckarraum und muss von dort wieder verschwinden, also ausgerissen werden.
3. Ob am Standort ein Gelber Enzian steht, ist völlig gleichgültig.

Eine Entscheidung, ob man den Gelben Enzian am neuen Standort haben möchte, müsste doch auch rein inhaltlich zu treffen sein, ohne Bezug auf die Frage, ob ihn jemand dort angesiedelt hat (und wenn ja, wer).

In der Philosophie wird die sittliche Hochbewertung eines Umstands aus dem „natürlichen" So-Sein als naturalistischer Fehlschluss gesehen. Das soll bedeuten, dass aus dem So-Sein noch keine sittliche Rechtfertigung als So-Sein-Sollen abgeleitet werden kann. Die inhaltliche Bewertung muss also erst noch folgen (Abb. 7.5).

Muss man überdies wirklich noch hinzufügen, dass in der Kulturlandschaft jede Natur ohnehin auch menschlich konstituiert ist?

Abb. 7.5 Das umstrittene Objekt: ein sehr vitaler, fast meterhoher Gelber Enzian, umgeben von Jungwuchs. Die richtige Pflanze am falschen Standort? (Eigene Aufnahme)

8

Die Konstruktion von natürlichen Gleichgewichten – ideelle Ausgangsbasis der Forderung nach Naturschutz

Das **natürliche Gleichgewicht** ist ein Begriff der fachwissenschaftlichen Ökologie, der mit Beginn des Umweltschutzes um 1970 auch im öffentlichen Bewusstsein von Politik und Medien fest verankert wurde. Das blieb und bleibt auch noch so, obwohl sich die wissenschaftliche Ökologie vom Postulat des Gleichgewichts bereits weitgehend wieder verabschiedet oder dieses zumindest kritisch hinterfragt hat (zusammenfassend: Jax 1994; Wilson 2014).

Vielleicht abgesehen von zyklischen Schwankungen, die aber das grundsätzliche Gleichgewicht insgesamt nicht infrage stellen, lassen **Gleichgewichtskonzepte** Natur als etwas Statisches erscheinen, das dem Dynamischen von menschlicher Wirtschaft und Kultur diametral entgegengesetzt ist. Jede Veränderung wird von daher tendenziell als negativ wahrgenommen. Dass eine auf diese Weise empfundene andauernde Verschlechterung von Naturzuständen mit der wahrgenommenen Verschlechterung

© Springer-Verlag Berlin Heidelberg 2020
K.-D. Hupke, *Naturschutz,*
https://doi.org/10.1007/978-3-662-62132-5_8

der übrigen Lebensumstände einer alternden Naturschutzklientel scheinbar korreliert, macht diese für die meisten Naturschützer so überzeugend. Das „früher war alles besser" trübt aber auch den Blick für die allmählichen Verbesserungen, die ebenfalls Teil dieses Buches sein sollen: etwa für die zunehmende Einwanderung vieler Arten in die Siedlungsbereiche und die damit ansteigende Biodiversität des Lebensraumes Stadt oder für die Erfolge des Großtierschutzes in Mitteleuropa (vgl. Kap. 19).

Grundsätzlich ist Natur immer **Veränderungen** unterworfen. So verändert sich das Klima auch ohne jeden menschlichen Einfluss ständig, und mit ihm ändern sich alle weiteren Umweltfaktoren. Weder bleiben Verbreitungsareale von Pflanzen und Tieren statisch, noch Individuenzahlen von Populationen konstant.

Im Grunde genommen gesellen sich **menschliche Eingriffe** in Biotope und Ökosysteme nur den bereits zuvor vorhandenen und darüber hinaus weiter bestehenden Naturfaktoren hinzu. Soweit der menschliche Eingriff nicht zu einer Totalzerstörung führt, besteht kein Grund, ihn von den natürlichen Einflüssen in seiner Eigenart und in seiner Wirkmächtigkeit zu separieren.

Dies sollte auch der einzige Grund sein, von einer (Zer-)**Störung des natürlichen Gleichgewichts** zu sprechen: Wenn dieser Einfluss so groß sein sollte, dass tatsächlich nichts Vergleichbares in absehbarer Zeit an die Stelle des Alten und damit Zerstörten tritt. Eine derartige **Totalzerstörung** ist aber auch bei Vulkanausbrüchen oder bei Meteoriteneinschlägen gegeben. Nur dass unter Naturbedingungen derartige Totalzerstörungen um einige Zehnerpotenzen seltener sind, was es wiederum der Evolution möglich macht, in geologischen Zeitmaßstäben gesehen angemessen darauf zu reagieren.

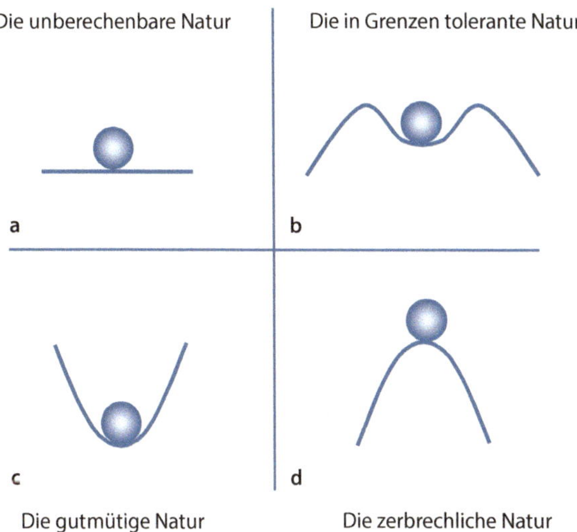

Abb. 8.1 Unterschiedliche idealtypische Vorstellungen zum „Gleichgewicht" in der Natur. **a** die unberechenbare Natur. **b** die in Grenzen tolerante Natur. **c** die gutmütige Natur. **d** die zerbrechliche Natur. (Fiene 2013, S. 85, nach Kuckartz & Grunenberg 2002)

Abb. 8.1 veranschaulicht, dass es zu empirisch schwer fassbaren natürlichen Gleichgewichten und zu der natürlichen Systemen zugesprochenen Resilienz gegenüber Eingriffen von außen unterschiedliche Vorstellungen gibt.

9

Hilfe für bedrohte Arten? Rote Listen und Gefährdungskategorien

Die Blauflügelige Sandschrecke (*Sphingonotus caerulans*) ist eine Feldheuschrecke, von der es im Gleisvorfeld von Stuttgart 21 ein lokales Vorkommen in den Schotterkörpern zwischen den Gleisen gibt. Sie ist nach dem Bundesnaturschutzgesetz besonders geschützt und wird auf der Roten Liste sowohl Baden-Württembergs als auch für ganz Deutschland geführt. Ihre Bestände in Mitteleuropa sind in den vergangenen 100 Jahren tendenziell rückläufig. Grund genug also, allein aus diesem Grund unter Naturschutzaspekten auf den Ausbau des ehemaligen Gleisvorfelds im Rahmen von Stuttgart 21 zu verzichten?

In Deutschland mag es insgesamt 50.000 Tierarten geben. Besonders **artenreich** sind dabei die Insekten, vor allem Hautflügler (Hymenoptera; Wespen, Bienen, Ameisen etc.) sowie Zweiflügler (Diptera; etwa Mücken und Fliegen), Käfer und Schmetterlinge bringen es auf enorm hohe Artenzahlen. Unter den Wirbeltieren können neben den Fischen die Vögel mit rund 300 Arten als

© Springer-Verlag Berlin Heidelberg 2020
K.-D. Hupke, *Naturschutz*,
https://doi.org/10.1007/978-3-662-62132-5_9

besonders vielfältig gelten. An Blütenpflanzen sind mehr als 3000 Arten vertreten.

Unter diesen Tausenden von Arten sind die meisten selten und allein durch diesen Umstand auch stets bedroht. Die einzelne Art mag dabei für sich genommen selten sein (dies ist ja auch Bestandteil unserer Rote-Liste-Definition). Da es sich aber insgesamt um Tausende von Arten handelt, sind sie in ihrer Summe insgesamt wieder zahlreich. Man muss einen Lebensraum, und sei er noch so naturfern und insgesamt artenarm, nur lange genug untersucht haben, um einige der **bedrohten Arten** ausfindig zu machen. Dabei werden meist die Roten Listen herangezogen, mit deren Hilfe man die **Schutzwürdigkeit** einer Art quasi objektivieren kann. Zumindest gilt die Rote Liste als fachmännisch ausgewiesen und wurde zur **Begutachtung von Lebensräumen** (naturschutzfachliche Bewertung) entwickelt.

Daraus ergibt sich von selbst, dass der Nachweis der Schutzwürdigkeit anhand bestimmter einzelner Arten kein probates Mittel sein kann, den Stellenwert eines Biotops für den Naturschutz hervorzuheben. Eher müsste man schon nach **Zeigerarten** suchen, deren Existenz für ein insgesamt schützenswertes Biotop sprechen würde. Aber selbst dann müsste man sich noch auf weitere Kriterien der Schutzwürdigkeit einigen wie Unberührtheit, Artenvielfalt, Nutzbarkeit oder landschaftliche Schönheit.

Doch woraus bestehen und vor allem wie entstehen **Rote Listen** zum Nachweis seltener bzw. bedrohter Tier- und Pflanzenarten überhaupt? Rote Listen gibt es auf verschiedenen räumlichen Ebenen. Zum einen existieren internationale Listen, die von der **Weltnaturschutzunion IUCN** (International Union for Conservation of Nature) erstellt werden. Diese können am ehesten als absolute Maßstäbe für die Bedrohtheit von Lebewesen gelten, da sie die **weltweite Bedrohung** beurteilen. Von regionaler

Bedeutung sind die nationalen Roten Listen, die auf einer weiteren Unterebene durch die Roten Listen etwa der deutschen Bundesländer ergänzt werden. Diese versuchen, die Bedrohtheit auf der jeweiligen regionalen Ebene abzubilden.

Nach dem **Grad der Gefährdung** sind die Roten Listen zudem in sich noch numerisch gestuft, in Deutschland gibt es die Kategorien:

0 ausgestorben oder verschollen.
1 vom Aussterben bedroht.
2 stark gefährdet.
3 gefährdet.
4 potenziell gefährdet (nur auf Bundesländerebene).

Es ergibt sich von selbst, dass die regionalen Listen und die globale Liste der IUCN zwangsläufig voneinander abweichen müssen. So sind viele Arten in Deutschland nur deshalb selten, weil sie hier die **Grenze ihres natürlichen Verbreitungsareals** erreichen. Dies gilt etwa für Steppenarten wie die Federgräser (*Stipa* spec.), deren isolierte Vorkommen hier streng geschützt sind, die aber in den natürlichen Steppenräumen etwa der Ukraine und v. a. der extensiver agrarisch genutzten Mongolei viel häufiger sind. Ebenso trifft das auf mediterrane Arten zu wie viele Wiesenorchideen, deren Verbreitung nach Norden oftmals nur bis Südwestdeutschland oder bis Thüringen reicht. Und dies gilt für nordeuropäische Arten wie den Sumpfporst, eine Art der Gattung *Rhododendron* mit Verbreitungsschwerpunkt Skandinavien, die in Deutschland auf wenige Moorstandorte vor allem in Mecklenburg-Vorpommern beschränkt ist. Der Klimawandel bringt vor allem an den Arealgrenzen eine zusätzliche Dynamik hinein mit der Folge, dass viele Orchideen sich in Deutschland ausbreiten, der Sumpfporst dagegen seit einigen Jahrzehnten aus Süddeutschland (bis auf ganz wenige Standorte in Bayern) fast völlig verschwunden ist.

Viele Arten besitzen auch ein riesiges Verbreitungsgebiet, etwa viele „Greifvögel" wie Wanderfalke (*Falco peregrinus*) und Fischadler (*Pandion haliaetus*), die geradezu **Kosmopoliten** sind. Solche Arten sind regelmäßig in ihren Verbreitungsräumen selten und spielen daher auf den regionalen Roten Listen eine große Rolle, sind aber global weniger bedroht. Bei anderen Arten beschränkt sich die Verbreitung auf ein eher kleinräumiges Gebiet, innerhalb dessen sie aber relativ häufig vorkommen. So ist ein Großteil der Bestände des Roten Milans auf Deutschland konzentriert, wo aber die Art nach dem Mäusebussard (*Buteo buteo*) der am weitesten verbreitete und häufigste Habichtartige (Accipitridae; Greifvögel, abzüglich Falken) ist. Die Rotbuche ist in Deutschland der von Natur aus und auch weitgehend in der Realität noch am weitesten verbreitete Waldbaum. Außerhalb Mitteleuropas ist die Art aber auf wenige benachbarte Gebirgsräume beschränkt und kann in großen Teilen Europas als bedroht gelten.

Besonders bedroht sind Arten mit sehr kleinräumiger Verbreitung, sogenannte **Lokalendemiten.** Insbesondere alte und räumlich isolierte Lebensräume weisen viele solcher Lokalendemiten auf, etwa auf Inseln und in Gebirgen. Deutschland besitzt nur sehr wenige endemische Arten. Die bekannteste davon ist das Bodensee-Vergissmeinnicht (*Myosotis rehsteineri*, Abb. 9.1), das aber streng genommen nicht für Deutschland endemisch ist, sondern für die Kiesufer einiger weniger Alpengewässer, vor allem des Bodensees.

Als bedroht gelten aber auch Arten, die als Kulturpflanzen durchaus verbreitet sind, in ihren gefährdeten Wildvorkommen. Als Beispiel kann die Wilde Weinrebe (Abb. 9.2) gelten. Als Kritikpunkt am Rote-Listen-Konzept wäre zudem vorzubringen, dass dieses

Abb. 9.1   Das Bodensee-Vergissmeinnicht (*Myosotis rehsteineri*) findet sich nur an wenig bewachsenen Kiesstränden einiger Voralpenseen. (© Tragopogon; CC-by-SA-3.0)

von distinkten, strikt unterscheidbaren Arten (Spezies) ausgeht. Das **Konzept der Arten** entstammt aber dem Schöpfungsgedanken und ist spätestens seit der Evolutionstheorie von Charles Darwin wissenschaftlich überholt. Es gibt an sich keine Arten, die durch genetische Sprünge voneinander getrennt sind, sondern nur Populationen mit gegebenem Genpool, die sowohl räumlich als auch entwicklungsgeschichtlich durch jeweils fließende Übergänge mit anderen Populationen verbunden sind. Das reine Artenkonzept, von dem die Roten Listen ausgehen, läuft Gefahr, nur diese Arten oder gegebenenfalls klar unterscheidbare Unterarten zu schützen, aber den genetischen und naturschützerischen Wert lokaler Populationen zu unterschätzen. – Dennoch bleiben die Roten Listen mangels Alternativen ein für die naturschützerische Praxis notwendiges Konzept, um die genetische Vielfalt zu erfassen.

Abb. 9.2   Die Wilde Weinrebe (*Vitis vinifera sylvestris*) gehört zu den seltensten Pflanzenarten Mitteleuropas. Der größte Teil der noch verbliebenen Wildbestände (wenige Dutzend Exemplare) befindet sich auf der durch die Rheinbegradigung geschaffenen nur rund 500 ha großen Ketscher Rheininsel (südl. Mannheim). Es handelt sich vermutlich um ein Kulturrelikt der Römerzeit, als der Weinbau nördlich der Alpen begründet wurde. Durch die Ausscheidung der Traubenkerne durch Vögel kam die Pflanze auch in die Auenwälder, wo sie so zusagende Bedingungen fand, dass sie noch zu Beginn des 19. Jahrhunderts entlang des Oberrheins ausgesprochen häufig war (Sebald u. a. 1992, Bd.4, S. 127–130). Der Rückgang ist noch nicht restlos geklärt, dürfte aber mit Sicherheit mit den Veränderungen in Wasserhaushalt, Strömungsdynamik und Vegetationsstruktur zusammenhängen, die mit Begradigung und Schiffbarmachung des Flusses verbunden waren. – Im Bild sind die Blätter (etwa in der Bildmitte) sowie die reifen Trauben (weiter links) in etwa 6 m Baumhöhe gut zu erkennen.

Bayerisches Löffelkraut und andere bedrohte Arten sichern

Der Bund Naturschutz in Bayern (BN) wird sich künftig einer Pflanzenart besonders widmen: dem „Bayerischen Löffelkraut" (*Cochlearia bavarica*). Es kommt weltweit nur in Bayern in zwei Gebieten vor und ist ein sogenannter

„Endemit", für dessen Erhaltung Bayern die weltweite Verantwortung trägt. Im Rahmen des Bundesprogramms Biologische Vielfalt sollen im Biodiversitätsprojekt „Löffelkraut & Co." bis 2016 die Vorkommen dieser Art erfasst und durch verschiedene Maßnahmen gesichert werden. Im Vordergrund stehen dabei die Lebensräume der Pflanzen wie naturnahe Kalkquellen, wenig beeinträchtigte Quellbäche und Bachoberläufe. Der BN erhält für die Sicherung der Quell-Lebensräume und den Schutz des bedrohten Bayerischen Löffelkrauts und weiterer Endemiten ca. 450.000 € aus dem Bundesprogramm Biologische Vielfalt […].

(Bundesamt für Naturschutz 2013a, S. 27).

Zierliche Tellerschnecke stoppt Großprojekt

Die Zierliche Tellerschnecke (*Anisus vorticulus*) ist nur fünf Millimeter klein. Dennoch bringt sie ein Millionen-Projekt ins Wanken. Der Bau eines Logistikparks in Bergedorf wird sich wegen des Winzlings um Jahre verzögern. Das hat das zuständige Bezirksamt im Gespräch mit NDR 90,3 bestätigt. Eigentlich sollte der Logistikpark zwischen A 25 und der Straße Curslacker Neuer Deich bis zur Internationalen Bauausstellung 2013 stehen. Nach dem Fund der vom Aussterben bedrohten Schnecke ist nun jedoch von 2016 die Rede – also 3 Jahre später – frühestens. Denn laut Bezirksamt wird nun im September dieses Jahres zunächst versucht, einen Teil der Tellerschnecken auf Flächen in den Vier- und Marschlanden umzusiedeln.

Tellerschnecken sollen umgesiedelt werden
Ob die Umsiedlung erfolgreich ist, zeigt sich den Angaben zufolge in 2 Jahren. Erst dann können die restlichen Tiere umgesetzt werden. Und solange muss auch die Erschließung des Geländes warten. Sollte die Umsiedlung scheitern, drohen weitere Verzögerungen. Zu den Kosten machte das Bezirksamt bislang keine Angaben. Derzeit liefen noch die Voruntersuchungen, hieß es. Zudem hat das Bezirksamt mehrere Gutachten in Auftrag gegeben, auch um alternative Zufahrten zu dem Gebiet zu prüfen. Denn die Zierliche Tellerschnecke (*Anisus vorticulus*) hat sich ausgerechnet dort angesiedelt, wo die Einfahrt geplant ist.

(https://www.ndr.de/regional/hamburg/bergedorf157.
html).

Frage des Autors: Wie sinnvoll ist eine Umsiedlung,
wenn der betreffende Lebensraum zerstört wird?

10

Von Vögeln und von Tagfaltern: Wie der Naturschutz seine Sympathien verteilt

Vögel sind, pauschal gesprochen, wohl mit die größten **Sympathieträger** im Tierreich (vgl. Abb. 10.1). Wir freuen uns an ihren oft bunten Farben. Wir nehmen Anteil an ihren Abflügen im Herbst und an ihrer Wiederankunft im Frühjahr, an ihrem Nestbau und an der Aufzucht ihrer Jungen, wir streuen Futter für sie im Winter oder bauen gar ein eigenes Futterhäuschen. Der Gesang gilt bei den meisten Arten als schön, obwohl er in der Evolutionsgeschichte wohl nur den einzigen Zweck hatte, zur Abgrenzung der Reviere oder zur Anlockung eines Geschlechtspartners zu dienen. Die meisten Naturschutzverbände, die einer speziellen Tiergruppe gewidmet sind, dienen dem Vogelschutz. *Bird watching* ist insbesondere im angelsächsischen Raum eine der häufigsten Outdooraktivitäten und speziellen Reisemotive.

Unter den mit Vögeln nicht näher verwandten **Gliederfüßern** (Arthropoda) können **Tagfalter** auf ähnliche Sympathien hoffen. Eine vordergründige Ähnlichkeit zu Vögeln besteht immerhin dahin gehend, dass

© Springer-Verlag Berlin Heidelberg 2020
K.-D. Hupke, *Naturschutz,*
https://doi.org/10.1007/978-3-662-62132-5_10

Anzahl der gesetzlich streng geschützten heimischen Arten

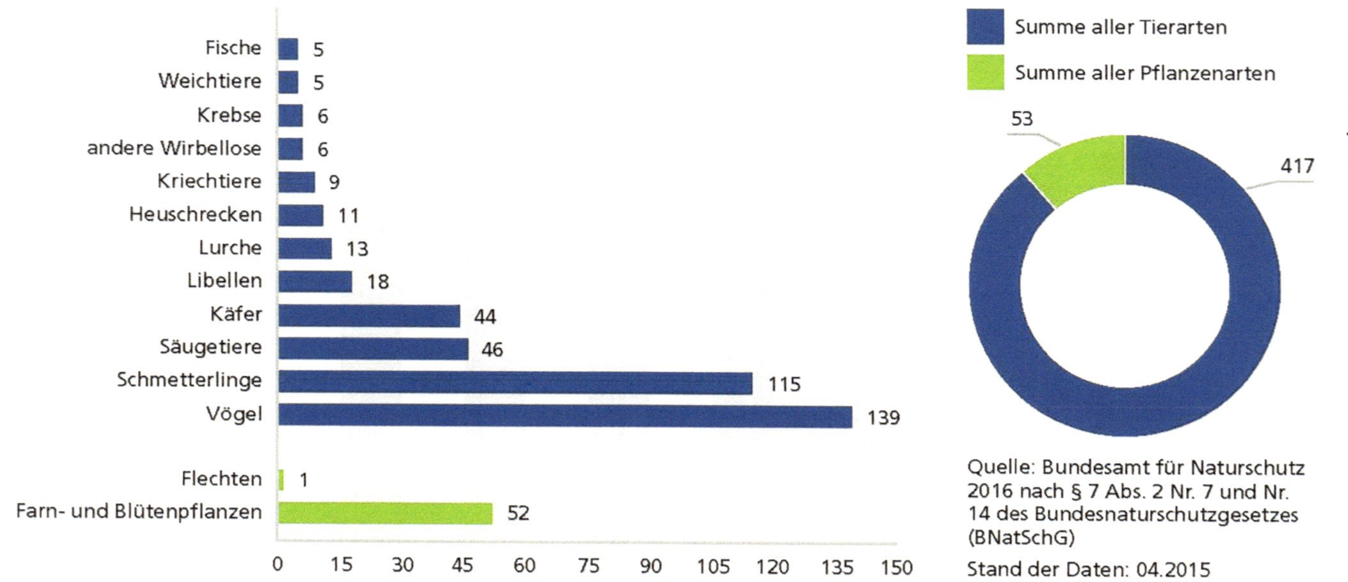

Abb. 10.1 Vögel und Schmetterlinge: vom amtlichen Naturschutz bevorzugt. (Quelle: BfN, Homepage: www.bfn.de/23521.html, ges. 5.1.2017)

Schmetterlinge ebenfalls fliegen können und häufig bunte Farben aufweisen. Möglicherweise ist auf diesen beiden Eigenschaften auch die jeweils maßgebliche Sympathie begründet. Zwar mögen sich viele Menschen vor Raupen ekeln – vor einem Tagfalter empfindet niemand Abscheu. Schmetterlinge erinnern uns an sonnige Sommertage und wir verbinden sie oft mit den ebenfalls sympathie-behafteten Blumen, an deren Blüten sie Nektar saugen. Ihr gaukelnder Flug wirkt nicht so zielgerichtet wie der Flug von Fliegen, Libellen, Bienen oder Wespen und wird daher auch kaum jemals als Aggression empfunden. Zudem weiß jedes Kind, dass Schmetterlinge nicht stechen können. Dies gilt für Libellen zwar auch, ist aber in diesem Falle nicht allgemein bekannt.

Anderen Gliederfüßern wird keine vergleichbare Sympathie entgegengebracht. Dies gilt insbesondere für **Spinnen** (Araneae). Man weiß, dass diese andere Tiere, vor allem Insekten, verzehren, und hat davor Respekt. Zudem bewegen sie sich oft lange nicht, und wenn doch, dann hastig. Darin liegt wiederum Sinn im Rahmen der Evolutionsgeschichte: Entweder man versucht, angesichts eines größeren Tieres, wie es der Mensch wohl darstellt, reglos zu verharren und sich auf seine Tarnung zu verlassen. Oder man läuft davon, dann aber möglichst schnell. Dass Spinnen auch sehr Schönes erzeugen, nämlich die in ihrem geometrischen Muster unübertroffenen Spinnennetze, wird nicht so intensiv wahrgenommen, als es dieses eigentlich verdiente. Mir sind Studentinnen begegnet – und das nicht nur im Einzelfall – die allen Ernstes eine Studienexkursion in ein tropisches Land ablehnten mit der Begründung, dass es doch dort „sicherlich große Spinnen" gäbe. Um die Gefährlichkeit zu begründen, wird regelmäßig auf die Giftigkeit einiger Spinnenarten verwiesen. Doch kaum jemand kennt wohl einen Fall, bei dem irgendjemand durch einen Spinnenbiss ernsthaft geschädigt worden wäre, es sei denn durch den eigenen Ekel. Auch der Biss der legendären Schwarzen Witwe (insb.: *Latrodectus mactans*) wirkt wohl nur ausnahmsweise tödlich, wenn etwa eine spezielle Allergie beim Gebissenen vorliegt.

Natürlich könnte man jetzt als Gegenbeleg zu mangelnder menschlicher Sympathie gegenüber Spinnen die weite Verbreitung von großen haarigen **Vogelspinnen** (Theraphosidae) in den Zimmern von Jugendlichen und Erwachsenen nennen. Aber, so paradox es klingt: Die Beliebtheit der Vogelspinnen nährt sich vor allem aus der Abscheu der jeweils anderen und kann auch als Mittel einer Selbstinszenierung gesehen werden. Nicht umsonst waren Vogelspinnen zu Anfang besonders unter Punks verbreitet: als Anti-Sympathieträger, wie etwa auch Ratten.

Man könnte diese Sympathien oder Antipathien leicht als nicht maßgeblich abtun. Aber zum einen bestimmen die „schönen" Arten sowohl Motivation als auch inhaltliche Schwerpunkte des Naturschutzes. Zum anderen lässt sich eine breite und mediale Aufmerksamkeit nur mit Sympathiearten erzielen. So arbeitet der **WWF** als größte internationale Naturschutzorganisation im Moment sehr stark mit dem Sympathieträger Eisbär, an dem man zudem noch gut die erwarteten Folgen des Klimawandels aufzeigen kann. Parallel dazu und historisch vorangehend standen die faszinierenden Großkatzen für den WWF besonders im Mittelpunkt (Kap. 3). Allein der Hype um das Eisbärenbaby „Knut" sowie das jahrzehntelange Werbemaskottchen eines Mineralölkonzerns zeigen, dass derartige Sympathiewerte nicht auf Naturschützer beschränkt sind, sondern in die Mitte der Gesellschaft zielen (wo der Naturschutz eigentlich nie richtig angesiedelt war und sich oft missverstanden fühlte). Während im Falle des Bären wohl das Knuddelig-Tapsige Sympathie weckt sowie der große Kopf, der das Kindchenschema aktiviert, ist es im Falle der

Katzen die schöne Fellzeichnung (die in der natürlichen Vegetation aber unauffällig ist und eher der Tarnung des Beutegreifers dient).

Auch bei der Ausweisung von Naturschutzgebieten werden bei Pflanzen regelmäßig Orchideen (Orchidaceae), Enziane oder schön blühende und auffällige Einzelarten wie etwa die Sumpfsiegwurz (*Gladiolus palustris*) oder Narzissen genannt (Abb. 10.2; Abb. 20.9). Die zumeist unscheinbaren und wenig farbenfrohen Kreuzblütler (Brassicaceen) und Doldenblütler (Apiaceen) treten dagegen fast nicht in Erscheinung, obwohl beide in der mitteleuropäischen Flora sehr artenreich vertreten sind und viele bedrohte Arten enthalten.

Abb. 10.2 „Schöne" Zielarten des Naturschutzes mit auffälligen Farben bzw. starken Farbkontrasten. **a** Frauenschuh-Orchidee (*Cypripedium calceolus*). **b** Stängelloser Enzian (*Gentiana kochiana*). **c** Feuersalamander (*Salamandra salamandra*) (beim dargestellten Exemplar handelt es sich im Übrigen um ein täuschend gutes Imitat als Kinderspielzeug). **d** Admiralfalter (*Vanessa atalanta*) auf einem Schmetterlingsflieder. (Eigene Aufnahmen)

11

Was gefährdet die Natur?

Eine zumindest potenzielle **Gefährdung der Natur durch den Menschen** kann man sich auf verschiedenen Ebenen vorstellen.

Seit es Menschen gibt, also zumindest seit einigen 100.000 Jahren, nutzt der Mensch die Natur und verändert sie dadurch. Zunächst war er, wie andere Tier- und Pflanzenarten auch, eher ein Teil der Natur und veränderte sie noch nicht so spektakulär, dass man von einer Gefährdung sprechen müsste. Das änderte sich jedoch bereits mit der Einführung des **Feuers,** die möglicherweise bis ins mittlere Pleistozän, also bis vor etwa 500.000 oder gar 700.000 Jahren (Goren-Inbar & Speth 2004), zurückgeht. Damals erfolgte wahrscheinlich zunächst in Afrika ein Landschaftswandel, der zu einer Umwandlung vor allem tropischer laubwerfender Wälder in **Savannen** und Grasländer führte. Einem zeitgenössischen kritischen Beobachter hätte dieser in geschichtlichen Zeitmaßstäben vermutlich langsam ablaufende Prozess durchaus als Naturzerstörung erscheinen können (wohingegen die

© Springer-Verlag Berlin Heidelberg 2020
K.-D. Hupke, *Naturschutz,*
https://doi.org/10.1007/978-3-662-62132-5_11

heute noch sichtbaren Ergebnisse dieses Landschafts-wandels auf Safaris als Naturerlebnisse rezipiert werden). Immerhin lief dieser Prozess vermutlich langsam genug ab und liegt lange genug zurück, dass die Tierwelt sich evolutionär anpassen konnte und uns heute in Afrika eine Großtierfauna begegnet, die, obwohl ursächlich (zumindest teilweise) anthropogen, als unberührte Natur erscheint.

Die Wirkung des Feuers wurde ergänzt durch die **Jagd.** Diese konnte und kann bei einer Großtierwelt, die nicht durch eine erhöhte Reproduktivität an diese Bejagungs-situation adaptiert ist, durchaus zu einer Dezimierung bestimmter Tierarten bis hin zur Ausrottung führen. Auch diese frühen Einflüsse liegen in Afrika so weit zurück, dass sie uns heute, falls überhaupt noch rekonstruierbar, nicht mehr als Naturbeeinträchtigung erscheinen.

In allen anderen Kontinenten hat die zu unterschied-lichen Zeiten erfolgte Einwanderung und starke Ver-mehrung des modernen Menschen vermutlich den **holozänen Overkill** (Martin und Wright 1967), die Ausrottung der meisten großen Säugetierarten, herbei-geführt. Keine Frage, was große Säuger und flugunfähige Großvögel angeht, hat die massive **Ausrottung von Arten** bereits stattgefunden. Zugespitzt formuliert, blieben vor 5000 bis 8000 Jahren auf fast allen Kontinenten nur noch so wenige Arten übrig, dass die Ausrottung der Rest-bestände fast nicht mehr ins Gewicht fallen würde.

Die Ausbreitung des **Ackerbaus** in den vergangenen 10.000 Jahren, zunächst in den Flusstiefländern und Steppenräumen des heutigen Nahen Ostens, danach in Süd- und Ostasien, in Afrika und Europa, in historischer Zeit in Nordamerika und Australien, setzte weitere Akzente in der Fläche, indem naturnahe Lebensräume auf die verbliebenen und für den Ackerbau oft ungeeigneten Regionen reduziert wurden. In den vergangenen Jahrzehnten wurden aufgrund des weltweit zunehmenden Bedarfs an Nahrungsmitteln, Industrierohstoffen und vor allem Energiestoffen viele dieser Ungunstzonen durch Bewässerung oder verbesserte Agrartechniken weiter erschlossen, etwa Steppen- und Wüstentiefländer der Alten Welt und die Feuchtsavannen und halbimmergrünen Wälder in Südamerika.

Neben einer weltweiten Ausbreitung des Agrarraumes auf Kosten von Naturwäldern und Naturgrasland spielt in jüngerer Zeit vor allem eine **agrare Nutzungsintensivierung** eine Hauptrolle für den Rückgang von Tier- und Pflanzenarten. Durch vermehrten Einsatz von Düngemitteln (auch Naturdünger) und Pestiziden werden oft über Jahrtausende gewachsene Gleichgewichte zwischen Nutzarten und in die Nutzflächen eingewanderten Wildarten gefährdet. In den alterschlossenen Räumen Europas und weiten Teilen Asiens stellt dieser Faktor die aktuelle Hauptgefährdung für die Artenvielfalt dar.

Moderne **Industriegesellschaften** nehmen bei kaum noch zunehmender Bevölkerung dennoch immer mehr Raum in Anspruch für Wohnen, Freizeitaktivitäten, Verkehr und Transport. Zwar wurde und wird die Stadtnatur durch immer mehr einwandernde Tier- und Pflanzenarten enorm bereichert (Kap. 15). Dies gilt aber nur für Frei- und Offenflächen innerhalb der Stadtgebiete. Wohnraumverdichtung oder effizientere Flächennutzung bedrohen auch die Natur in der Stadt.

Errungenschaften einer modernen **Infrastruktur** wie Windkraftanlagen, Stauseen, Straßenbauten und Flughäfen führen zu einem weiteren Flächenverlust, vor allem auch in siedlungsfernen ländlichen Räumen. Andererseits bedrohen diese genannten Einrichtungen auch direkt die Tierwelt, wenn etwa Greifvögel durch die Rotoren der Windräder getötet oder wandernde Tiere auf den Straßen überfahren werden. Gerade lineare Infrastrukturen wie insbesondere Straßen haben zusätzlich zur Folge, dass sie Wanderungen flugunfähiger Tierarten verhindern oder zumindest einschränken. Als ein Hauptwidersacher des Naturschutzes wurde und wird somit immer mehr die um sich greifende **Verdichtung des Verkehrs- und Siedlungsraumes** erkannt. Während in den 1970er-Jahren die Diskussion um die Zunahme überbauter Flächenanteile die Situation bestimmte (Tesdorpf 1984), hat sich dieses Problem ein wenig entspannt. Dies liegt zum einen an der Erkenntnis, dass angesichts zunehmender Naturferne vieler agrarer Nutzflächen und eines erhöhten Stellenwertes überbauter (aber nicht durchweg „versiegelter") Siedlungsflächen wie Parks und Gärten für den Naturschutz die Diskussion in der Vergangenheit zu stark pauschaliert war. Zum anderen lässt der vor allem durch Wachstum von Siedlungen bedingte Landschaftsverbrauch in den zurückliegenden Jahrzehnten in den Industrieländern als Folge geringerer wirtschaftlicher Dynamik und demografischer Stagnation ein wenig nach.

Umso mehr Aufmerksamkeit gewinnt die **Verinselung von Lebensräumen** durch große Straßen (Abb. 11.1). Bei vielen Tierarten entstehen dadurch kleine und kleinste Populationen, zwischen denen kein Austausch mehr erfolgt. Dies birgt zwei Gefahren.

Zum einen erhöht sich die Wahrscheinlichkeit, dass zufallsbedingt sehr individuenarme Teilbestände nach und nach aussterben. Dazu können Beutegreifer wie Greifvögel, Füchse oder Marder beitragen, aber auch extreme Witterungserscheinungen oder eine Schieflage im Geschlechterproporz. Anders als bei einer großen und räumlich zusammenhängenden Population kann ein solches **lokales Aussterben** nicht mehr durch Zuwanderung ausgeglichen werden. Dadurch besteht die Gefahr, dass eine solche verinselte Population allmählich ganz verschwindet.

Abb. 11.1 Das Satellitenbild aus dem marktüblichen google maps zeigt die unmittelbare Nachbarschaft einer intensiv genutzten Agrarlandschaft (rechts) und einer im Detail naturnah wirkenden Landschaft aus Wald und Rasenflächen im Bereich der girlandenartig geschwungenen Autobahnzubringer. Das Problem ist allerdings die extreme Zerschneidung und Verinselung, welche alle nicht luftmobilen Arten ausschließt

Zum anderen kommt es in einer sehr kleinen Population mit der Zeit auch zu einer **Verringerung der genetischen Vielfalt** durch zufälligen Verlust einzelner Gene. Genetiker gehen im Allgemeinen davon aus, dass mittelfristig wenigstens 50 Individuen erforderlich sind, langfristig mindestens 500 Individuen, um eine ausreichende genetische Vielfalt innerhalb einer Population zu sichern.

Im Raum Mannheim sind die lokalen Populationen des Feldhamsters (*Cricetus cricetus*) bereits durch eine starke Verinselung durch Autobahnen und Bundesstraßen, aber auch Gewerbe- und Wohnsiedlungen gekennzeichnet. Mehrere Teilpopulationen sind auf diese Weise bereits ausgestorben. Unter Beteiligung des Heidelberger Zoos wird seit einiger Zeit ein genetischer Austausch zwischen den noch vorhandenen verinselten Vorkommen vorgenommen, unter maßgeblichem Einsatz ausgewilderter, in Gefangenschaft gezüchteter Tiere.

Pflanzen unterliegen ebenfalls diesem Inseleffekt. Da viele Arten aber flugfähige Samen haben oder solche, die so klein sind, dass sie auch durch den Wind verbreitet werden (wie bei vielen Orchideen), ist die Flora insgesamt davon oft weniger betroffen. Aber auch hier gilt, dass größere, standörtlich halbwegs homogene Flächen pro Flächeneinheit zumeist artenreicher sind als kleinere, wie man etwa an Magerrasen im mittleren Neckarraum nachweisen kann.

Es gibt aber auch **indirektere Gefährdungsmomente,** die in den Naturschutz negativ eingreifen können. Ein anschauliches Beispiel hierfür ist das Verschwinden des Kleinen Wintergrüns (*Pyrola minor*), einer – wie schon der Name sagt – recht unscheinbaren kleinen Pflanze, die in den mageren (= nährsalzarmen) Kiefernwäldern auf Flugsand südlich von Heidelberg vor Jahrzehnten noch häufiger zu finden war. Der Grund für den Rückgang dieser Art wird im Stickstoffeintrag als Folge des zunehmenden Straßenverkehrs gesehen (vgl. a. Abb. 11.2). Man geht davon aus, dass der erhöhte Stickstoffgehalt dazu führte, dass das Wintergrün durch wuchskräftigere Pflanzenarten des Waldbodens verdrängt wurde. Zudem ermöglicht eine stärkere Nährsalzzufuhr eine dichtere Ausbildung der Baumkronen, sodass die sommerblühenden Pflanzen, die anders als die Frühblüher (Kap. 20.1) nicht auf reichen Sonneneinfall hoffen können, zu stark beschattet werden. Warum das Wintergrün aus den Heidelberger Wäldern wirklich verschwunden ist, wissen wir nicht mit Sicherheit. Wir wissen nur, dass es zunehmend seltener wurde und schließlich ganz verschwand, und es liegt nahe, einen direkten menschlichen Umwelteinfluss zu vermuten.

Abb. 11.2   Das Wanzen-Knabenkraut *(Anacamptis coriophora)*, eine recht unscheinbare einheimische Orchidee, ist noch vor rund 100 Jahren flächenhaft zerstreut im nahezu ganzen südlichen und mittleren Deutschland auf Magerrasen verbreitet gewesen. Heute ist es auf wenige Standorte beschränkt, die ausnahmslos großstadtfern liegen bzw. Verdichtungsräumen, wie am Beispiel der Pfalz, westlich vorgelagert sind (Westwindzone!). Das Verschwinden ist, wenn man diese Lagefaktoren heranzieht, wohl auf Stickstoffeinträge durch den Straßenverkehr per Luftströmungen zurückzuführen. (Eigene Aufnahme)

Zu viel Stickstoff – EU ermahnt Bundesregierung.

Seit Jahren überschreitet Deutschland die Grenzwerte für den Luftschadstoff Stickstoffdioxid (NO_2). Es wird hauptsächlich durch Dieselfahrzeuge verursacht. Doch die Bundesregierung lehnt die Verantwortung ab.

> Nicht erst seit heute, sondern seit dem 14. Januar dieses Jahres [i.e.: 2015; d.Vf.] hat es die Bundesregierung schwarz auf weiß. An diesem Tag präsentierte der Sachverständigenrat für Umweltfragen (SRU) sein Gutachten mit dem Titel: „Stickstoff – Lösungsstrategien für ein drängendes Umweltproblem."
> (Quelle: https://www.dw.com/de/zu-viel-stickstoff-eu-ermahnt-bundesregierung/a-18570067, ges.: 13/1/2017).
> Anmerkung des Verfassers:
> Die 1989 für Neuwagen eingeführte Katalysatorpflicht wurde überkompensiert durch die gleichzeitig stattfindende Hinwendung im PKW-Verkauf zu den mineralöl(= energie-)steuerbegünstigten Dieselfahrzeugen.

Abgesehen davon muss aber davor gewarnt werden, die natürlichen Areale (ohne Eingriffe des Menschen) für statisch zu halten. Bereits aus natürlichen Gründen wie Sukzession, Klimaveränderungen und die Konkurrenz von Arten hat es stets Veränderungen in der Verbreitung wohl aller Pflanzen- und Tierarten gegeben. Den Menschen allein als dynamisch, die Natur hingegen stets als statisch zu betrachten, ist ein verbreiteter anthropozentrischer Irrtum (vgl. Kap. 8).

Die Wirkungen der einzelnen Gefährdungsfaktoren sind also vielfältig. Das **Anwachsen der menschlichen Bevölkerung** geht einher mit einem technisch bedingten und dadurch möglichen erhöhten Verbrauch an Nahrung, Rohstoffen, Energieträgern und Flächen – also einem erhöhten Verbrauch von grundsätzlich fast allem und jedem. Und dies geschieht verbunden mit einem Wirtschafts- und Gesellschaftssystem, das dieser Verbrauchszunahme als „Wirtschaftswachstum" nicht nur keine Grenze setzt, sondern diese geradezu idealisiert und explizit einfordert, sogar zum Überleben benötigt.

Abb. 11.3   Für langsame Tierarten bilden Straßen Ausbreitungsbarrieren bzw. können nur mit hohen Verlusten überquert werden, was im Einzelfall auch eine Population gefährden kann. Im Bild ein überfahrener Feuersalamander auf einem Feldweg. (Eigene Aufnahme)

Das gezielte Töten von Tieren, etwa durch die Jagd, das gezielte Fangen besonders attraktiver Arten für die Haltung in Gefangenschaft oder das gezielte Pflücken oder

Abb. 11.4   In Nähe des Zenits erheblich beschädigter Carapax (Oberpanzer) einer Griechischen Landschildkröte in Montenegro. Der Unfall dürfte von einem Verkehrsunfall oder einem Ackergerät herrühren. Die Schäden sind wieder halbwegs verheilt, das Tier hat den Unfall überlebt. (© Wenzel Halla und Stefan Hupke).

Ausgraben schön blühender und seltener Pflanzen haben demgegenüber einen geringeren Anteil, der im Einzelfall aber dennoch dazu führen kann, dass eine gezielt verfolgte Art selten wird oder ganz ausstirbt. Ähnliches gilt auch für die direkten Wirkungen des Straßenverkehrs (Abb. 11.3 und 11.4).

Straßenverkehr und Schildkröten

Intuitiv wird stark befahrenen Straßen generell ein negativer Einfluss auf Reptilienpopulationen in ihrer Umgebung zugeschrieben, doch spezifische diesbezügliche Studien gibt es nur wenige. US-amerikanische Forscher dokumentierten den Einfluss des Straßenverkehrs jetzt am Beispiel der Kalifornischen Gopherschildkröte (*Gopherus agassizii*).

Die Forscher stellten fest, dass sowohl Begegnungen mit als auch Hinweise auf die Anwesenheit von Schildkröten (Testudines) deutlich mit dem Verkehrsaufkommen in ihrem Umfeld korrelierten. Nicht nur waren umso weniger Schildkröten anzutreffen, je befahrener die Straßen in dem Gebiet waren, die Schildkröten nahe befahrener Straßen waren im Schnitt auch deutlich kleiner und jünger. Dieser Effekt war bis zu einer Entfernung von 200 m von den Verkehrsadern deutlich zu erkennen.

Die Forscher schließen aus ihren Beobachtungen, dass der Straßenverkehr die Gopherschildkrötenpopulationen auf mehrfache Weise beeinflusst. Zum einen werden Tiere überfahren, zum anderen sinkt die Vermehrungsrate der Population, da der Verkehrstod besonders oft die großen adulten und langsamen Exemplare trifft, die am meisten zur Reproduktion beitragen. Der Einfluss des Verkehrsnetzes auf Gopherschildkröten ist also signifikant und steht nach Ansicht der Wissenschaftler stellvertretend für die Gefahren, die der Straßenverkehr generell für wenig bewegliche, sich langsam reproduzierende Arten darstellt.

(Minor. Informationsbrief der „Arbeitsgemeinschaft Schildkröten" 2013, S. 15).

Straßen machen wilden Tieren das Leben schwer

Für den Menschen sind Straßen Verbindungen – für die Natur jedoch Einschnitte. Zwar machen Gebiete ohne Verkehrswege nach einer Hochrechnung von Forschern noch 80 % der Landfläche der Erde aus, sie sind aber stark zerstückelt. Als „frei von Wegen" wurden dabei nur Flächen definiert, die mindestens einen Kilometer von Straßen, aber auch kleineren Achsen wie Forstwegen entfernt lagen. Ein zwischen zwei Verkehrsachsen liegender zwei Kilometer breiter Wald wurde somit zum Beispiel nicht erfasst.

In der Summe kam das Team um Pierre Ibisch von der Hochschule für Nachhaltige Entwicklung Eberswalde auf 600 000 abseits von Straßen liegende Landstücke weltweit – in Deutschland seien es höchstens einige wenige.

(n. dpa, Stuttgarter Zeitung v. 19.12.2016).

12

„Frevler" und „Helfer": Die Akteure im Naturschutz

Folgende Szene ist keineswegs erfunden:

Zwei Kinder im Grundschulalter toben entlang eines Weges am Waldrand. Ein jüngeres Pärchen stößt hinzu, der Mann fragt die Kinder, durchaus mit verärgertem Unterton: „Sagt mal, wisst ihr eigentlich nicht, dass dies ein Biotop ist?"

Der fragliche Waldrand war keineswegs Teil eines Naturschutzgebiets oder einem sonstigen spezielleren Schutz unterstellt. Allerdings stellen sich in Zusammenhang mit dieser kleinen Begebenheit zwangsläufig einige Fragen. Zunächst einmal wäre zu fragen, ob der Mann ein ähnliches Problem gesehen hätte, wenn etwa ein größerer Hund am Waldrand herumgetobt hätte. Oder ob er sich ärgern würde, wenn Spuren darauf hinwiesen, dass nachts ein Trupp Wildschweine den Waldrand durchpflügt hat. Zumindest würden Letztere weitaus größere Schäden an Vegetation und Tierwelt anrichten als tobende Kinder.

Vermutlich hätten aber sowohl Hund als auch Wildschwein den Spaziergänger überhaupt nicht gestört. Der

© Springer-Verlag Berlin Heidelberg 2020
K.-D. Hupke, *Naturschutz,*
https://doi.org/10.1007/978-3-662-62132-5_12

Grund liegt einzig und allein darin, dass Hund wie Wildschwein dem Bereich Natur zugerechnet werden. Und in dieser wollte sich der Mann wohl aufhalten und diese nicht durch spielende Kinder (wie in Abb. 12.1, 12.2) gestört sehen.

Ein ähnliches „Problem" ergibt sich dann, wenn Kinder etwa einen Frosch oder eine Kaulquappe fangen, was sie als „Jäger und Sammler" gerne tun. Das ist aber verboten, weil alle in Mitteleuropa heimischen Froschlurche unter Naturschutz stehen. Im Zweifelsfall haften die Eltern, weil

Abb. 12.1 Wie Hände, die ins Leere greifen, scheinen diese Baumwurzeln nach einem Halt im Boden zu suchen. Wohl Tausende spielender Kinder haben den Boden im Umfeld im Laufe der Jahre festgetreten und damit in der Wegtrassen-Hanglage den oberflächigen Abfluss des Niederschlagswassers und damit die Bodenerosison verstärkt. Die Oberfläche in der Basalzone der Rotbuche wurde dadurch um etwa einen Viertelmeter erniedrigt. Da der Baum zunehmend seine Stabilität verliert, muss er aus Sicherheitsgründen wohl in den nächsten Jahren gefällt werden. Für den größten am Ort ansässigen Naturschutzverband ein Ärgernis. Aber wie soll man (außerhalb eines Naturschutzgebietes) auf (berechtigt) spielende Kinder reagieren: mit Umzäunung, mit Verboten? (Eigene Aufnahme)

Abb. 12.2 Spielende Kinder am Bach: Spielen in der Natur ist eher als sinnvolle Erfahrung denn als Zerstörung der Natur zu betrachten. (Eigene Aufnahme)

sie ihre Aufsichtspflicht verletzt haben. – Fragt man jedoch überzeugte Naturschützer nach ihren ersten **Begegnungen mit der Natur,** so kommen fast stets Erinnerungen an gefangene Käfer, Frösche, Molche oder Eidechsen ans Licht, nicht selten im Rückblick verklärt.

Ich kann mich gut an einen größeren Tümpel am Rande der damaligen Neubausiedlung erinnern, in der ich meine Kindheit verbracht habe. Es handelte sich um eine Gipskeuperdoline, über deren Grund Lösslehm eine wasserundurchlässige Decke gelegt hatte. An schönen Frühlings-und Sommertagen watete fast die gesamte männliche Jugend der Siedlung durch den nur wenige Ar großen und weitgehend flachen Tümpel, mit Mutters Einmachglas in der Hand, das sich allmählich mit Beute-tieren füllte. Die meisten der gefangenen Tiere wurden irgendwann von den Eltern wieder in ihren Lebens-raum zurückgebracht. Viele aber auch überlebten die

Gefangenschaft nicht. Dennoch gingen die vier dort vorkommenden Amphibienarten niemals aus. Sie verschwanden erst, als eine Allee von alten Birnbäumen in der Nähe gerodet wurde, die den Laubfröschen als Aufenthalt außerhalb ihrer Laichzeit gedient hatten, vor allem aber, als auf Anregung von Naturschützern hin Weiden in den Tümpel und an dessen Rand gepflanzt wurden. Die schon bald recht großen Bäume entzogen dem Tümpel nahezu alles Wasser, sodass heute keine Amphibienbrut mehr darin aufwachsen kann. – Das massenhafte Vorkommen von mindestens drei Amphibienarten (Laubfrosch *(Hyla arborea)*, Gelbbauchunke und Teichmolch) ergab sich aus einer besonderen Konstellation von Baumfreiheit im unmittelbaren Umfeld des Tümpels, die den Wasserstand schützte, und einer Allee in nicht allzu großer Entfernung, die den Laubfröschen und wohl auch den Teichmolchen Lebensmöglichkeiten bot. Dass die Kinder die Tiere in nicht unerheblicher Zahl einfingen, war dabei ohne Belang. Gerade reproduktionsstarke Beutetiere können ungeheuer produktiv sein, wenn die Strukturen des Lebensraumes stimmen. Diese Konstellation haben aber nicht die Kinder zerstört, vielleicht noch nicht einmal das Fällen der alten Mostobst-Birnbäume zugunsten einer Siedlungserweiterung. Das Hauptproblem war in diesem Falle tatsächlich der amtliche Naturschutz, der sich zur „Belebung" der Landschaft an dem ansonsten „hässlichkahlen" Wasserloch ein paar Weiden gut vorstellen konnte und nicht erkannte, dass gerade der ungehinderte Einfall des Sonnenlichtes eine besondere Chance für Teichmolch und Unke bot, die beide beschattete Gewässer meiden.

Ganz allgemein gilt, dass bei Kindern der Motivation des Fangens von Tieren der besondere Anreiz zugrunde liegt, sich früh mit der Natur zu beschäftigen. Beobachtet man im Vergleich dazu nur eine halbe Stunde lang einen

Graureiher, so wird man leicht erkennen, dass er der weitaus bessere Kleintierfänger ist und der Fang durch Kinder (oder auch durch erwachsene Hobby-Aquarianer und -Terrarianer) in der Relation kein Problem darstellt. Ein Problem wird daraus nur, wenn man in der **Natur-Kultur-Dichotomie** (Kap. 35) verhaftet ist und in menschlichen Eingriffen grundsätzlich etwas Negatives erkennt. Gerade am Tierfang durch Kinder lässt sich jedoch im Gegenteil zeigen, wie sehr der Mensch allein aufgrund seiner natürlichen Ausstattung selbst Teil der Natur ist, ebenso sehr wie Weißstorch und Graureiher.

In Magerrasen ist die jährliche **Mahd** eine notwendige Pflege, um das Zielbiotop zu erhalten. Wie bereits in Kap. 7 erläutert, kommt diese Maßnahme aber zumindest für die beteiligten **Spätblüher** zur Unzeit, wenn sie, wie häufig zu beobachten, bereits im August erfolgt. Regelmäßig findet man dann in den Trockenrasen des mittleren Neckarraumes nördlich von Stuttgart Hunderte Blüten des Fransenenzians *(Gentianopsis ciliata)*, *des Deutschen Kranzenzians (Gentianella germanica)* oder sogar einige des viel selteneren Kreuzenzians *(Gentiana cruciata)* vertrocknet auf dem Boden liegen. Ganz zu schweigen von den anderen ebenfalls schützenswerten spät blühenden Arten wie der Karthäusernelke *(Dianthus carthusianorum)* und der Kalkaster *(Aster amellus)*. Befremdlich und geradezu paradox wirkt in diesem Zusammenhang die Tatsache, dass sich noch am Tag zuvor ein Spaziergänger durch das Pflücken einer einzelnen Blüte strafbar gemacht hätte. Dies gilt selbst dann noch, wenn er eine durch den amtlichen Naturschutz gemähte Blüte nachträglich an sich genommen hätte.

Angesichts des „Vernichtungspotenzials" ansonsten durchaus angemessener **Pflegemaßnahmen** erscheinen die gesetzlichen Reglementierungen innerhalb eines Naturschutzgebiets ohnehin in vieler Hinsicht überzogen. Dies gilt insbesondere für das **Betretungsverbot** außerhalb der Wege. Sinnvoll erscheinen mag ein solches Betretungsverbot bei einem so stark frequentierten Gebiet wie der Lüneburger Heide, wo Leitplanken entlang der Wege die Besucherströme lenken. Aber gerade hier gilt, dass die starke Frequentierung eher ein Anreiz sein sollte, in größerem Ausmaß derartige Flächen zu schaffen und damit die Trittbelastung auf ein weniger schädliches Maß zu streuen.

Speziell in Zusammenhang mit der **Trittbelastung** für die Vegetation muss darauf hingewiesen werden, dass durch Betretungsverbote gerade besonders natur-interessierten Menschen der Zugang zur Natur tendenziell erschwert wird. Eine wichtige Motivations- und Multi-plikatorfunktion von Naturschutzgebieten für den Natur-schutz wird dadurch ebenfalls erschwert oder geht sogar völlig verloren. – Andererseits muss man einmal eine Schafherde beobachten, wie diese mit ihren scharfkantigen Hufen mit der vorhandenen Vegetation umgeht – im Rahmen einer „Pflegemaßnahme". Natürlich soll damit nicht behauptet werden, dass es sich bei menschlichem Tritt um eine vergleichbare „Pflege" handeln würde. Aber der Vergleich relativiert den möglichen Schaden doch deutlich.

Engagierte Naturschützer werden einwenden, dass das Begehungsverbot neben einer Vermeidung der Tritt-belastung doch auch anderen Formen der Schadensver-hinderung diene: etwa der Beunruhigung von Tieren vorbeuge, insbesondere auch bodenbrütende Vögel schütze. Der historisch-räumliche Vergleich lehrt jedoch, dass es kaum eine Tierart gibt, die den Menschen, sofern er diese nicht verfolgt, „von Natur aus" meidet. Das **Kulturflüchterkonzept** der klassischen Naturschutz-biologie hat seine Berechtigung endgültig verloren. Und selbst bodenbrütende Vögel werden viel eher durch mitgeführte Hunde als durch vereinzelte Wanderer oder Spaziergänger an sich bedroht.

Menschen, die aus sportlichen oder anderen **Freizeitinteressen** die Natur aufsuchen, sind vielen Naturschützern ebenfalls ein Dorn im Auge. Dazu gehören etwa Kletterer, welche die außerhalb des Hochgebirges relativ vereinzelten Naturfelsen oder aber auch Steinbruchwände für ihre Übungen aufsuchen. Hier befinden sich allerdings auch die bevorzugten Niststandorte für Präferenzarten des Naturschutzes wie Uhu und Wanderfalke *(Falco peregrinus)*. In vielen Fällen konnte ein jahreszeitliches **Kletterverbot** während der Brutzeit der Tiere Abhilfe schaffen. Weiterhin beeinträchtigt wird jedoch die charakteristische Felsvegetation mit einer Vielzahl von Arten, die den Standortbedingungen wie fehlende Bodenkrume, starke Sonneneinstrahlung und Trockenheit besonders angepasst sind, z. B. Hauswurzarten *(Sempervivum* spec.). In diesem Falle stellt Klettern fast die einzig denkbare direkte Beeinträchtigung auf einem extremen und sonst vom Menschen schwer erreichbaren und wirtschaftlich kaum nutzbaren Standort dar.

Auf ähnliche Weise werden kleinere bis mittelgroße Flüsse zunehmend für Kanufahrten genutzt. Gewerbliche Betreiber, in Südwestdeutschland etwa an oberer Donau, Enz, Kocher und Jagst, leihen Kanus aus, nehmen diese einige Kilometer unterhalb wieder in Empfang und sorgen für den Rücktransport der Kanuten zu ihren geparkten Autos. Auch in diesem Falle waren und sind die Bedenken der Naturschützer groß, und hier haben ebenfalls jahreszeitliche **Kanuverbote** während der Brutperiode von Wasservögeln sowie ein Verbot des Befahrens unterhalb eines gewissen Wasserpegels für eine gewisse Entspannung gesorgt. Allerdings bewirken solche Einschränkungen (im Winter und bei Hochwasser können die Flüsse ohnehin nicht befahren werden) eine Verkürzung der Saison und damit eine ökonomisch oft nur unrentabel kurze Nutzungsdauer. Zu strenge Auflagen werden somit nicht selten zu Nutzungsverhinderungen.

Ein Hauptgefährdungspotenzial wird dagegen gar nicht so sehr in Einzelpersonen gesehen, sondern in strukturellen Gefährdungen wie der Vereinheitlichung der Feldflur (Kap. 2) sowie im zunehmenden Einsatz von Agrarchemikalien (Roundup/Glyphosat gegen „Unkräuter", Neonikotinoide gegen Insektenbefall). Das in den vergangenen Jahren bis hin in die Massenmedien zunehmend diskutierte „Insektensterben" wird auf die Summe der genannten Einflüsse zurückgeführt. Und es gibt durchaus Warnzeichen in diese Richtung, die allerdings einer weiteren Bestätigung einer auch gegenüber ihren eigenen Methoden kritischen wissenschaftlichen Forschung bedürfen. Die meist zur Anwendung kommenden Malaise-Fallen funktionieren besonders effizient gegenüber Hautflüglern (Hymenopteren; also etwa: Bienen, Wespen und (fliegenden) Ameisen). Das „Bienensterben" findet so seinen Hintergrund. Genauer gesagt handelt es sich insbesondere um einen Rückgang der sehr artenreichen Wildbienen (in Deutschland insgesamt mehr als 500 Arten). Dazu aber könnte auch die zunehmende Zahl von Hobby-Imkern mit ihren vielen nicht registrierten Völkern beitragen. Die sehr konkurrenzstarke, weil sehr individuenreiche und auf reinen Honigertrag gezüchtete Honigbiene *(Apis mellifera)* stellt eine potenzielle Gefährdung für Wildbienen dar (Steffan-Dewenter und Tscharntke 2000, Geldmann und González-Varo 2018). Gerne werden von Imkern auch Bienenkästen gerade in der Nähe von Naturschutzgebieten aufgestellt, da die dort oft nahezu ganzjährige Blühdauer einen optimalen Ertrag über das Gesamtjahr hin verspricht. Wie auch die Reaktion auf das formal erfolgreiche bayerische „Volksbegehren Artenvielfalt –

Rettet die Bienen" von Frühjahr 2019 gezeigt hat, wird im medialen Kontext zwischen Wild- und Honigbienen meist nicht unterschieden, und die Imkerei erhält Unterstützung in einem Zusammenhang, in welchem sie auch als Schadens(mit)verursacher gesehen werden könnte. Außer für Wildbienen ist die Honigbiene auch für andere nektar- und pollensammelnde Insekten (z. B. Schmetterlinge) eine Nahrungskonkurrenz.

Als Gegenfigur zu diesen zumindest potenziellen Gefährdern und Schädigern der Natur sieht der Naturschützer vor allem sich selbst. Hier ist aber zunächst eine Definition angebracht, wer denn überhaupt als **Naturschützer** gelten soll. Zunächst einmal diejenigen, die amtlich damit betraut sind: innerhalb der Landratsämter, der Regierungspräsidien und Ministerien, der einschlägigen Landesanstalten, des Bundesamtes für Naturschutz. Der Naturschutz lebt aber nicht nur von Ämtern und behördlichen Funktionen, sondern vor allem auch vom **ehrenamtlichen Engagement** von Einzelpersonen (Abb. 12.3) wie von Vereinen, unter denen in Deutschland der **NABU** (Naturschutzbund Deutschland) und der **BUND** (Bund für Umwelt und Naturschutz) besonders hervortreten. Ehrenamtliche üben in aller Regel auch das Amt des Kreisnaturschutzbeauftragten im Rahmen der unteren Naturschutzbehörde aus.

Gerade diese Ehrenamtlichkeit soll in ihrem idealistischen Ansatz keineswegs herabgewürdigt werden. Dennoch kommt man nicht umhin anzumerken, dass die damit Betrauten im Gegenzug mitunter auch exklusive Rechte zugestanden bekommen. Dazu gehört beispielsweise, aus Kontrollgründen, der weitgehend unbeschränkte **Zugang zu naturgeschützten Flächen,** auch abseits der Wege. Wo ein Naturschutzgebiet mit einem Zaun und einer Eingangstüre versehen ist (Abb. 12.4, 12.5), was vor allem an den

Abb. 12.3 Wissen als Voraussetzung für Naturschutz: Ein ehren-
amtlicher Naturschützer hat Tafeln über die im Naturschutzgebiet vorkommenden bedrohten Tier- und Pflanzenarten
erstellt. (Eigene Aufnahme)

Abb. 12.4 Erholungsuchenden bleiben naturgeschützte Flächen
häufig versperrt. (Eigene Aufnahme)

Abb. 12.5   In diesem Beispiel wird selbst noch die eigentlich für die breite Öffentlichkeit gedachte Erläuterungstafel hinter dem Maschendrahtzaun „gesichert" aufgestellt, was nicht unbedingt ihrer Lesbarkeit dient. Wenn doch, bekommt der außen vor bleibende Naturinteressierte durch die Bildtafel immerhin eine Vorstellung vermittelt, was er innerhalb des Zaunes sehen könnte. (Eigene Aufnahme)

Standorten schön blühender Pflanzen (z. B. Frauen-schuh-Orchidee, *(Cypripedium calceolus)* durchaus der Fall sein kann, erhält der Naturschutzbeauftragte buch-stäblich „Schlüsselrechte". Ein solcher Schlüssel darf unter keinen Umständen weitergereicht werden, er ist an die Person gebunden. Gerade der Vergleich dieser bevor-zugten Zugänge mit den Zugangsverhinderungen des Normalbürgers zeigt ein Machtgefälle an, das die Natur-schützer regelmäßig kraft Amtes und prinzipiell besonders betonen. Ein solches Amt schafft quasi exklusiven Zugang zur Natur. Da sich bei Naturschützern zudem noch häufig (aber keineswegs immer) ein eher introver-tiertes Wesen hinzugesellt, das die Natur als Gegenwelt zu Menschenmassen und menschlichen Gesellschaften inter-pretiert (vgl. Kap. 1), ergeben sich aus dieser Exklusivität unmittelbar persönliche Entfaltungsmöglichkeiten, wie sie ansonsten nur noch ein Großgrundbesitzer, ein Adeliger mit großem Privatpark oder ein Multimillionär im Besitz einer eigenen Insel besitzt. Da es sich bei den Inhabern eines derartigen (Ehren-)Amtes aber zumeist „nur" um klein- bis mittelbürgerliche Oberstudienräte, Hochschullehrer oder Freiberufler handelt, ist ein solcher Macht- und Kompetenzzuwachs schon enorm.

Ein Wissen um die Vorkommen vor allem der schön blühenden und seltenen Präferenzarten des Naturschutzes wie Orchideen wird als „Geheimnis" tradiert und nur wenigen Auserwählten preisgegeben. Argumentiert wird zumeist damit, dass man das Vorkommen nicht bedrohen wolle. Aber wem nützt ein solches Vorkommen, von dem (fast) niemand weiß? Auch hier werden wiederum exklusive Naturzugänge geschaffen sowie ein Geheimbund an Verschworenen konstituiert. Das dahinter stehende Ethos ist elitär und weder mit dem Kant'schen kategorialen Imperativ noch mit dem Bewusstseinsansatz moderner Verfassungen und Menschenbilder zu vereinbaren.

Die Frage stellt sich auch hier wieder:

Für wen wollen wir Natur schützen? Wem soll sie dienen, wer soll direkten Zugang haben, wer soll sie ansehen dürfen?

Eine vor einigen Jahren durchgeführte Studie (Kukartz und Rädiker 2012) bestätigt sowohl den äußeren Eindruck als auch frühere Untersuchungen, dass die **Akzeptanz von Naturschutz** (in diesem Falle dessen Hauptziel: Erhaltung der Biodiversität) ansteigt mit zunehmender sozialer Position, mit zunehmendem Einkommen und mit zunehmender formaler Bildung. Natürlich ist Wissen erforderlich, um den Wert von Vielfalt in der Natur zu erkennen. Aber dieses wird ja nicht automatisch in der Schule vermittelt, heute noch weniger als vor einigen Jahrzehnten. Hilfreich dürfte zur Aufklärung des Zusammenhangs hier eher die **Bedürfnispyramide** nach

Maslow (Nachdruck 2013) sein. Im Sinne einer gestuften Bedürfnispyramide rangiert der Wunsch nach einer intakten Natur und Umwelt eben ziemlich weit oben und erscheint damit zumindest unteren Einkommensschichten eher nachrangig. Grundbedürfnisse bei niedrigem verfügbarem Einkommen sind über den nackten Lebensunterhalt hinaus eher noch Spaßfaktoren, welche der Umgang mit Natur so einfach nicht vermittelt, Sport und Entertainment hingegen schon eher.

Die anschließende Tab. 12.1 stellt die maßgeblichen Akteure und Akteur-Gruppen übersichtlich zusammen.

Tab. 12.1 Akteur-Ebenen des Naturschutzes:

Akteure u. deren Merkmale	Vertreter/Beispiele	Wichtige Maßnahmen und Werkzeuge
Amtlicher Naturschutz	Naturschutzbeauftragte, Untere und obere Naturschutzbehörden auf Landkreisebene bzw. in Regierungspräsidien, Bundesamt für Naturschutz, einschlägige Ministerien, Europäische Kommission	Gesetze, Erlasse; Haushaltsmittel; Beschränkungen, Strafen u. Restriktionen; „wissenschaftliche" Empfehlungen
Bildungs- und Forschungseinrichtungen	Professuren und Lehrstühle an (Fach-)Hochschulen und Universitäten; aber auch: Bundesamt für Naturschutz (BfN), einschlägige Landesforschungsanstalten	Forschungen, Festlegung von Normen und Diskussion von Werten, Geschichte des Naturschutzes, „Naturschutzfachlichkeit", Ausbildung von Experten

(Fortsetzung)

Tab. 12.1 (Fortsetzung)

Akteure u. deren Merkmale	Vertreter/Beispiele	Wichtige Maßnahmen und Werkzeuge
NGOs (gemeinnützige Nichtregierungsorganisationen)	NABU, BUND, WWF	Mobilisierung der Öffentlichkeit, Kontakt zu den Massenmedien, Spenden und Mitgliedschaften
Öffentliche und private Stiftungen	Deutsche Bundesstiftung Umwelt (DBU), Heinz-Sielmann-Stiftung	Aufkauf und Pflege von Flächen für Naturschutzzwecke, Finanzierung von Naturschutz-Projekten
Politische Parteien	Die Grünen	Wähler, politische Gremien, Einfluss auf Gesetzgebung
Einzelvertreter des Naturschutzes, speziell Naturinteressierte und ungebundene Engagierte	(Einzelpersonen) oft (aber: nicht immer) introvertierter und eskapistischer Zuschnitt	(als wenig vernetzte und numerisch vernachlässigbare Individuen geringer gesellschaftlicher Einfluss)

Anmerkungen zu Tab. 12.1: Alle diese Ebenen sind gemeint, wenn im Rahmen dieses Buches von „Naturschutz" die Rede ist. Insbesondere der amtliche Naturschutz ist durch die juristische Exaktheit von Gesetzen und Verordnungen am besten fassbar. Wo bestimmte andere Akteure besonders im Mittelpunkt stehen, werden diese entsprechend benannt und herausgestellt.
Allerdings ist festzuhalten, dass „Naturschutz" nicht nur aus einer Addition gesellschaftlicher Institutionen oder Akteure besteht, sondern dass damit vor allem eine Geisteshaltung beschrieben wird. Dieser insgesamt ist dieses Buch thematisch gewidmet.

13

Natur, die keinen Schutz verdient: Spontane Vegetation, Ruderalgesellschaften, Neophyten und Neozoen

Eine Bestandsaufnahme:

Im Neuenheimer Feld im Norden Heidelbergs wird gebaggert. Der Bagger hinterlässt eine zunächst öde wirkende braune Lehmfläche, die auch die Oberfläche eines unbelebten Planeten bilden könnte. Es ist Herbst, bis zum Frühling tut sich auf der öden Fläche zunächst nichts. Dann aber beginnt sich die Fläche zunächst lückig, dann zunehmend flächenhaft zu begrünen (Abb. 13.1). Unter den spontanen Ansiedlern sind viele ehemalige Ackerunkräuter, wie die Echte Kamille, die Kornblume und der Klatschmohn. Bis zum Ende des Sommers kommen immer wieder **Neuansiedler** hinzu. Am Ende des Jahres mögen auf der kleinen Fläche von etwa 30 Ar rund 70 Pflanzenarten wachsen. Noch zahlreicher sind die Gliederfüßer, vor allem Insekten, welche die Blätter dieser Pflanzen fressen, ihre Blüten bestäuben oder auf die Jagd nach anderen Kleintieren gehen. Falls die Fläche, was nicht die Regel sein dürfte, im folgenden Jahr noch nicht überbaut worden ist, kommen noch ein paar weitere

© Springer-Verlag Berlin Heidelberg 2020
K.-D. Hupke, *Naturschutz,*
https://doi.org/10.1007/978-3-662-62132-5_13

Abb. 13.1 Noch lückenhafte Vegetation im ersten Jahr aus einigen wenigen Pionierarten auf Bauerwartungsbrache. (Eigene Aufnahme)

Arten dazu. Gleichzeitig beginnt sich die Vegetation stärker in die Höhe zu entwickeln, in einem dichten Gewirr etwa von Beifuß und Nachtkerze. Es kommen auch schon vereinzelt Gebüsch- und Baumpioniere hinzu wie die Robinie, Weidenarten oder der Hartriegel. Dazu reichlich Brombeeren. Einzelne besonders lichtbedürftige Arten verschwinden unter der zunehmenden Dichte und Beschattung der Vegetation bereits wieder. – Würde man die Entwicklung nun ohne weitere äußere Eingriffe weiter verfolgen, entstünde innerhalb weniger Jahrzehnte ein hochstämmiger Wald. Dieser wäre, gemessen an den Zuständen im ersten und zweiten Jahr der Brache, an Blütenpflanzen wohl insgesamt ärmer, weil die in Mitteleuropa von Natur aus stets artenarme Baumschicht eine stärkere Entwicklung der bodennahen Kräuter verhindern würde.

Die eben dargestellte **initiale Lebensgemeinschaft** (vgl. Abb. 13.1, 13.2, 13.3) ist in etwa so artenreich wie die vom Naturschutz besonders präferierten süddeutschen Kalkmagerrasen und Kalkflachmoore (zum Vergleich s. Tab. 13.1). Und doch sind solche Lebensgemeinschaften erstaunlicherweise weder Gegenstand noch Anliegen des Naturschutzes. Dies liegt zum einen an ihrem eindeutig vom Menschen induzierten, „naturfernen" Charakter. Wer will (und kann) schon Bauerwartungsland schützen?

Abb. 13.2 Ruderalvegetation entlang eines ehemaligen Bahngleises. Die Artenvielfalt wird in diesem Falle noch verstärkt durch die unterschiedlichen Körnungsgrößen des Schotterkörpers, im Bild zonal von links unten nach rechts oben verlaufend, und von deren unterschiedlichen Standortqualitäten. (Eigene Aufnahme)

Abb. 13.3 Bunter Blühaspekt einer artenreichen Ruderalflur im Frühsommer – kein Objekt für den Naturschutz? (Eigene Aufnahme)

Weiterhin sind solche Lebensgemeinschaften auch nicht alt; und für den Naturschutz ist alles, was alt ist, irgendwie wertvoll. Zum anderen bedarf diese Lebensgemeinschaft offensichtlich keines besonderen Schutzes, weil derartige **Brach- und Ruderalflächen** (v. lat. rudus = Schutt) ohnehin innerhalb und an den Rändern der Siedlungen immer wieder neu entstehen. Auch müsste man, um diesen Artenreichtum zu schützen, ständig neue Initialflächen in Form von abgebaggerten Bereichen schaffen, für viele Naturschützer ein absurder Vorgang.

Viele der in „gestörten" Ruderalflächen vorkommenden Pflanzenarten sind zudem als **Neophyten** anzusehen. Diesen neuen Arten, die so offensichtlich unter dem Einfluss des Menschen eingewandert sind und damit die Illusion stören, eine „unberührte" Natur vor sich zu haben, steht der Naturschutz seit jeher skeptisch gegenüber. Dabei siedeln sich fast alle Neophyten vornehmlich auf Ruderalflächen oder anderweitigen jungen Sukzessionsstadien an, die aus naturschützerischer Sicht

Tab. 13.1 Magerrasen und Ruderalflächen – Worin liegen die Unterschiede?

Vergleichsgesichtspunkt	Magerrasen (vs. [Halb-] Trockenrasen)	Ruderalfläche
Stabilität	Über Jahre hinweg stabil, bei Aufhören von Beweidung und Mahd allmähliches Aufkommen von Gebüsch und schließlich Wald	Instabil, rasche Sukzession hin zum Wald in oft nur einigen Jahren
Physiognomie	V. a. Kräuter, weniger Gräser, meist niedrigwüchsig, nur wenige höherwüchsige Stauden	Von Anfang an viele höherwüchsige Kräuter wie Königskerzen (*Verbascum* spec.)
Entstehung	In aller Regel Reste einer früheren Nutzung, die oft Jahrhunderte zurückreicht	Bildet sich spontan und kurzfristig auf allen Flächen, die irgendwie „frei" werden
Artenkonstanz	Sehr hoch	Sehr gering, es werden rasch und von einem Jahr aufs andere viele Arten im Sinne der Sukzession durch neue ersetzt
Notwendigkeit von Schutzmaßnahmen	Unbedingt, da ansonsten allmählicher Übergang zu Wald stattfände; das Verschwinden dieses Lebensraumes wäre auch mittelfristig nicht reparabel	Trotz raschem Übergang zu Wald bei Aufhören der Nutzung keine Notwendigkeit von Schutz, da vergleichbare Flächen überall und kurzeitig neu entstehen können, etwa bei Baumaßnahmen

(Fortsetzung)

Tab. 13.1 (Fortsetzung)

Vergleichsgesichts-punkt	Magerrasen (vs. [Halb-] Trocken-rasen)	Ruderalfläche
Wachstums-strategien von Pflanzen	Oft sehr lang-samwüchsig, in der Sukzession vorangeschritten (K- Strategen)	Schnell besiedel-bar, spontan, raschwüchsig, am Beginn der Sukzessionsreihe (R-Strategen)
Verhältnis Archäo-phyten/Neophyten	Nahezu keine Neophyten (in intaktem Mager-rasen)	Neophyten arten- und individuenmäßig sehr zahlreich und oft dominierend
Nährstoffangebot, v. a. an physio-logisch wirksamen Stickstoffver-bindungen	Gering	Meist hoch
Räumliche Ver-breitung	Oft in den Rand-bereichen der Gemeinde-gemarkungen, in diesem Falle Nachfolge alter Allmendweiden; bevorzugt in für die Landwirtschaft schwierigen Hang-lagen oder bei flachgründigen Böden	Mitten im Siedlungsbereich, oft auf Neubau-flächen, oder linear entlang von Straßen und Eisen-bahnlinien

wenig geschätzt werden, und machen damit zumindest den Bewohnern von Kalkmagerrasen und Kalkflach-mooren (den an Blütenpflanzenarten reichsten heimischen Lebensgemeinschaften) nur wenig Konkurrenz. Neo-phyten besiedeln fast durchweg Standorte, die bereits vom Menschen „gestört" sind im Sinne etwa von Eutrophierung (übermäßige Nährstoffanreicherung) oder

Schädigung der standörtlichen Vegetation. Die sich dort ansiedelnden Neophyten entsprechen in vieler Hinsicht den ökologischen Bedingungen dieses Neostandortes und gehören, ökologisch gesehen, genau dorthin (sonst gäbe es sie ja auch dort nicht). Und sie erweitern eindeutig das Artenspektrum der einheimischen Flora (wissenschaftliche Beobachtungen in dieser Hinsicht in jüngerer Zeit etwa in Hejda und de Bello 2013, S. 890–897). Dass der Naturschutz diese Erweiterung im Allgemeinen nicht schätzt, liegt daran, dass für ihn eben nicht alle Arten gleich sind (Kap. 10). Der Naturschützer wertet. Dies unterscheidet ihn eindeutig von der naturwissenschaftlichen Betrachtungsweise, die beobachtet und erklärt, sich aber per Methode und per Definition Werturteilen und Sinnurteilen verschließt. Dieser Umstand verdeutlicht die Differenz zwischen Naturwissenschaft und Naturschutz.

Besonders bemerkenswert ist dieser Umstand vor allem deshalb, weil die vor 1500 eingewanderten Arten (**Archäophyten**) im Naturschutz oft geradezu bevorzugt werden. Dies liegt auch daran, dass sie auf offene, nährsalzarme Standorte angewiesen sind, wie sie sich innerhalb der traditionellen Landwirtschaft aus einer extensiven Bewirtschaftungsweise ergaben. Gerade diese Flächen sind durch Intensivierung der Landwirtschaft und Aufforstung aber besonders gefährdet und mit ihnen ihre große Artenzahl an Blütenpflanzen. Man könnte auch pointiert sagen: Archäophyten sind im Naturschutz nicht nur geduldet, sie bilden sogar den Hauptinhalt zumindest der traditionellen naturschützerischen Ambitionen.

Auffällig ist das besondere Engagement, mit dem Behörden und Politiker auch außerhalb des eigentlichen amtlichen Naturschutzes die Zurückdrängung und **Ausrottung von Neophyten** betreiben. Es scheint in keinem Verhältnis zu den augenscheinlichen Gefahren für die Artenvielfalt zu stehen. Immerhin lässt sich kaum ein

Neophyt aufzeigen, dem es gelungen ist, sich in artenreichen heimischen Lebensgemeinschaften auszubreiten, fast alle sind auf „gestörte" Standorte junger Sukzessionsstadien beschränkt, die – wie bereits aufgezeigt – ohnehin keine Zieleinheiten des Naturschutzes darstellen. Die Wortwahl dieses „Kampfes" erinnert an den Krieg, oft wird beispielsweise von Invasion gesprochen oder der Vormarsch der fremden Art müsse gestoppt werden. Einigen Arten wie dem kaukasischen Riesenbärenklau (*Heracleum mantegazzianum*; Abb. 13.4) oder der Beifuß-Ambrosie (*Ambrosia artemisiifolia*) wird die Gefährlichkeit für den

Abb. 13.4 Fruchtende Stände des Riesenbärenklau *(Heracleum mantegazzianum)* neben einem öffentlichen Fahrradstellplatz. Die Pflanze scheint einen Arm ihrer Dolde bereits bedrohlich gegen die Fahrräder hin auszustrecken. Der Autor wagt hier nicht zu beurteilen, wieviel an dem Bedrohungsszenario durch die „Invasoren" wirklich realitätsnah ist. Auffällig ist, dass vielen Neophyten eine prinzipielle Gefährlichkeit unterstellt wird: In diesem Falle bei Zerreiben des Pflanzensaftes eine Sensibilisierung der menschlichen Haut gegenüber der ultravioletten Sonnenstrahlung, was leichter zu Sonnenbränden und damit auch Hautschäden führen könnte. (Eigene Aufnahme)

Menschen besonders herausgestellt, um der Ausrottung Nachdruck zu verleihen (s. Kasten Kaukasischer Riesenbärenklau).

Kaukasischer Riesenbärenklau

Der Riesenbärenklau kann sogar für den Menschen gefährlich werden. Seit er Anfang des 20. Jahrhunderts eingeführt wurde, hat er sich an Flussufern und Waldrändern breit gemacht und heimische Pflanzen verdrängt. „Der Saft der Pflanze ist phototoxisch und kann bei Hautberührung unter Sonneneinstrahlung verbrennungsähnliche Verletzungen hervorrufen", erläutert Jan Thiele, Landschaftsökologe an der Universität Münster. „Der auch Herkulesstaude genannte Riesenbärenklau ist längst überall bei uns anzutreffen und kann dichte Bestände bilden, die niedrig wachsende Arten beschatten und verdrängen." Ähnlich problematisch ist die Beifuß-Ambrosie. 1860 aus Nordamerika eingeführt, breitete sie sich in den vergangenen Jahren sehr schnell bis nach Norddeutschland aus. „Ihre Pollen wirken besonders stark auf Allergiker", sagt Thiele (Deutsche Bahn 2012, S. 80).

Während (Gott sei Dank) die **Xenophobie** gegenüber ausländischen Zuwanderern als politisch inkorrekt gilt oder zumindest in den etablierten Parteien zumeist problematisiert wird, kann sich Fremdenfeindlichkeit im Naturschutz weitgehend ungehindert entfalten. Die Parallelität zur humanen Xenophobie ist bereits auf der semantischen Ebene erstaunlich: Fremdes breitet sich unkontrolliert (!) aus, es ist vermehrungsfreudiger als die heimischen Lebewesen, es ist eine Gefahr für diese. Der Verdacht liegt insgesamt nahe, dass sich Fremdenfeindlichkeit hier ein Ventil geschaffen hat.

Um es noch einmal zu sagen: Naturwissenschaftliche Ökologie als Teil der biologischen Wissenschaften unterscheidet nicht zwischen heimischen und fremden Arten im Sinne einer Wertehierarchie. Werte und Normen sind (inter-)subjektiv gesetzt und nicht Teil des naturwissenschaftlichen Diskurses.

Klassisches Ziel des Naturschutzes ist die Aufrechterhaltung des **ökologischen Status quo** bei Unterschätzung der schon „von Natur aus" vorhandenen Dynamik von Ökosystemen, mit der Folge, dass der Mensch der Natur fortlaufend helfen muss, ihren vom Menschen intendierten Idealzustand zu erhalten.

Zwei Beispiele für aus Gefangenhaltung entwichene **Neozoen** zeigen Abb. 13.5 und 13.6. Gerade bei Vögeln sind aufgrund ihrer Mobilität Flucht und Neuansiedlung besonders begünstigt. Beide Arten haben große und stabile Bestände gebildet, welche die Tendenz zu einer weiteren Ausbreitung zeigen. Ein anderes Beispiel ist der Bisam (Abb. 13.7).

Abb. 13.5 Der Kleine Alexandersittich *(Psittacula krameri)* kommt ursprünglich aus den altweltlichen Tropen. Er hat sich in den vergangenen Jahrzehnten aber als Gefangenschaftsflüchtling auch in wintermilden Regionen Europas und Nordamerikas ausgebreitet und ist heute aus den Städten des nördlichen Oberrheingebiets nicht mehr wegzudenken. (Eigene Aufnahme)

Abb. 13.6 Die aus Afrika stammende Nilgans *(Alopochen aegyptiacus)* hat sich in den vergangenen Jahrzehnten in Parkanlagen und Flussuferwiesen massiv ausgebreitet. (Eigene Aufnahme)

Abb. 13.7 Ein Bisam als Neozoe an einem durch Steinpackungen befestigten Flussufer. Das ungefähr meerschweinchengroße Nagetier aus Nordamerika ist erst seit Beginn des 20. Jahrhunderts in Mitteleuropa heimisch geworden. Es wurde lange Zeit als Problem diskutiert (Zerstörung von Schilfbeständen, Unterminierung von Dämmen durch Erdbauten). (Eigene Aufnahme)

Wirtschaftlicher Schaden

Nicht-einheimische Arten verursachen beträchtliche wirtschaftliche Schäden im Bereich der Land- oder Forstwirtschaft und bei der tierischen Produktion, sodass Hungersnöte entstehen können. Viele invasive Arten haben negative Auswirkungen auf die menschliche Infrastruktur und beeinträchtigen das soziale Wohlbefinden des Menschen. Invasive Arten können Aussehen, Zugänglichkeit und Erholungswert eines Lebensraumes vermindern (Nentwig 2010, S. 73).

Anmerkung des Verfassers: Dem müssten positive etwa wirtschaftliche Wirkungen von Neophyten gegenübergestellt werden. So haben die Robinie (auch: Falsche Akazie) sowie das Indische Springkraut *(Impatiens glandulifera)* in Mitteleuropa eine große Bedeutung als Nektarquelle für die Imkerei gewonnen („Akazienhonig").

Kampf gegen invasive Arten in der EU

Die Gefahr ist so groß, dass die Brüsseler Kommission bereits über *verschärfte Grenzkontrollen* auch zwischen den Mitgliedstaaten nachdenkt. Ungefähr 12.000 Pflanzen- und Tierarten sind dabei, Europa zu *erobern.* Am 13.12.2013 befassten sich die Umweltminister der EU erstmals mit dem *Vordringen* der *gebietsfremden* Arten, welche im offiziellen EU-Wortlaut *„Aliens"* heißen. Dazu gehören die Asiatische Riesenhornisse und die Asiatische Tigermücke. Einige der Pflanzen – wie der Staudenknöterich *(Fallopia japonica),* die Späte Goldrute und der Riesen-Bärenklau – sollen in Deutschland sogar mit einem Handels *verbot* belegt werden.

Längst geht es nach Angaben der EU-Kommission nicht mehr nur um die Erstickung der Artenvielfalt, sondern um handfeste wirtschaftliche *Schäden.* Der Japan-Staudenknöterich *beschädigt* Gebäude, der Signalkrebs gilt als Träger der Krebspest und *vernichtet* heimische Krebsarten. In Brüssel werden die *Schäden* für Landwirte, Hausbesitzer und Sozialversicherungen bereits auf 12 Mrd. € geschätzt. Anders als Australien und Neuseeland, wo bereits seit Längerem *Gesetze gegen* die Bio-*Invasoren* in

Kraft sind, bewegt sich Europa erst spät. Da die Insekten und Gewächse an den *Grenzen* nicht Halt machen, sei ein gemeinsames Handeln der 28 EU-Staaten nötig, betonten die Minister. Auf der Liste möglicher Aktionen stehen ein vollständiges *Verbot* von Einfuhr, Verkauf, Anbau, Zucht, Verwendung und Freisetzung – zumindest für die als besonders *aggressiv* geltenden Arten. Darüber hinaus sollen *Grenzschützer* Urlauber und Geschäftsleute gezielt *durchsuchen.* Ein EU-weites *Überwachungssystem* sei nötig.

(*Niedersächsische Allgemeine* vom 14.12.2013, zitiert nach Bundesamt für Naturschutz 2014, Natur und Landschaft 89, H. 2, S. 94).

Anmerkung des Verfassers: Alle Wörter in der Terminologie von Krieg und Kriminologie wurden kursiv hervorgehoben.

Kampf gegen das nordamerikanische Grauhörnchen

Die Zeit drängt. Zwar ist das Grauhörnchen *(Sciurus carolinensis)* in Mittel- und Nordeuropa bisher noch nicht in freier Wildbahn gesichtet worden. In Norditalien hat es sich aber bereits auf breiter Front festgesetzt, nachdem ein italienischer Diplomat 1948 zwei aus den USA eingeführte Paare im Park seiner Villa nahe Turin aussetzte – wo die Tiere natürlich nicht blieben. Inzwischen sind viele Bestände etabliert, so etwa im Piemont und am Tessin-Fluss bei Mailand. „Das Grauhörnchen breitet sich derzeit in der Lombardei aus, hat die Schweiz aber noch nicht erreicht", sagt Sandro Bertolino von der Universität Turin. Dennoch seien die Schweizer Behörden „sehr besorgt", zumal ein Grauhörnchenbestand zwischen den Südästen des Comer Sees lebt, nur noch 15 km von der Grenze bei Chiasso entfernt. „Da sich die Hörnchen entlang von Wäldern oder Baumreihen ausbreiten, gehen wir davon aus, dass sie noch 20 bis 25 km zurücklegen müssen", merkt der Zoologe an. Bis zum Grenzübertritt kann es nicht mehr lange dauern, denn unter günstigen Bedingungen können die Tiere ihren Lebensraum jährlich um bis zu 250 km^2 erweitern.

Für das Eichhörnchen würde der weitere Vorstoß des konkurrenzstarken Wettbewerbers ins nördliche Mitteleuropa schlimmstenfalls das Ende bedeuten – zumindest droht ihm ein stets gefährdetes Nischendasein. Ein neues Projekt der Europäischen Union namens EC-Square zur Bekämpfung des grauen Nagers soll nun die Gefahr wenigstens eindämmen. Gut zu bekämpfende Vorkommen des Grauhörnchens sollen beseitigt oder zumindest so weit ausgedünnt werden, dass sie sich nicht weiter ausbreiten. Dazu werden in Fallen gefangene Tiere noch vor Ort möglichst stressfrei eingeschläfert (Walter Schmidt in Stuttgarter Zeitung vom 13.3.2012).

14

Prozessschutz als Alternative und als Königsweg?

Szenenwechsel:

Ein kleines Waldstück in Hanglage. Umgestürzte Bäume liegen teils kreuz und quer übereinander. Aufgetürmte Wurzelteller ragen meterhoch gegen das Walddach empor. Wilder Wechsel von Baumriesen, mittelwüchsigen Bäumen und Jungwuchs. Liegende Baumleichen sind mit Pilzen, oft auch mit jungen Baumsämlingen überwachsen. Es fällt schwer, sich durch diese Wildnis einen Weg zu bahnen. Einige der Tothölzer sind so morsch, dass man einbricht, sobald man einen Fuß darauf setzt. Andere Bäume stehen noch aufrecht, sind innen aber hohl ausgefault und befinden sich in unterschiedlichen Stadien des Zusammenbruchs. Manche haben am Stamm krebsartige Geschwulste. Alt und Jung durchdringen sich in einem wilden Durcheinander.

So oder so ähnlich könnte die Beschreibung eines reifen **Bannwaldes** aussehen, wie er in den Naturwaldzellen/Bannwaldprogrammen der meisten Länderregierungen seit den 1970er-Jahren ausgewiesen wurde. Doch noch ist es

© Springer-Verlag Berlin Heidelberg 2020
K.-D. Hupke, *Naturschutz,*
https://doi.org/10.1007/978-3-662-62132-5_14

nicht so weit. Mindestens eine Baumgeneration muss vergehen, bis ein annähernd urwüchsiger Zustand wiederhergestellt sein wird. Doch auch dann wird kein statischer Zustand eintreten, etwa im Sinne des veralteten ökologischen Gleichgewichts. **Windwürfe** werden Lichtungen in diesen „Urwald" reißen, lichtdurchflutete Standorte, an denen die **Sukzession,** beginnend mit Hochstauden und Sträuchern, über eine oder zwei Pionierbaumarten schließlich in einen (vorläufig) stabileren Klimaxzustand eintritt. Vielerorts wird jedoch keine endgültige Stabilität erreicht: bedingt durch natürliche Störungen wie eben Windwürfe, Insektenkalamitäten oder an Hängen auch Erdrutsche.

Doch warum wird dieser Zustand der vom Menschen unbeeinflussten „Wildnis", der von den meisten Förstern und Waldbesitzern bereits ästhetisch als „ungepflegt" oder „unordentlich" abgelehnt wird, von vielen Naturschützern – und es werden immer mehr – so sehr präferiert? Immerhin hat sich die Bundesregierung in der *Nationalen Strategie zur biologischen Vielfalt* im Jahr 2007 selbst verordnet, bis zum Jahr 2020 2 % der Landesfläche dauerhaft von der Nutzung auszunehmen und sich selbst zu überlassen (Bundesministerium für Umwelt, Naturschutz, Bau und Reaktorsicherheit (BMUB), 4. Aufl. 2015, S. 31).

Der Grund für die Schaffung von **Wildnisflächen** liegt auch hier in einem (für Waldökosysteme) hohen **Artenreichtum.** Doch wie kommt dieser im Vergleich mit bewirtschafteten Waldflächen zustande? Hauptursache ist der Umstand, dass die Bäume hier eines natürlichen Todes sterben. Altholz aber ist ein ideales Nährsubstrat z. B. für viele Pilze. Zum anderen leben die Larven von mindestens 1000 einheimischen Käferarten im **Totholz** (Abb. 14.1, 14.2, 14.3), darunter die des größten mitteleuropäischen Käfers, des Hirschkäfers *(Lucanus cervus).* Auch weitere im Naturschutz hoch geschätzte Zielarten leben vom

Abb. 14.1 Nicht immer bleibt Totholz lange aufrecht stehen wie hier im Bild. Unter dem Leitbild des Wirtschaftswaldes früher als unästhetisch empfunden, wirkt es heute eher als Dekoelement. Auch das Wissen um die „ökologische" Bedeutung wirkt ästhetisierend. (Eigene Aufnahme)

toten Holz: so der Nashornkäfer *(Oryctes nasicornis)* und der Eremit *(Osmoderma eremita)*, welcher unter dem Namen Juchtenkäfer seit Stuttgart 21 deutschlandweit bekannt geworden ist und fast das größte Bahnprojekt Mitteleuropas verhindert hätte. Alle diese Arten sind im **Nutzwald** selten geworden; so selten eben wie Bäume, die eines natürlichen Alterstodes sterben. Ein solcher Alters- tod widerspricht dem Selbstverständnis der Forstwirtschaft völlig, da ja jeder Baum zuvor geerntet werden sollte.

Abb. 14.2 Auch die Larven des Hirschkäfers *(Lucanus cervus)*, der größten mitteleuropäischen Käferart, sind auf Totholz angewiesen. Sie leben u. a. in den Baumstubben gefällter starker Laubbäume, die im Wirtschaftswald sehr späte und damit oft unrentable „Erntetermine" des Holzes erfordern. (Eigene Aufnahme)

Abb. 14.3 Eine überlebensgroße künstlerische Installation im ehemaligen Landesgartenschaugelände Bietigheim-Bissingen macht die Bedeutung von Totholz für die Käferfauna deutlich. (Eigene Aufnahme)

Ein Interessengegensatz zwischen Forstwirten und Naturschützern (wobei sich Erstere oft als Letztere ausgeben) lässt sich gerade an diesem Beispiel aufzeigen.

Der Schutz der natürlichen Waldentwicklung wird auch häufig als **Prozessschutz** apostrophiert (Scherzinger 1996). Ziel dieser Form von Naturschutz ist es, ganz anders als beim bis heute immer noch dominierenden Pflegeeinsatz zum Schutz des Status quo, im geradezu umgekehrten Sinne, Natur einfach sich selbst zu überlassen.

Nicht, dass Naturwälder von vornherein naturnah wären. Aber sie sind auf dem Weg dorthin. **Naturnähe** bezieht sich unter diesen Umständen weniger auf bestimmte erreichte Zustände, als vielmehr auf einen nicht vom Menschen gesteuerten, natürlichen **Sukzessionsprozess.** Gerade dieser ist das an sich Schützenswerte. – Ob hingegen die so geschützten Wälder jemals wieder zum „Urzustand" zurückkehren werden, ist im Einzelfall durchaus fraglich. Immerhin hat der Mensch den Standort zumeist gründlich verändert, wenn man beispielsweise an das Bodenprofil denkt. Außerdem sind die zumeist kleinen Naturwaldflächen eingebettet in Nutzungsstrukturen mit Stickstoffeinträgen oder einer für eine natürliche Waldverjüngung oft zu hohen Wilddichte.

Im Gegensatz dazu stehen internationale Bestrebungen des Naturschutzes im Gefolge der **Konferenz für Umwelt und Entwicklung in Rio** (1992), gerade eine **nachhaltige Nutzung** von Wäldern als Schutzziel anzustreben. In diese Richtung gehen Aktivitäten, die Nutzung tropischer Wälder und Wälder der gemäßigten Breiten zu **zertifizieren.** Im Idealfall kann so jedes Holz bis auf den Einzelstamm als nachhaltig entnommenes Holz zurückverfolgt und ausgewiesen werden.

Sowohl die nachhaltige Nutzung von Waldgebieten als auch die Ausweisung von nicht genutzten Waldarealen als Strategien des Waldschutzes haben ihre argumentativen

Licht- und Schattenseiten. Setzt man einen gegebenen Bedarf für Holz und Holzprodukte voraus, bedeutet ein hoher Anteil von nicht genutztem Wald, dass sich der Nutzungsdruck auf die übrigen Waldflächen erhöhen dürfte. Zugegebenermaßen pointiert stellt sich die Frage, ob wir auf etwa vergleichbarer Flächengröße naturnahe Nutzwälder oder aber nicht genutzte Wälder neben Holzpflanzungen haben wollen.

Übersicht

Seltener Pilz im Nationalpark entdeckt

Pilzforscher haben erstmals im Land Baden-Württemberg die Zitronengelbe Tramete (Antrodiella citrinella) entdeckt. Der Pilz wächst im Bannwald am Wilden See (Nationalpark Schwarzwald). Experten bewerten den Fund als kleine Sensation. Der Pilz wächst nur auf einem anderen Pilz, der wiederum ausschließlich auf totem Fichtenholz gedeiht. Aufgrund dieser komplizierten Wachstumsbedingungen ist die Zitronengelbe Tramete extrem selten. Bis 2010 kam sie in Deutschland nur in zwei kleineren Urwald-Reservaten im böhmisch-bayerischen Grenzgebiet vor. Dann tauchte der Pilz im Nationalpark Bayerischer Wald auf, wo er inzwischen so häufig vorkommt wie nirgends in Europa. Die Tramete gilt als „Naturnäheanzeiger", wächst also nur dort, wo die Natur Natur sein darf und sich eine gewisse Ursprünglichkeit entwickelt hat. Das ist im Bannwald am Wilden See sicherlich der Fall, denn dort ist die Natur seit mehr als hundert Jahren sich selbst überlassen.

(Bundesamt für Naturschutz 2015; Hg.: Natur und Landschaft H. 1, S. 39 [nach: Südwestpresse v. 23.10.2014])

Aktuelle Daten zur natürlichen Waldentwicklung in Deutschland

In Deutschland gibt es momentan 213.145 ha dauerhaft gesicherten Wald mit natürlicher Waldentwicklung. Dies entspricht einem Anteil von 1,9 % der Waldfläche in

Deutschland. Bis zum Jahr 2020 steigt der Anteil voraussichtlich auf 2,3 % und danach auf ca. 3 %. Zu diesen Ergebnissen kommt ein aktuelles Forschungs- und Entwicklungsvorhaben des BfN [Bundesamt für Naturschutz; d.Vf.] zum Thema „Natürliche Waldentwicklung als Ziel der Nationalen Strategie zur biologischen Vielfalt".

In der nationalen Strategie zur biologischen Vielfalt (NBS) wird bis zum Jahr 2020 eine natürliche Waldentwicklung auf 5 % der gesamten Waldfläche bzw. 10 % der öffentlichen Wälder angestrebt. [...]

Wälder mit natürlicher Entwicklung umfassen Waldbestände ohne eine direkte Einflussnahme des Menschen. Die dauerhafte Aufgabe der forstlichen Nutzung sowie das Unterlassen von Eingriffen zur Sicherung von Naturschutzzielen auf einer abgegrenzten Fläche von mindestens 0,3 ha Größe stellen hierfür Grundvoraussetzungen dar. Als Wälder mit natürlicher Entwicklung gelten auch diejenigen waldfähigen Standorte, auf denen jegliche menschliche Nutzung dauerhaft eingestellt und eine Waldsukzession absehbar ist (Bundesamt für Naturschutz 2013b, S. 522).

Prinzipiell stehen Gutgebildete, Ältere und Frauen der Natur näher und sind stärker für den Naturschutz sensibilisiert als formal einfach Gebildete, Jüngere und Männer. Bei Wildnis zeigt sich ein anderes Bild: Hier sind es neben Abiturientinnen und Abiturienten gerade auch Jüngere und Männer, die Wildnis besonders viel Sympathie entgegenbringen (Bundesministerium für Umwelt, Naturschutz, Bau und Reaktorsicherheit und Bundesamt für Naturschutz 2014, S. 12) (Tab. 14.1).

Tab. 14.1 Intensitätsgrade naturschützerischer Eingriffe

Grade des Eingriffs	Bezogen auf Lebensraum/Biotop	Bezogen auf Einzelart (Spezies)
I: „Käseglocken"-Naturschutz	„Naturschutz durch Unterlassung": Schutz von Primärlandschaften oder Prozess-Schutz/Sukzessionsschutz	Nichtjagen, Nichtsammeln, Nichtbeunruhigen
II: Stabilisierung; indirekter menschlicher Einfluss	„Pflege" durch Rückschnitt, durch Mahd oder Beweidung: Schutz tradioneller Agrarlandschaften: Stabilisierung des Status quo der Sukzession	Anbringen von Nisthilfen u. ä.
III: Aktive Umgestaltung; direkter menschlicher Einfluss	Abbaggern der obersten Bodenschicht bzw. Ausbringen standortfremder Bodensubstrate; „Reset" der Sukzession	Aufzucht in Botanischen Gärten und Zoos, mit und ohne anschließende Auswilderung; Saatgut- und Genombanken

15

Natur, wo sie keiner erwartet: in der Stadt

Der Münchner Ornithologe Josef Reichholf hat bereits vor Jahren bei einer interessierten Öffentlichkeit mit der Aussage Aufmerksamkeit erregt, dass innerhalb Deutschlands die Stadt Berlin die größte Artendichte an Vögeln aufweise; innerhalb Bayerns sei dies bei München der Fall (Reichholf 2007, S. 17). Im Vergleich dazu haben die agraren Intensivlandschaften etwa Niederbayerns oder des nördlichen Oberschwabens nur relativ geringe Artendichten aufzuweisen. Ähnliche Ergebnisse liefern auch die Artenzählungen an Blütenpflanzen (Sebald, Seybold, Philippi 1993, S. 10) für Baden-Württemberg. Der Nordschwarzwald und das nördliche Oberschwaben haben geringere Artenzahlen auf gleicher Fläche als der hoch verdichtete mittlere Neckarraum, auch wenn hier noch geologische Unterschiede mit eine Rolle spielen.

Der Blick auf die **Artendichte in Städten** muss allerdings differenziert erfolgen. Auf weiten Flächen, die asphaltiert, betoniert oder mit Dachbedeckungen versehen sind, liegt die Artendichte nahe Null. Gering ist

© Springer-Verlag Berlin Heidelberg 2020
K.-D. Hupke, *Naturschutz*,
https://doi.org/10.1007/978-3-662-62132-5_15

die Dichte an natürlich vorkommenden (d. h. nicht angepflanzten) Arten auch noch auf vielen kleinen Grünflächen und in Vorgärten. Groß hingegen ist sowohl die zoologische als auch die botanische Vielfalt auf alten Friedhöfen, in den Verlandungszonen oft künstlich angelegter Gewässer, in alten, häufig ungepflegten Parks, in Bahn- und Gewerbebrachen (Abb. 15.1, 15.5, Abb. 15.6) sowie in aus ästhetischen und Erholungsgründen naturnah bewirtschafteten Wäldern, welche die großen Städte oft wie ein Kranz umgeben. Steigernd auf die Artenvielfalt wirkt sich vor allem aus, dass im Umfeld der Großstädte **kein Nutzungsdruck** durch Land- und Forstwirtschaft herrscht. Dieser ist aber, wie bereits aufgezeigt wurde, die Hauptursache für den Artenrückgang in der modernen Kulturlandschaft.

Gerade am Beispiel der insgesamt überschaubaren **Artenzahl der größeren Säuger** lässt sich diese Vielfalt aufzeigen. Bis in die innerstädtischen Bereiche sind heute

Abb. 15.1 Innerhalb der Gewerbebrache hat sich ein Vorwald etabliert. (Eigene Aufnahme)

Wildschwein *(Sus scrofa)* und Rotfuchs *(Vulpes vulpes)* zu finden, beide auch vielfach in Kleingartenanlagen, wo sie fast kein Außenstehender vermutet hätte. Wildschweine kommen hier auf nächtlichen Streifzügen durch und können große Schäden anrichten. Füchse werden dagegen oft kaum bemerkt und haben ihren Bau häufig im Schutz eines Strauchdickichts oder einer Hecke. Vielfach hoppeln auch Feldhasen *(Lepus europaeus),* innerhalb der Feldflur einem starken Rückgang der Bestände ausgesetzt, über Grünanlagen oder, wie in Heidelberg, über den Universitätscampus.

Unter den Vögeln sind z. B. die relativ großen Greifvögel auffällig. Die ehemals als Kulturflüchter geltenden Wanderfalken *(Falco peregrinus)* brüten heute regelmäßig auf einem Kirchturm in den Innenstädten beispielsweise von Esslingen oder von Heidelberg. Mäusebussarde *(Buteo buteo)* ernähren sich in den Städten nicht, wie ihr Name nahe legt, von Mäusen, sondern von im Straßenverkehr überfahrenden Tieren oder von Abfällen.

Doch auch die Pflanzen legten im innerstädtischen Raum im Laufe der vergangenen Jahrzehnte an Vielfalt zu. Das hängt vor allem damit zusammen, dass die Ansprüche an die Gepflegtheit von Anlagen in vieler Hinsicht nachgelassen haben. So kümmern sich viele Angehörige nicht mehr sehr um die Pflege der Gräber. Bei doppelter Berufstätigkeit der Lebenspartner fehlt oft die Zeit zur Gartenpflege. Hausverwaltungen haben entdeckt, dass ein ungedüngter Rasen weniger oft gemäht werden muss und damit Kosten spart. Da im letzteren Falle aber allmählich ein Nährsalzverlust durch Auswaschung entsteht, ist der Weg für eine größere Artenvielfalt geradezu bereitet. So konnte ich in einem Vorort von Stuttgart insgesamt drei wild auf Rasenflächen wachsende Orchideenarten (Orchidaceae) in einem einzigen häuslichen Garten feststellen (Abb. 15.2). Kontraproduktiv ist

Abb. 15.2 Wild wachsende Orchideen in einem Vorgarten (Bienen-Ragwurz, *Ophrys apifera*). (Eigene Aufnahme)

hier einzig der starke Eintrag von Hundekot, vor allem entlang der Straßen und Wege, der zu einer Überdüngung (Eutrophierung) der Standorte führt.

Insbesondere unser ökologisch-ästhetisches Ideal einer **innerstädtischen Grünfläche,** sei diese eine öffentliche Grünanlage, ein privater Garten oder ein alter Friedhof, wird entscheiden, wie viel Artenvielfalt wir zulassen werden. Grundsätzlich ist eine Freistellung von dichtem Baumwuchs oder Gebüsch zumindest für die Artenvielfalt von Blütenpflanzen, und damit auch vieler Insekten, eher förderlich; aber nur, wenn gleichzeitig Nährsalzarmut herrscht sowie eine Toleranz gegenüber „Unkräutern" bzw.

allen Nicht-Rasenpflanzen, die heute oft treffender als Wildkräuter etikettiert werden.

Das neue Bild von der Stadt als einem **Schwerpunkt von Biodiversität** ist nur schwer mit den tradierten Denkschemata des Naturschutzes zu vereinbaren, die, wie bereits ausführlich dargelegt, vor allem Waldgebieten und traditionellen, extensiv genutzten Agrarlandschaften zugewandt sind. Selbstverständlich ist in diesem Konzept auch hin und wieder der Schutz eines markanten Einzelbaumes oder einer alten Friedhofsallee als Naturdenkmal vorgesehen – aber die Stadt insgesamt als Zielraum des Naturschutzes? Dafür erscheint die Dominanz der ökonomischen und sozialen Flächenwidmung viel zu eindeutig, die Naturelemente erscheinen viel zu isoliert angesichts der Fülle des überbauten Raumes. Und doch werden Städte eine der Schwerpunktaufgaben zukünftigen Naturschutzes sein (müssen), zumal außerhalb des Siedlungsbereichs zunehmend die naturschützerischen Alternativen fehlen. Neben dem Schutz von tierischen Individuen, etwa der Wanderfalken, die auf einem städtischen Kirchturm nisten, geht es darüber hinaus um Überlegungen, wie noch mehr Natur in die Stadt hineingezogen werden kann, etwa indem die städtische Bebauungsstruktur auf diesen Umstand Rücksicht nimmt. Und die Aussichten dafür stehen nicht schlecht: Nachdem die Moderne (Gropius, van der Rohe) sich zunächst einen internen Streit lieferte, ob Bäume in der Stadt überhaupt sinnvoll oder zulässig seien, ist eine jüngere Generation von Stadtplanern inzwischen sehr offen gegenüber **Natur in der Stadt** geworden.

Und man könnte ohne große zusätzliche Kosten oder ohne zusätzlichen Flächenbedarf noch weit mehr tun, wenn man in Parks und Gärten statt Lorbeerkirsche *(Prunus laurocerasus)* und Koniferen vermehrt laubwerfende Gehölze anpflanzen (das können durchaus auch exotische sein, wie etwa die Japanische Zierquitte *(Chaenomeles japonica)*, und Rasenschnitt konsequent entfernen würde. Das würde zu einer Ausmagerung der Rasen und zu einem vermehrten Artenreichtum an Kräutern führen, was wiederum eine Vielfalt von Insekten wie Wildbienen, Käfer und Schmetterlinge nach sich zöge (Abb. 15.2). Auch die beliebten Gartenteiche (Abb. 15.3) können naturnah gestaltet viel zur Artenvielfalt in den Siedlungen beitragen.

Abb. 15.3 Dieser einfach angelegte Gartenteich in einer rund 150 L umfassenden Kunststoffwanne wird durch jeweils etwa 30 kg wiegende Gesteinsbrocken umrahmt, was einen natürlichen Eindruck vermittelt. Die Felsbrocken sind im hier vorliegenden Fall über den Winter hinweg aber auch Rückzugsräume für den Teichmolch *(Lissotriton vulgaris)*. Diese kleine Molchart, die offene, besonnte Kleingewässer bevorzugt und die noch vor wenigen Jahrzehnten häufig war, ist durch die Massenvermehrung von Graureihern, gebietsweise auch von Störchen, sehr zurückgegangen. Hier im Siedlungsbereich einer Kleingartenanlage stellt sich der Graureiher zwar auch gelegentlich ein, aber längst nicht in der Frequenz wie außerhalb. Der Teichmolch hat so noch eine Chance. (Eigene Aufnahme)

Abb. 15.4 Düngung einer öffentlicher Grünanlage: kontraproduktiv für die Artenvielfalt. (Eigene Aufnahme)

Besonders wichtig ist allerdings, auf die Düngung von Grünflächen zu verzichten (Abb. 15.4).

Übersicht

Weihnachtsmarkt im Schloss fällt aus

Schlechte Nachricht für alle Fans des Heidelberger Weihnachtsmarktes auf dem Schloss: Er soll in diesem und voraussichtlich auch in den kommenden Jahren nicht mehr stattfinden. Hauptgrund dafür sind die Fledermäuse, die traditionell in großer Zahl in den geschützten Gängen und Mauern des Heidelberger Schlosses überwintern. Vor fünf Jahren wurde zum ersten Mal ein großer Weihnachtsmarkt veranstaltet. Er hat seither von Jahr zu Jahr mehr Besucher angezogen – zuletzt waren es etwa 60.000.

Laut einem Gutachten des Regierungspräsidiums sind die Bestände der Fledermäuse im Bereich des Stückgartens, wo der Markt stattgefunden hat, seit dessen Einführung 2010 um 50 % zurückgegangen. Da das Naturschutzrecht Störungen der Winterruhe der Fledermäuse untersagt, war die Absage der Veranstaltung offenbar unumgänglich. Das Gutachten habe gezeigt, dass die Fledermäuse in ihren Winterquartieren unter der Adventsunruhe gelitten hätten und deren Bestand dadurch mittelfristig ernsthaft gefährdet werden könnte, berichteten die Geschäftsführer der Staatlichen Schlösser- und Gartenverwaltung Michael Hörrmann und Andreas Falz bei einer Pressekonferenz in Heidelberg. Man werde den Markt daher zunächst aussetzen, bis man mehr Fakten habe.

Die Entscheidung sei schmerzlich, aber „notwendig und unumgänglich" gewesen, meinte Hörrmann. Es sei von Anfang an klar gewesen, dass der Markt nur im ständigen Blick auf den Artenschutz möglich sei, sagte Falz. „Die Fledermaus-Population des Heidelberger Schlosses ist europaweit einmalig und muss geschützt werden", sagte er.

(Stuttgarter Zeitung v. 20.10.2016).

Öffentliche Grünanlagen als gärtnerisches Experimentierfeld mit Natur-Elementen

Noch vor wenigen Jahrzehnten war die Unterscheidung klar: Eine Grünanlage bestand aus einem gepflegten Rasen, in dem nicht vieles geduldet wurde, was nicht zur jeweils angesäten Graminacee gehörte. Dazwischen Blumenrabatten, sagen wir aus Dahlien und Levkojen, aus Rosen und Tagetes, deren naturferner Charakter ebenfalls außer Zweifel stand. Zwischen diesen durften schon gar keine „Unkräuter" wuchern. Für den Naturschutz waren das nahezu wertlose Flächen.

Das Konzept des gärtnerisch Wertvollen hat sich aber geändert. Heutige Gartenkonzepte sehen eine Gartenanlage nicht mehr als Gegenbegriff zur wild wuchernden Natur, sondern wollen dieser durchaus einen gewissen Freiraum lassen, in Grenzen, versteht sich, die gewährleisten, dass der Gärtner nicht etwa überflüssig werde. Man braucht ihn ja ohnehin, schon einmal, um Gebäude und Infrastruktur vor dem ausufernden Grün zu schützen, das ständig eingedämmt und in seinen vorgesehenen Zustand zurückgeschnitten werden muss: zum Schutz von Wegen, Schienen, Straßen und Fassaden.

Abb. 15.5 Kein tibetanischer Pilgerweg, sondern eine Vergrämungsmaßnahme gegen den Flussregenpfeifer, der gerne Bauerwartungsbrache als Brutplatz wählt. Wird eine Brut des bedrohten Vogels auf einem Areal nachgewiesen, darf dieses naturschutzrechtlich nicht bebaut werden, bis die Brut flügge geworden ist; für den Investor eine teure Angelegenheit. (Eigene Aufnahme)

In Parks und Grünanlagen einwandernde Pflanzen werden innerhalb dieses neuen gärtnerischen Selbstverständnisses nun durchaus geduldet: die ehemaligen Unkräuter werden zu Wildkräutern aufgewertet.

Vielfach ist es aber den öffentlichen Gärtnern damit nicht genug. Wildkräuter werden gezielt angesät; wegen des höheren Arbeitsaufwandes seltener angepflanzt.

Einige davon würden sich über kurz oder lang ohnehin auf diesem Standort einstellen. Viele unterscheiden sich so gut wie nichts von den in der Region ansässigen Wildformen. Andere haben deutlich vergrößerte oder mit einem ungewöhnlichen Farbton versehene Blüten und sind offensichtlich eigens darauf hin gezüchtete Formen. Insgesamt handelt es sich zumeist um eine wilde Mischung, die „mehr Natur" verspricht.

Für Naturschützer, die ja stets als Wertende und Handelnde zu denken sind, ist dieser neue gärtnerische Aspekt schwierig zu bewerten. In den Katalogen der „Wildblumen"samenhändler befinden sich immer wieder auch geschützte Arten. Diese dürfen in einem gewerblichen Gartenbaubetrieb, sofern das Ausgangssaatgut rechtlich einwandfrei erworben wurde, durchaus vermehrt und weiterverkauft werden. Auch eine züchterische Umgestaltung ist nicht verboten. Wiederum „in die Natur" ausgebracht, vermischen sich die Zuchtformen mit evtl. in der Region ansässigen Wildformen. Unterscheiden sich die Formen der ausgesäten Kulturen nicht allzu sehr von der Wildform, werden sie vom Naturschutzgesetz nun wiederum in Obhut genommen. Oft hängt das auch von der Region ab: Ein in Norddeutschland ausgewildertes Edelweiß *(Leontopodium nivale)* wird sicherlich nicht unter das Naturschutzgesetz fallen; in den oberbayerischen Voralpen dagegen schon.

Botaniker wie Naturschützer sind in aller Regel gegen eine solche gärtnerische „Verschönerung" oder „Aufwertung" von Natur. Natürlich ist diesen bewusst, dass Natur im mitteleuropäischen Rahmen stets menschlich beeinflusst ist. Dennoch wird auf eine natürliche Eigendynamik Wert gelegt, wie sie sich etwa in der Eroberung neuer Standorte ausdrückt, und nicht auf gärtnerisches Anpflanzen oder Aussäen.

Eine große Bedeutung hat das Ansalben von neuen Arten auch für die Teichwirtschaft erlangt. Versandhändler wie Gartenmärkte bieten eine große Fülle von Sumpf- und Wasserpflanzen an, die zumeist nicht züchterisch weiterentwickelt wurden, also direkt von der Natur entnommenen Exemplaren abstammen. Allerdings kommen diese regelmäßig aus Populationen, die gerade nicht für die betreffende Region charakteristisch sind. Diese mischen sich mit heimischen Formen und prägen so die

Gewässerflora entscheidend mit. Ein großer Anteil der gewässerbegleitenden Vegetation in Süddeutschland, wie Kalmus (Neophyt seit 16. Jhdt), Zungen-Hahnenfuß, Schwanenblume, Pfeilkraut, Seekanne und Krebsschere leiten sich aus solchen gezielten Ansalbungen der zurückliegenden Jahrzehnte her. Ein Überblick über die naturnahe Verbreitung dieser in Süddeutschland noch vor etwa 50 Jahren oft eher seltenen Arten ist damit heute kaum mehr zu erhalten.

In Zusammenhang mit Ansalbungen naturnaher Elemente verblassen endgültig die ohnehin schon schwierigen Grenzen zwischen Natur und Garten, zwischen Natur und Kultur, welches den Naturschützer als Advokaten der Natur im vollzogenen Falle wirklich überflüssig machen würde. Aus dem ursprünglichen Naturschützer, der natürliche Eigendynamik, schon stets auch unter menschlichem Einfluss stehend, wohlwollend begleitet und ggf. schützt, wird tendenziell der Gärtner, der aus eigenem Ideal heraus bestimmt, was wo zu wachsen hat (Abb. 15.6).

Abb. 15.6 Eine Schienenbrache hat sich in Jahrzehnten zu einer vielfältigen innerstädtischen Grünanlage entwickelt. Nun soll diese dem neuen Standort des Verkehrsverbund-Betriebshofs weichen. Viele Anwohner sind aufgebracht; einige haben eine Bürgerinitiative zur Verhinderung des Projekts gegründet, von welcher das abgebildete Plakat stammt, das an einem Bauzaun aufgehängt wurde.

Natur in der Stadt ist zum einen eine Erfolgsgeschichte, insofern als immer mehr ursprünglich stadtfremde Arten aus dem agrarischen und forstlichen Umland einwandern. Zum anderen ist diese zunehmende Bedeutung von Stadtnatur aber auch wie im vorliegenden Beispiel durch Nachverdichtung bedroht. (Eigene Aufnahme)

16

Militärisch genutztes Gelände – ein Naturidyll?

Panzer dröhnen, graben sich mit ihren Ketten tief ein in den sandig-lehmigen Boden, reißen immer wieder neue Gräben auf, pflügen durch Pfützen, hinterlassen lehmig-gelbliches Wasser, das sich hinter den Ketten wieder schließt. – Ein Gräuelbild für jeden Natur- und Landschaftsliebhaber, Gipfelpunkt der Naturzerstörung.

Schaut man in die lehmigen Pfützen hinein, sieht man schon bald, nachdem der Panzer hindurchgefahren ist, die Köpfe von Gelbbauchunken an die Oberfläche kommen. Diese Tiere scheinen gegen Panzerketten genauso unempfindlich wie gegen die Reifen von Traktoren. Vermutlich liegt das ganz einfach daran, dass die Unken, wie der Hauptteil des Wassers und des Pfützenschlammes auch, durch die Ketten zur Seite hin verdrängt werden, wo die Unken das Hindurchfahren der Panzer durch ihre Biotope ganz unbeschadet überstehen – im Regelfall wenigstens.

Doch die Fahrspuren der Panzer sind sicherlich insgesamt kein Idyll. Nur wenige Arten haben hier überlebt,

© Springer-Verlag Berlin Heidelberg 2020
K.-D. Hupke, *Naturschutz,*
https://doi.org/10.1007/978-3-662-62132-5_16

oftmals in der Natur außerhalb seltene Spezialisten, welche die Konkurrenz anderer Arten oder eine Beschattung durch Vegetation nicht ertragen. Anders sieht es dagegen außerhalb der räumlich relativ begrenzten Fahrspuren aus. Hier hat das militärische Übungserfordernis eine traditionelle Agrarlandschaft am Leben erhalten, welche die Entwicklung außerhalb in Richtung Ertragsteigerung und Intensivierung nicht mitvollzogen hat. Hier hat sich bei weiterer Offenhaltung der Landschaft durch Verhindern einer natürlichen Wiederbewaldung eine große Vielzahl von Pflanzengesellschaften und Pflanzenarten, aber auch an Insekten, Amphibien, Reptilien und Vögeln gehalten und wiedereingestellt. Damit ist trotz anhaltender **militärischer Nutzung** pflegerisch-strukturell eine große Nähe zu Naturschutzgebieten festzustellen, deren Hauptaugenmerk ebenfalls auf **offenen Flächen** wie Magerwiesen und Magerrasen liegt. Auch hier lässt sich feststellen, dass zumindest in unseren Breiten **Beschattung** und **Nährstoffreichtum** Hauptfeinde einer artenreichen Landschaft darstellen.

Man kann gegen Sinn und Ethik militärischen Übungsgeländes sicherlich vieles einwenden. Für den Naturschutz sind diese Flächen, obwohl nicht eigens als Naturschutzgebiete etikettiert, da sie ja militärisch genutzt werden oder wurden, zumeist ein ausgesprochener Glücksfall.

Von daher überrascht es auch nicht, dass die ersten Wolfspopulationen *(Canis lupus),* die von Polen aus nach Ostdeutschland eingewandert sind, vor allem in noch existierenden oder in ehemaligen **Truppenübungsplätzen** Unterschlupf gefunden haben. An den Lärm von Schießübungen sowie an die Anwesenheit von Soldaten haben die Wölfe sich, da sie ja nicht gejagt werden, schon längst gewöhnt.

Vor diesem Hintergrund sind die vor allem im Osten Deutschlands zahlreich aufgegebenen Truppenübungsplätze eine Chance für den Naturschutz geworden. Nun stellt sich dem Naturschutz die Aufgabe, die militärische Nutzung durch Pflegemaßnahmen zu imitieren. In Westdeutschland kann das Biosphärenreservat Schwäbische Alb um den ehemaligen Truppenübungsplatz Münsingen als Beispiel für eine derartige **Umnutzung** gelten. Landschaftsästhetisch und ökologisch reizvoll ist insbesondere der kleinräumige Wechsel bewaldeter bzw. baumbestandener und offener Flächen.

Im Zusammenhang mit der Konversion ehemaliger Militärflächen hin zum Naturschutz steht auch das **„Grüne Band"** (Abb. 16.1) als Nachfolger des „Eisernen Vorhangs" in Form eines mehrere Dutzend bis mehrere Hundert Meter breiten bandartigen Bereichs an der ehemaligen Grenze. In dem ehemals nicht landwirtschaftlich

Abb. 16.1 Die ehemalige Grenze zwischen BRD und DDR als „Grünes Band." (© K. Leidorf; Quelle: https://www.erlebnisgruenes-band.de/uploads/pics/GruenesBand_Mackenrode_ausschnitt_01.jpg)

genutzten, ungedüngten und aus Einsehbarkeitsgründen baumfrei gehaltenen Bereich konnten sich zahlreiche lichtbedürftige Pflanzengesellschaften halten. Neben dem biologischen Reichtum bot die ehemalige Grenzlinie aber auch die Chance einer zusammenhängenden Struktur im Sinne von linear ausgerichteten und vernetzten Naturschutzgebieten (vgl. Kap. 4), die Wanderungen von Pflanzen und Tieren ermöglichen sollen.

Von Panzern erzeugtes Paradies

Wie eine Mondlandschaft hat noch vor etwa 20 Jahren der Übungsplatz der US-Army im Böblinger Stadtwald ausgesehen: eine kahle Fläche mit tiefen Kratern, die im Boden klafften – aufgerissen von den Ketten der Panzer, die ständig kreuz und quer über das Übungsgelände rollten. Gras und Büsche hatten deshalb kaum Chancen zu gedeihen.

Was für Normalbürger nach einem gewaltigen Naturfrevel aussah, trieb jedoch Naturschützern Freudentränen in die Augen. „Da ist ein wahres Kleinod der Artenvielfalt entstanden", sagt Rolf Gastel vom Naturschutzbund (Nabu). In den kleinen Wassertümpeln, die sich in den Panzerfurchen bildeten, siedelten Gelbbauchunken und Kreuzkröten. Auf den kahlen, sandigen Flächen breitete sich der Dünensandlaufkäfer aus. Alles Arten, die andernorts so gut wie verschwunden sind. Die Bedingungen auf dem Übungsgelände sind ein Paradies für die bedrohten Tierarten.

[...]

Trotz des Übungsbetriebes oder gerade wegen dieser Nutzung – je nach Sicht – wurde das Gelände zu einem Refugium für seltene Tiere und Pflanzen. „Viele Arten kommen mit dem Übungsbetrieb besser zurecht als mit herkömmlicher landwirtschaftlicher Nutzung", sagt Rolf Gastel. Nach dem Abzug der Panzer im Jahr 1994 gehörte er zu den Gründern eines Arbeitskreises, der diese Arten erhalten möchte. Das Problem: das Gelände wächst ohne die Kettenpanzer schnell zu – und Gelbbauchunke und Dünensandlaufkäfer verlieren ihren Lebensraum.

Gemeinsam versuchen seither ehrenamtliche Naturschützer, das Stuttgarter Umweltamt der US-Armee, das Regierungspräsidium sowie das Bundesforstamt, die heideartigen Gebiete des Areals offenzuhalten. Ein Schäfer zieht mit seinen Tieren über das 600 Hektar große Gelände. Regelmäßig fahren große Kettenfahrzeuge über das Gelände und ziehen Furchen in den Boden, damit dort weiter Tümpel entstehen. Die Raupen und Schlepper seien allerdings nicht ganz optimal für die Pflege, sagt Ina Gebhard von der Umweltabteilung der US-Garnison Stuttgart. „Eigentlich bräuchten wir einen Pflegepanzer, mit dem wir über das Gelände fahren" (Gerlinde Wicker-Naber, *Stuttgarter Zeitung* vom 12.11.2012).

17

Natur aus zweiter Hand: Renaturierung von Steinbrüchen und Tagebauen

Fast kein Eingriff des Menschen hinterlässt so weithin vernichtende Auswirkungen auf Natur und Landschaft wie die großen **Tagebaue** in Mitteleuropa vor allem in Zusammenhang mit dem Braunkohlenbergbau im Randbereich der Norddeutschen Tiefebene gegen das Mittelgebirge hin (Ville, Lausitz). Gebiete von Landkreisgröße werden ihrer Felder, Wälder und Siedlungen beraubt. Nach wenigen Jahren oder Jahrzehnten ist das Rohstoffvorkommen erschöpft; es erstreckt sich nun, so weit das Auge reicht, eine öde „Mondlandschaft".

Doch die Energiekonzerne sind gesetzlich zur **Rekultivierung** verpflichtet, die auch eine **Renaturierung** sein kann. Zuvor abgegrabener und während der Bergbauphase zwischengelagerter „Mutterboden" wird wieder aufgetragen. Ein Rekultivierungsplan sieht dann entweder neue agrare Nutzfläche, Forste oder Erholungsflächen vor. Letztere liegen oft an durch Grundwasseranstieg allmählich entstehenden Wasserflächen der alten Tagebaugruben. Und alle Flächennutzungstypen sind prinzipiell

© Springer-Verlag Berlin Heidelberg 2020
K.-D. Hupke, *Naturschutz,*
https://doi.org/10.1007/978-3-662-62132-5_17

mit Naturschutzauflagen verknüpfbar, wenngleich Flächen mit Naturschutzstatus nur einen geringeren Prozentsatz der Gesamtfläche ausmachen. Naturschutz hat es ja auch schwer in einer von vornherein derartig künstlich geschaffenen Zone. Zumindest in den ersten Jahrzehnten sind lediglich Ruderalfluren (Kap. 13) zu erwarten, auf die der Naturschutz bekanntlich zumeist keinen großen Wert legt. Aber es gibt Ausnahmen. Diese liegen zumeist in den Uferpartien (späteren Verlandungszonen) der sich ausbildenden Seen.

Außerhalb der würmeiszeitlich (= weichseleiszeitlich) glazial überformten Fläche ist Mitteleuropa (wie die meisten Regionen der Erde) von Natur aus ausgesprochen arm an Süßwasserflächen. Wo diese durch Naturfaktoren wie eiszeitliche Überformung, aber auch tektonische Einsenkung oder durch abgeschnittene Mäanderbögen der Flussläufe entstanden sind, sind sie, in geologischen Zeitmaßstäben gesehen, ausgesprochen kurzlebig. Je nach Tiefe, Nährsalzgehalt und biologisch-klimatischer Zone ist diesen **Binnenseen** nur eine Lebensdauer von wenigen Hundert bis einigen 1000 Jahren beschieden. Sowohl abiotische Sedimentierung von Tonen, Schluffen und Sanden als auch biotische Verlandung mit Torf und Faulschlamm sorgen dafür, dass die Senke allmählich aufgefüllt und der Umgebung im Niveau angeglichen wird. Das ursprünglich existierende Stillgewässer ist am Ende dieses Prozesses verschwunden.

Jedoch hat der Mensch seit Jahrhunderten und mit den wachsenden technischen Möglichkeiten zunehmend für neue stehende Gewässer gesorgt. Dies geschieht auf technisch relativ einfache Weise durch Aufstauung eines Fließgewässers. Solche **Stauseen** (oder Stauweiher) haben den Nachteil eines oft stark schwankenden Wasserspiegels, weil der Mensch aus Gründen der Energieerzeugung oder des Hochwasserschutzes (in Trockenräumen auch wegen der Bewässerung) das aufgestaute Wasser in saisonal unterschiedlichem Maße nutzt. Solche **Wasserstandsschwankungen** im Laufe von wenigen Wochen oder Monaten erschweren den Tier- und Pflanzenarten eine Zonierung am Seeufer je nach Wassertiefe. Eine derartige **Zonierung** bildet aber an natürlichen Gewässern mit nur geringeren Wasserstandsschwankungen die Grundlage für den Gesamtartenreichtum des Gewässers, da in jeder dieser Zonen eine eigene charakteristische Vegetation und Tierwelt entsteht. Wenn der Wasserspiegel wie im typischen Fall stark fluktuiert, sind Stauseen zumeist arm an pflanzlichen und tierischen Arten wie auch Individuen, was insbesondere an den nackten Uferpartien ersichtlich ist.

Im Vergleich dazu sind **Baggerseen,** wie sie aus Kiesgruben, Steinbrüchen und Tagebauen hervorgehen, zumeist durch eine geringe saisonale Schwankung im Wasserspiegel charakterisiert. Dies liegt daran, dass hier nicht das Flusswasser durch Aufstau genutzt wird, sondern der Wasserspiegel sich am **Grundwasserspiegel** der umgebenden Gesteins- und Sedimentkörper orientiert. Baggerseen brauchen auch nicht eigens aufgestaut zu werden, sondern füllen sich, bei größeren Einmuldungen oft erst nach Jahren, allmählich durch seitlich eindringendes Grundwasser bis zu ihrer grundwasserabhängigen Maximalspiegelhöhe auf.

Eine Absenkung des Wasserspiegels bei Baggerseen wäre nur durch Abpumpen des Wassers möglich, technisch aufwendig und teuer. Auch vor einer raschen und für den Menschen katastrophalen Entleerung durch Bersten des Staudammes bleiben Baggerseen verschont. Bei Stabilität des Wasserspiegels kann sich selbst bei einem im Ausgangsstadium vegetationsfreien Baggersee schon nach wenigen Jahrzehnten ein großer Reichtum an Pflanzen- und Tierarten in einer ausgeprägten Zonierung vor allem der flacheren Uferzonen entwickeln.

Zu Anfang fast vegetationsfreie Flächen an Baggerseen sind ein Beispielfall für eine stabile Natur (Kap. 8, Abb. 8.1), die vergleichsweise rasch völlig verödete Flächen wiedererobert. Sie sind wichtig für einen beachtlichen Teil der Vogelwelt (Wasser- und Sumpfvögel), für zahlreiche Säugetiere (vor allem Nagerarten und Fledermäuse), für mehrere Arten von Reptilien und nahezu alle Amphibien sowie fast unzählige Gliederfüßer (Insekten, Krebse) und für zahlreiche andere Taxa.

Am Beispiel der besonders vom Wasser abhängigen **Amphibien** kann man aufzeigen, dass insbesondere Sonne und warmes Wasser liebende Arten wie Teichmolch, Gelbbauchunke und Wechselkröte in Mitteleuropa fast nur in solchen anthropogenen Gewässern (Abb. 17.1, 17.2) zu finden sind, ja teilweise vermutlich erst nach deren Schaffung etwa aus der Waldsteppe im Südosten Europas eingewandert sind. Gerade diese Arten, ohne Zutun des Menschen bedroht, sind besondere Zielarten des klassischen Naturschutzes.

Abb. 17.1 Besonnter vegetationsarmer Tümpel an der tiefsten Stelle einer aufgelassenen Sandgrube auf tonigem (wasserstauendem) Untergrund. Lebensraum der Gelbbauchunke. (Eigene Aufnahme)

Abb. 17.2 Die Gelbbauchunke *(Bombina variegata)* ist auf vom Menschen offen gehaltene Flächen angewiesen und bevorzugt warm besonnte und vegetationsarme Gewässer. (© C. Wermter/ blickwinkel/picture alliance)

Steinbrüche und Tagebaue werden vom Naturschutz im Allgemeinen als offene Wunden im Gesicht der Landschaft verstanden. Dass man dies auch anders sehen kann, zeigen ökologische Ausgleichsmaßnahmen zu Verkehrsprojekten im Augsburger Raum in den vergangenen Jahren. Hier wurde auf vorherigen Ackerarealen flächenhaft der Boden sowie die oberste Kiesschicht auf etwa 1,5 m Tiefe abgetragen. Der dabei gewonnene Kies kann der Bauwirtschaft zur Verfügung gestellt werden. Das zurückbleibende flache Kiesbett ist ein Sukzessionsraum, in den auf lange Sicht die Magerrasenpflanzen (Kap. 20, Abschn. „Magerrasen") der historisch weit verbreiteten Lechtalheiden wieder einwandern sollen. Dies ist ein langer Prozess. Erste Erfolge zeigen sich bereits. – An anderen Orten wehren sich gerade Naturschützer vehement gegen neue Kiesgruben. Naturschutz ist, wie auch in anderen Zusammenhängen (vgl. Kap. 7), reich an Widersprüchen.

18

Ist Natur nur dann intakt, wenn alle Arten gleichmäßig zunehmen?

Im Jahre 2002 wurde der **Haussperling** *(Passer domesticus)* von der Naturschutzorganisation NABU zum „Vogel des Jahres" erkoren. Die Bestände des ehemals als Saatgutschädling geltenden Vogels seien um mehr als zwei Drittel zurückgegangen. Auf diesen **Bestandsrückgang** wolle der NABU ebenso hinweisen wie auf die Tatsache, dass der Haussperling vor allem aus den Städten zu verschwinden drohe.

Die eigentliche Heimat und ursprüngliche Lebensweise des Haussperlings kennt man heute nicht, da er sich in Nist- und Lebensweise völlig den menschlichen Siedlungen angepasst hat. Mit dem Menschen hat sich der Haussperling auch auf alle Kontinente verbreitet, mit Ausnahme der Antarktis. Über weite Teile der Erde ist er ausgesprochen häufig. Im Grunde ist er auch in Deutschland immer noch einer der häufigsten Vogelarten, aber eben mit einer leichten Tendenz des Rückgangs. Die Ursachen dieses Rückgangs sind, wie so oft bei den stets komplexen ökologischen Situationen, nur schwer zu ermitteln. Eine

© Springer-Verlag Berlin Heidelberg 2020
K.-D. Hupke, *Naturschutz,*
https://doi.org/10.1007/978-3-662-62132-5_18

Rolle könnte der Rückgang der Misthaufen spielen, die traditionell oft zwischen Bauernhof und Ortsdurchgangsstraße gelegen sind. Gerade auf den durch Gärungsprozesse auch im Winter warmen Misthaufen konnte der Sperling neben Sämereien und anderen pflanzlichen Abfällen auch Würmer und Insektenlarven finden. Damit war seine Ernährung das ganze Jahr über sichergestellt. Heute gehören Misthaufen aufgrund einer intensiveren Stallviehhaltung größtenteils der Vergangenheit an und gelten generell als unhygienisch und unästhetisch. An ihrer Stelle liegen heute meist Parkplätze oder Blumenrabatten. Auf diesen findet der Spatz aber keine oder nur wenig Nahrung.

Zumindest die Massenvermehrung des Sperlings geht also ausgesprochen auf den menschlichen Einfluss zurück. Der Mensch ist es auch, der den Haussperling nun wieder seltener gemacht hat im Gefolge wohl einer baulich-technischen Umorientierung. Fraglich bleibt, warum der Naturschutz einen der immer noch häufigsten heimischen Vogelarten zur bedrohten Spezies erklärt, worauf im Übrigen auch die Aufnahme des Sperlings auf die Vorwarnstufe der Roten Liste der bedrohten Arten zurückzuführen war.

Tatsache ist, dass der Haussperling mit anderen Arten um Nahrung und Nistplätze konkurriert. In einem Seltener-Werden der einen Art liegt eine Chance für andere. Da der Haussperling ohnehin noch zu den häufigsten Arten gehört, sollte dies für die Vielfalt der Avifauna insgesamt durchaus eine Chance sein.

Was kann man vom Sperling als „Vogel des Jahres" also über den Naturschutz lernen? Dass der Naturschutz die Natur nur dann für intakt hält, wenn nun wirklich alle Tier- und Pflanzenarten gleichmäßig zunehmen. Man könnte auch sagen, dass der Naturschutz im Allgemeinen die Ökologie nicht versteht oder nicht verstehen will.

Zumindest, wenn man diese als Naturwissenschaft nach einem Ursache-Wirkung-Konzept begreift.

Der Naturschutz macht also, folgt man seinem Selbstverständnis, seltene Arten häufiger, aber auch häufige Arten sollen dabei nicht seltener werden. Der Naturschutz benötigt im Grunde einen wachsenden Planeten.

Zum anderen kann man aber auch erkennen, wie sehr der Naturschutz am Ideal des „Wie es in unserer Kindheit war" bzw. am „Immer-gleichen" orientiert ist. Mit diesen statischen Vorgaben wird er allerdings modernen naturwissenschaftlichen ökologischen Ansätzen von Sukzession und Variabilität (Jax 1994 u. a.) nicht gerecht.

Die Blaumeise ist der Gewinner

Die Blaumeise kommt in den Gärten des Südwestens häufiger vor als im vergangenen Jahr. „Unter den Top-10-Arten sehen wir nur bei der Blaumeise mit plus zwölf Prozent einen leichten Trend *erfreulicherweise* nach oben", sagte Hannes Huber vom Nabu Baden-Württemberg zur Bilanz der aktuellen Vogelzählung. Arten wie Spatz (*Passer domesticus*), Kohlmeise (*Parus major*), Hausrotschwanz (*Phoenicurus ochruros*) und Elster (*Pica pica*) hätten ungefähr das Niveau des Vorjahres. Den zeitweise sehr kalten Winter hätten die Vögel gut überstanden. Am nördlichen Oberrhein habe allerdings das Usutu-Virus die Zahl der Amseln (*Turdus merula*) stark reduziert. Insgesamt seien aber auch die Amsel-Bestände stabil. Bei der „Stunde der Gartenvögel" hatten Mitte Mai rund 3700 Baden-Württemberger die Vögel auf Balkons, in Gärten und Parks gezählt und dabei mehr als 78.000 Beobachtungen an den Nabu gemeldet (Stuttgarter Zeitung vom 01.06.2012).

Anmerkung: Hervorhebung durch *Kursivierung* und Fettdruck durch den Verfasser.

Nicht immer ist auch an drastischen Rückgängen einer Art direkt der Mensch schuld. Teilweise ist es auch der

Naturschutz selbst. So waren z. B. in den 1970er Jahren die Tümpel reich mit Teichmolchen besetzt. Gleichzeitig war der Graureiher bis auf eine Brutkolonie am nördlichen Oberrhein ausgestorben bzw. ausgerottet worden. Störche waren ebenfalls bis auf geringe Vorkommen v. a. am Oberrhein verschwunden.

Der konsequente Schutz des Graureihers hat diesen nun ab den späten 1980er Jahren wieder recht häufig werden lassen. Teichmolche findet man kaum noch. Grünfrösche, die vegetationsreiche Uferzonen größerer Gewässer bevorzugen, sind etwas besser geschützt; aber auch sie gingen deutlich zurück.

Der Rückgang seiner Hauptbeute hat die Bestände des Graureihers aber keineswegs im Sinne einfacher Räuber-Beute-Relationen wieder seltener werden lassen. Graureiher sind wie viele andere Vögel, wie Störche, Krähen und Möwen, ziemliche Opportunisten, was die Nahrungsaufnahme betrifft. Man findet sie an städtischen Abfällen genauso wie auf den frisch gepflügten Äckern.

Ebenfalls in den 1970er Jahren wurde der Spaziergänger immer wieder auf offener Feldflur von den kräftigen Flügelschlägen eines Trupps Rebhühner erschreckt. Füchse gab es nicht viele, da aus Gründen der Tollwutbekämpfung ihre Bauten (und mangels einfacher Unterscheidbarkeit der Bewohner von außen auch diejenigen des Dachses) regelmäßig begast wurden. – Inzwischen sind Füchse überall anzutreffen und wohl unsere häufigsten Prädatoren: im Wald, in der offenen Agrarlandschaft, in städtischen Grünanlagen und Parks, in Schrebergärten und auf alten Friedhöfen. Gleichzeitig ist das Rebhuhn fast überall verschwunden. Als schwerfälliges und nur bedingt flugfähiges Tier ist es eine dankbare Beute des Fuchses. Wie der Graureiher ist auch der Fuchs in seiner Ernährung ein Opportunist, der nicht einfach seltener wird, wenn sich die Zahl seiner Hauptbeutetiere verringert; er geht auch an Aas und an menschliche Abfälle.

Auch das häufig für den Rebhuhnschwund vorgebrachte Argument einer zunehmend „ausgeräumten" Agrarlandschaft überzeugt nicht. Dieser Prozess ist bereits mehr als 150 Jahre alt, und hat davon mehr als 100 Jahre lang die Rebhuhnpopulation nur wenig beeinträchtigt. Zudem haben sich die Feldhecken nicht im gleichen Maße reduziert wie die Rebhühner und sind in einigen Teilräumen doch noch in großer Dichte verbreitet.

Beide Beispiele lassen erkennen, dass der Naturschutz (und dieser scheint besonders im ersten Beispiel augenfällig) durchaus nicht nur einfach „Natur schützt", sondern auch die Artenfrequenzen und die numerischen Proportionen zwischen den Arten verändert; oft auch zum Nachteil einiger durchaus bedrohter und „erhaltenswerter" Arten.

19

Naturschutz ist durchaus erfolgreich: das Beispiel großer Tierarten

Vielleicht werden Sie im dritten Jahrzehnt dieses Jahrtausends irgendwann einen Frühlingsspaziergang in einer Talaue entlang eines Baches oder Flusses unternehmen. Sie werden dann womöglich entdecken, dass inmitten eines ausgewiesenen Naturschutzgebiets ein professioneller Holzfäller eine Anzahl von Weiden oder Pappeln durch einen Rundschnitt systematisch gefällt hat. Wenn Sie jetzt alarmiert sein und mutmaßen sollten, dass hier ein unerlaubter Eingriff in ein Naturschutzgebiet vorliegt, kann man Sie vermutlich beruhigen. Es handelt sich wohl nur um das Werk von Bibern, unserem größten einheimischen Nagetier.

Ursprünglich war der **Europäische Biber** (*Castor fiber*) entlang der Talauen vom Tiefland bis in die Mittelgebirge hinein verbreitet. Weil aber sein Pelz wertvoll war und er als Forstschädling galt, wurde er verfolgt und bis ins 19. Jahrhundert fast überall in Deutschland ausgerottet. Gegen den Widerstand von vielen Förstern wurde er jedoch seit den 1970er-Jahren mehrfach neu angesiedelt. Von diesen

© Springer-Verlag Berlin Heidelberg 2020
K.-D. Hupke, *Naturschutz,*
https://doi.org/10.1007/978-3-662-62132-5_19

zunächst wenigen und punktuellen Ansiedlungen aus hat sich der Biber bis heute, dem Verlauf der Fließgewässer folgend, flächenhaft ausgebreitet. Inzwischen kann er als fest eingebürgert gelten und ist wieder in größeren Beständen zu finden. Gerade seine holzfällerische Tätigkeit ist allerdings derartig lästig, dass die an sich geschützten Tiere in der Nähe von Siedlungen gelegentlich eingefangen und an entlegeneren Orten wieder ausgesetzt werden müssen: eine Strategie, die sicherlich bei weiterer Vermehrung der Biber irgendwann einmal nicht mehr greift.

Am Beispiel des Bibers lässt sich besonders gut verdeutlichen, wie eine Art mit den Lebensbedürfnissen anderer Arten ökologisch eng verquickt ist. Mehr als fast jede andere Tierart in Mitteleuropa schafft sich der Biber erst durch eigene Tätigkeit seinen Lebensraum. Mit seinen scharfen Schneidezähnen fällt er Weichholzbäume in Bachnähe und baut daraus, mit feinen Zweigen verstärkt, einen Biberdamm (Abb. 19.1 und 19.2) und staut so den Bach auf. In dem auf diese Weise entstehenden Biberteich legt er unter Wasser die Eingänge zu den Erdbauten an, in denen er einen größeren Teil des Jahres verbringt.

Bereits der Biberdamm und der Biberteich schaffen **neue Lebensräume,** die es in dieser Form ohne den Biber nicht gäbe und die von weiteren Pflanzen- und Tierarten besiedelt werden. Das allmähliche Verlanden des Teiches auch durch Einschwemmung von Materialien durch den Bachlauf bewirkt in Zusammenarbeit mit der gehölzvernichtenden Nagetätigkeit der Biber die Entstehung von sogenannten **Biberwiesen,** die von Licht liebenden Kräutern besiedelt werden können. Sowohl stehende Gewässer als auch lichtdurchflutete bodennahe Lebensräume gibt es ohne den Biber von Natur aus in Mitteleuropa außerhalb der in jüngerer Zeit vom Eis überformten Gebiete entweder gar nicht oder nur in seltenen geoökologischen Ausnahmesituationen. Damit schafft der Biber neue Lebensräume, die insgesamt zur natürlichen

Abb. 19.1   Biberdamm (Vordergrund) mit anschließendem Biberteich. Der Stauteich ist zwar noch intakt, vom Bildhintergrund (Mündungsbereich des Baches) und von den Rändern her aber bereits stark verlandet und mit Gräsern und Hochstauden als Biberwiese ausgebildet.- Das Foto stammt aus dem Nordosten der USA. (© Markus Auer)

Abb. 19.2   Ein Bild aus der Eifel, das ein späteres Stadium aus einer vergleichbaren Perspektive zeigt. Der Biberdamm (Vordergrund) hat sich weitgehend aufgelöst, der dahinter liegende ehemalige Biberteich ist völlig verlandet. In die Hochstauden wandern Gehölze ein und markieren den Beginn der Wiederbewaldung. Die Biber sind schon längst abgewandert und haben an anderer Stelle den Bachlauf gestaut. (© Christof Angst)

Vielfalt des übergreifenden Lebensraumes Wald beitragen. Dies gilt auch für Standorte unterschiedlicher Nährsalzanreicherung durch eingetragenes organisches Material wie Holzstücke oder Biberdung, die für eine ökologische Feindifferenzierung des Lebensraumes Biberwiesen sorgen.

Wenn der Biberteich weitgehend oder vollständig verlandet ist, legen die Tiere an anderer Stelle einen neuen Teich an. Der aufgelassene Standort unterliegt dann einer **natürlichen Sukzession** hin zum hohen Wald. Die Biberwiesen verbuschen allmählich, nachdem sie einige Jahre vielleicht noch durch ihren Reichtum an Gräsern und Kräutern anderen Wildarten des Waldes Äsung geboten haben. – An anderer Stelle beginnt der Zyklus dann wieder von Neuem.

Übersicht

Agrarminister Hauk will dem Biber ans Fell.

Der bisher geschützte Biber könnte bald ins Visier von Jägern kommen. „Der Biberbestand nimmt so überhand, dass wir ihn mittelfristig managen müssen", sagte Landwirtschaftsminister Peter Hauk (CDU) in Stuttgart. „Dabei müssen wir auch über die Möglichkeit nachdenken, Fallen zu stellen und ihn so zu bejagen." Nach Angaben des Ministeriums hat sich der Bestand in Baden-Württemberg seit 2008 von 1000 auf 3500 erhöht. „Der Biber breitet sich extrem schnell aus, weil er sich wahnsinnig schnell fortpflanzt."

[…].

Im Umweltministerium sieht man das Thema Biber ganz anders. „Durch die Aktivitäten des Bibers wird die Strukturvielfalt an Gewässern und damit auch die Artenvielfalt sowie die Selbstreinigungskraft von Fließgewässern erhöht", sagte Sprecher Frank Lorho. Die Entwicklung der Biberpopulation sei „ein Erfolg für den Artenschutz – nicht nur für die Biber selbst, sondern auch für weitere Arten, die sich bei höherer Strukturvielfalt ansiedeln können". Zudem verwies er darauf, dass es in Bayern 20 000 Biber gebe. (Stuttgarter Zeitung v. 3.1.2017).

Die Neuansiedlung des Bibers wurde sicherlich dadurch erleichtert, dass sich niemand vor diesen Tieren fürchtet. Das gilt für die ganz großen Pflanzenfresser, für den Elch *(Alces alces)* und für den **Wisent** *(Bos bonasus)* schon weniger. Beide Arten sind heute in Deutschland in freier Wildbahn nicht mehr zu finden (einige wenige Ansiedlungs- und Zuwanderungsexemplare ausgenommen), zumal die bevorzugten ausgedehnten Tieflandswälder weitgehend fehlen. Ein bedauerlicher Umstand ist hierbei, dass die meisten großflächigen Naturschutzgebiete Mitteleuropas, insbesondere Nationalparks, entweder im Küstenbereich oder in den Mittel- und Hochgebirgslagen geschaffen wurden.

Auf besondere Widerstände jedoch stoßen Ansiedlungsversuche der Großraubtiere **Braunbär** *(Ursus arctos),* **Wolf** *(Canis lupus)* und **Luchs** *(Lynx lynx)*. Alle drei sind von Jägern als Konkurrenten gefürchtet, die Ersteren beiden aber auch von der Bevölkerung insgesamt, die sich im Wald erholen möchte. Angriffe von wild lebenden Braunbären auf den Menschen sind selten, aber in Einzelfällen dokumentiert. Ob wildlebende Wölfe überhaupt jemals Menschen angreifen, gilt zumindest als strittig.

Geradezu peinlich wirkt es in diesem Zusammenhang, wenn sich in den 1980er-Jahren der damalige Bundeskanzler Helmut Kohl zu einem Staatsbesuch nach Brasilien aufmacht und dort vehement unter anderem für den Schutz des Jaguars wirbt, jedoch zeitgleich eine naturschützerische Initiative zur Wiederansiedlung des Luchses im Schwarzwald am gemeinsamen Widerstand von Bauern und Jägern scheitert.

Wenn wir heute kleine Populationen von Wölfen etwa im östlichen Sachsen und Brandenburg haben und wenn vereinzelte Luchse unsere Wälder durchkämmen, ist dies nicht auf deren konsequenten Schutz in Deutschland selbst zurückzuführen, obgleich beide Arten auf dem Papier geschützt sind. Deutschland profitiert in diesem Falle vom sehr viel stärkeren Schutz in den europäischen Nachbarstaaten bei hochmobilen Tierarten, die mühelos in einer Nacht mehrere Dutzend Kilometer zurücklegen können.

Der Wolf – für den Menschen gefährlich oder harmlos?

Rote Karte für Isegrim

Während der Wolf *(Canis lupus)* einen EU-weiten Schutz genießt, formiert sich in Teilen Brandenburgs und Mecklenburgs Widerstand. Dort werden seit 4 Jahren Argumente gegen das Tier gesammelt. Eine Diskussion mit Wolfsbefürwortern erfolgt dabei nur bedingt. Mitglieder der Initiative „No Wolf" organisierten jüngst in Alt Daber eine Diskussionsrunde zum Thema Wolf. „Wir wollen darauf aufmerksam machen, dass der Wolf eine Gefahr darstellt und die Ansiedlung ein Fehler ist. Damit verliert der Naturschutz seinen guten Ruf", unterstrich Initiator Gerd Steinberg aus dem mecklenburgischen Boek die Ziele von „No Wolf". Der 72-jährige war früher hauptamtlich im Naturschutz tätig. Zum Auftakt seines 45 min Vortrags verurteilte Steinberg die Medien: „Die stehen nur den Wolfsfreunden zur Verfügung und uns nicht. Daher dürfen sich heute die Befürworter auch nicht groß äußern." Er berichtete von Wolfsattacken in der Grenzregion zwischen Mecklenburg und Brandenburg und stellte klar: „Wir haben nicht die Absicht, den Wolf auszurotten, aber in Deutschland ist er nicht angebracht" *(Märkische Allgemeine* vom 30.1.2012, zitiert nach Bundesamt für Naturschutz 2012b, S. 193).

Bund Naturschutz zum Thema Wolf

Wilde Wölfe sind sehr scheue Tiere und meiden den Kontakt zu Menschen – auch bei der nächtlichen Suche nach leicht erreichbarer Nahrung in der Nähe menschlicher Siedlungen. Diese Scheu vor dem Menschen ist auch der jahrhundertealten intensiven Bejagung geschuldet. Spaziergänger, Radfahrer und Jogger werden Wölfe in der Regel nicht zu Gesicht bekommen. Die Wölfe bemerken den Menschen frühzeitig und suchen das Weite. Sie sehen ihn nicht als Beute an.[...].

> Wölfe sind wie unsere Hunde vor allem Fleischfresser.
> Sie sind auf keine bestimmten Tierarten spezialisiert,
> sondern jagen, was in ihrem Revier lebt. Sie greifen
> daher auch Nutz- und Haustiere an. Doch hierfür können
> Lösungen gefunden werden.[...] Eines aber fressen Wölfe
> ganz sicher nicht: Menschen, egal welchen Alters. Der
> Mensch gehört nicht ins Beuteschema des Wolfes (https://
> www.bund-naturschutz.de/fakten/artenbiotopschutz/wolf/
> mythen-und-maerchen-wie-gefaehrlich-ist-ein-wolf.html).

Falls doch einmal ein Braunbär als tierisches Individuum in den Fokus der Medien gerät, gilt für diesen alles, was bereits über den Tierschutz (Kap. 3) gesagt wurde. Und doch konnte der wild lebende Braunbär „Bruno", schließlich zum Abschuss freigegeben, nie die Sympathiewerte erreichen wie der gefangene Eisbär „Knut". Ein Kalauer verulkt dies, verdeutlicht es aber auch drastisch:

Frage: Warum musste Bruno sterben und Knut nicht?
Antwort: Weil Knut „weiß" war.

Gerade bei den Großraubtieren Braunbär, Wolf und Luchs zeigt sich auf nachdrückliche Weise, dass die **Jagd** der Hauptgrund für die Ausrottung war. Da alle drei Arten stets als Gegner des wirtschaftenden Menschen (in diesem Falle als Landwirt, als Schäfer und als Jäger) gesehen wurden, waren sie seit jeher einem besonderen Bejagungsdruck ausgesetzt. Dieser konnte aber dem Bestand dieser Tiere das gesamte Mittelalter und die frühe Neuzeit hindurch nichts anhaben. Erst als im 19. Jahrhundert einerseits die Waffentechnik besser wurde, vor allem aber ein flächendeckender Forstdienst in der Personaleinheit von Holzwirt und Jäger sich um den Bestand der Wälder und ihrer tierischen Insassen sorgte, wurden die letzten Tiere dieser drei Arten in den deutschen Wäldern erlegt. Sie blieben lange ausgerottet, bis wieder einzelne Exemplare in den vergangenen Jahrzehnten aus den Nachbarländern zuwanderten.

Ein besonderes Erfolgsbeispiel für den Naturschutz ist die Bestandsentwicklung vieler Großvögel. Traditionell werden diese eingeteilt in Kulturfolger und Kulturflüchter. Allerdings zeigen einige anschauliche Beispiele, dass wohl keine einzige Tierart den Menschen an sich fürchtet, solange sie nicht verfolgt oder ihrer Lebensmöglichkeiten beraubt wird. Gerade bei Großtieren hat oft die Jagd zur Ausmerzung beigetragen. So sind Ende des 19. Jahrhunderts die **Kolkraben** (*Corvus corax*) aus Deutschland verschwunden, während dieselbe Art zur gleichen Zeit auf dem Tower of London, also mitten im Herzen der damals weltgrößten Metropole, ihre Brutstandorte hatte. Bis in die 1970er-Jahre hinein konnten bedrohte Großvögel wie Birkhuhn und Greifvogelarten noch bejagt werden, selbst wenn sie kurz vor der Ausrottung standen. Auch heute noch ist die Lobby von Jägern bis in die Naturschutzgebiete hinein sehr einflussreich und sie darf dort in aller Regel sogar ihrem Jagdhandwerk nachgehen, während das Abpflücken von Blumen, die anderweitig als Unkräuter gelten würden, gerade eben in Naturschutzgebieten strikt verboten ist.

Doch nicht immer werden Großvögel gejagt und dadurch zurückgedrängt. Der **Weißstorch** (*Ciconia ciconia*) ist ein Beispiel für eine Tierart, für die nahezu kein „natürliches" Vorkommen bekannt ist, die fast ausschließlich auf menschlichen Bauwerken brütet (Abb 19.3). Per se ist der Weißstorch nicht „Natur", sondern Bestandteil der bäuerlichen „Kultur". Er wird vom Menschen seit jeher ausgesprochen geduldet, wenn nicht sogar gefördert. Dazu mag auch der volkstümliche Glaube beitragen, dass Störche Kindersegen ermöglichen. Früher waren Störche in unserer Kulturlandschaft

Abb. 19.3 Tradition trifft Moderne: Ein Storchenpaar *(Ciconia ciconia)* nistet auf dem Solarenergiedach eines bäuerlichen Anwesens. Nicht immer sind Natur- und Umweltschutz so gut vereinbar. (Eigene Aufnahme)

überall dort häufig, wo im Flachland großflächige Moore und feuchte Wiesen für ein zahlreiches Vorkommen von Fröschen sorgten. Durch Drainierung der Wiesen und Intensivierung der Landwirtschaft sind die Storchenbestände zurückgegangen, bis in den 1980er-Jahren ein Tiefpunkt erreicht war. Inzwischen ist von diesem Niedrigniveau aus eine leichte Bestandserholung eingetreten, wozu auch die verbreiteten **Auswilderungen** von in Gefangenschaft nachgezüchteten Vögeln beigetragen haben. Im Moment bildet die weitere Intensivierung der Landwirtschaft mit Umwandlung von Grünland in Ackerland (hauptsächlich Maisfelder) eine erneute Bedrohung für die Storchenbestände – Ähnlich wie beim Weißstorch *(Ciconia ciconia)* ist auch beim nahe verwandten, aber insgesamt noch selteneren Schwarzstorch *(Ciconia nigra)*, der in großen Waldgebieten lebt, in den zurückliegenden Jahrzehnten eine leichte Zunahme der Bestände in Mitteleuropa zu verzeichnen.

Wesentlich drastischer als bei den Störchen fiel der Vermehrungserfolg beim **Graureiher** (*Ardea cinerea*) aus, der durch die Verfolgung als „Fischreiher" bis in die 1970er-Jahre in Deutschland bis an den Rand der Ausrottung gedrängt wurde. Heute ist der Graureiher so zahlreich geworden, dass er seinen angestammten Lebensraum an Gewässerufern verlassen hat und zunehmend auch auf Äckern, Kompostplätzen und Ähnlichem anzutreffen ist. Seine Bestände sind am Ende des zurückliegenden Jahrtausends auf ein Maß angewachsen, das insbesondere Naturschützer schon wieder bedenklich stimmen sollte. Vor allem Amphibien haben darunter zu leiden. Der Teichmolch *(Lissotriton vulgaris),* ursprünglich die häufigste Molchart in Mitteleuropa, ist seitdem weithin selten geworden oder völlig verschwunden. Da der Teichmolch offene Gewässer bevorzugt, anders als die beiden anderen ebenfalls in Deutschland verbreiteten Arten Kammmolch *(Triturus cristatus)* und Bergmolch *(Ichthyosaura alpestris),* fällt er besonders oft dem Reiher zum Opfer. Auch hier zeigt sich wieder, dass der Naturschutz nicht alles und jedes gleichermaßen schützen kann.

Was für den Reiher gilt, betraf in mindestens der gleichen Form auch die **Greifvögel,** worunter wir trotz fehlender enger systematischer Verwandtschaft sowohl die Falken als auch die Habichtartigen (Accipitriformes) fassen, deren größere Formen, wiederum oft ohne engere Verwandtschaft, meist als Adler bezeichnet werden. Zwischen dem 19. Jahrhundert und den 1970er-Jahren sind außer dem Mäusebussard *(Buteo buteo)* und dem Turmfalken *(Falco tinnunculus)* so gut wie alle Arten in Mitteleuropa recht selten geworden. Inzwischen haben sich Habicht, Sperber *(Accipiter nisus)* und Rotmilan sehr gut erholt und sind wieder weithin verbreitet, die Bestände der großen Arten Fischadler *(Pandion haliaetus),*

Seeadler *(Haliaeetus albicilla)* und Steinadler sind regional wieder erheblich angewachsen.

Gerade am Beispiel des **Steinadlers** *(Aquila chrysaetos)* lässt sich aber auch zeigen, dass dem Naturschutz Grenzen gesetzt sind. Da die großen Tiere ein Revier fast in Landkreisgröße für sich beanspruchen, können sie niemals so häufig werden, wie das für ihre Beutetiere wie Schneehase *(Lepus timidus)*, Murmeltier *(Marmota marmota)* und Birkhuhn *(Lyrurus tetrix)* gelten mag. Eine weitere Vermehrung führt dazu, dass revierlos verbliebene Jungadler die bestehenden Revierinhaber nahezu pausenlos in Behauptungs- und Abwehrkämpfe verwickeln, was deren Aufzuchterfolg bei nur einem Jungvogel pro Sommer beeinträchtigt. Man könnte auch sagen: Die Natur selbst hat durch die weitgehend genetisch bestimmte Reviergröße dafür gesorgt, dass die Adler nicht zu häufig werden und die Beutetiere gefährden. Bei dem Nahrungsopportunisten Graureiher, der in seinem Lebensraum unmittelbar mit anderen Arten wie Weißstorch *(Ciconia ciconia)*, Schwarzstorch *(Ciconia nigra)*, Purpurreiher *(Ardea purpurea)*, Mäusebussard *(Buteo buteo)*, Rabenkrähe *(Corvus corone)* etc. konkurriert, scheint dies nicht in gleichem Maße zu gelten. – Jedenfalls scheinen im Moment im Alpenraum die geeigneten Steinadlerreviere mit insgesamt mehreren Hundert Steinadlerpaaren weitgehend vollständig besetzt, weniger als ein Dutzend davon im relativ kleinen deutschen Alpenanteil.

Von den Falken hat insbesondere der eher seltene Wanderfalke *(Falco peregrinus)* zugenommen, von den Eulen (die ebenso wie die Falken mit den Habichtartigen keine nähere Verwandtschaft aufweisen) gilt das etwa auch für den **Uhu** (Abb. 19.4). Beide bevorzugen Felsnischen, die außer den Alpen in Mitteleuropa sehr rar sind und zudem noch von Klettersportlern aufgesucht werden.

Abb. 19.4 Der Uhu *(Bubo bubo)* als größte Eulenart ist inzwischen wieder in Deutschland recht verbreitet. (Eigene Aufnahme)

Zudem lassen sich Uhu und Wanderfalke nicht am gleichen Felsabschnitt ansiedeln, da der Uhu gerne den Wanderfalken kröpft. – Naturschutz muss, sofern man bestimmte Idealzustände von Natur damit verbindet, für den Naturschützer eine ziemlich nervenaufreibende Sache sein.

Weniger glücklich ist die Entwicklung der **Raufußhühner** (Tetraoninae), vor allem des Auer- und Birkwildes. Hier war es nicht allein die Jagd, die zum Rückgang der großen Hühnervögel geführt hat, sondern vor allem die **Intensivierung der Forstwirtschaft.** Bereits im 19. Jahrhundert begannen die Bestände in Zusammenhang mit der tendenziellen Schaffung forstlicher Reinkulturen abzunehmen. Dichte Baumbestände und eine im Lebensrhythmus der Baumarten frühe Holzernte verhindern lichte Altbestände, die beide Arten notwendig benötigen. Diese Altbestände sorgen für starke horizontale Äste, auf die sich das Auerwild *(Tetrao urogallus)* zum Schlafen zurückzieht und wo der Auerhahn die Balz vollzieht. Lichte Altbestände haben zudem noch einen Unterwuchs an Beerensträuchern (vor allem Heidelbeere), die während der wärmeren Monate das Hauptfutter der Tiere darstellen. – Da aufgelichtete Altnadelwälder insbesondere in der Kampfzone des Waldes an der Waldgrenze der Alpen noch häufiger zu finden sind, haben Auer- und Birkhuhn dort ihre Hauptverbreitung in Mitteleuropa.

Den Hühnervögeln ähnlich, aber nicht enger mit ihnen verwandt, ist die **Großtrappe** (Otis tarda), der größte, zumindest schwerste Vogel Mitteleuropas. Als ursprünglicher Vertreter der Steppe hat er sich an die **Kultursteppe** von Wiesen und Äckern angepasst und kommt heute ausschließlich im Osten Deutschlands (und Österreichs) vor. In den vergangenen Jahren kam es zu einem leichten Anstieg der Bestände dieses akut vom Aussterben bedrohten Vogels, vor allem zurückzuführen auf eine **Auswilderung von Nachzuchten.** In der Entfremdung von der natürlichen Reproduktion zahlt der Naturschutz einen hohen ideellen Preis, der eigentlich seinen Zielen widerspricht. Auch die moderne Bedrohung der Großtrappe ist eine Folge der **Intensivierung der Landwirtschaft,** insbesondere des Umbrechens von Grünland zu Ackerland bei immer größeren Mais-Anteilen, in den klimatisch schon recht trockenen und daher im Grünlandbereich nicht produktiven Becken- und Flachländern des östlichen Mitteleuropas.

Wildrinder streifen wieder durch die Wälder

Sie werden bis zu 1,90 m groß und 900 kg schwer, haben ein zotteliges Fell mit gebogenen Hörnern und waren in Deutschland seit dem 16. Jahrhundert ausgestorben: die Wisente *(Bison bonasus)*. Jetzt kehrt Europas größtes Landsäugetier zurück. Unbeschränkt von Zäunen und Gattern streift von heute an eine acht Tiere große Herde durch das Rothaargebirge nördlich von Bad Berleburg im Südosten Nordrhein-Westfalens.

Die neue Heimat der Wildrinder liegt in den Wäldern von Richard Prinz zu Sayn-Wittgenstein-Berleburg, einem der größten Privatwaldbesitzer Deutschlands. Für die scheuen Wisente sind die Bedingungen ideal: Der Wald ist dünn besiedelt, nahezu unzerschnitten von Straßen und Wegen sowie immer wieder durchsetzt von Wiesen und anderen offenen Bereichen, auf die die Tiere als Grasfresser angewiesen sind – optimale Bedingungen für das Artenschutz-Projekt, das das Land Nordrhein-Westfalen und das Bundesamt für Naturschutz (BfN) seit 2009 fördern. „Aus wissenschaftlicher Sicht ist das Auswilderungsprojekt wichtig, weil die Wisente eine derzeit unbesetzte Nische der großen Gras- und Raufutterfresser im Wald einnehmen, die in Deutschland nach dem Aussterben des Wisents und des Auerochsen frei war", sagt BfN-Artenschutzexperte Uwe Rieken (Benjamin Haerdle, *Stuttgarter Zeitung* vom 11.04.2013).

Der König der Nacht ist wieder da

„Huuhuu" – bei diesem dumpfen, ein wenig unheimlichen Ruf aus dem Dunkel der Nacht läuft vielen Menschen ein Schauer über den Rücken. Vogelkenner aber sind begeistert, weil sie die größte Eule der Erde hören. Denn dieser Uhu *Bubo bubo* mit seiner Spannweite bis zu 180 cm war in Mitteleuropa in den 1960er Jahren fast ausgerottet. Heute aber ist der „König der Nacht" in einige Regionen zurückgekehrt, in anderen kommt er gerade wieder an. „2300 Brutpaare zählen Vogelschützer zurzeit allein in Deutschland", berichtet Markus Nipkow, der Leiter der Staatlichen Vogelschutzwarte in Niedersachsen (Roland Knauer, *Stuttgarter Zeitung* vom 17.08.2013).

Kraniche breiten sich wieder aus

Der Graukranich breitet sich in Deutschland und den westlichen Nachbarländern weiter aus. Etwa 10.000 Brutpaare wurden zuletzt in Deutschland gezählt – etwa doppelt so viele wie vor 15 Jahren. In seinem Hauptbrutgebiet werde der Vogel allerdings durch Trockenheit auf harte Proben gestellt, erklärte Wolfgang Mewes vom Vorstand der Arbeitsgemeinschaft Kranichschutz auf dem Jahrestreffen der Kranichbetreuer Mecklenburg-Vorpommerns. Den Vögeln komme zugute, dass sie ihre Lebensweise den landwirtschaftlichen Strukturen anpassten. Viele Kraniche überwinterten bei milderen Wintern zudem immer weiter nördlich und sparten so Kräfte.

(Stuttgarter Zeitung v. 04.03.2019 n. dpa).

Anmerkung des Verfassers: Der Hauptgrund für die Zunahme der Kraniche liegt in der Aufgabe der Jagd. Die zusätzlichen möglichen Einflüsse von Klimaschwankungen/Klimawandel auf die Größe der Populationen werden in dem Bericht anhand des angedeuteten trockenen Sommers 2018 sowie der generell milderen Winter sichtbar.

20

Lebensräume für den Flächenschutz in Mitteleuropa

Waldökosysteme

So gut wie ganz Mitteleuropa war ursprünglich (und wäre von Natur aus immer noch) von Wald bedeckt, überwiegend **Laubmischwald**, in den je nach Standort auch die Koniferen (Coniferales) Eibe *(Taxus baccata)*, Kiefer *(Pinus* spec.), Tanne *(Abies alba)*, Fichte *(Picea abies)* und Lärche *(Larix decidua)* eingemischt sind. Von Natur aus waldfrei sind nur Extremstandorte wie Strandwälle und Küstensäume, junge Küstendünen, Kernbereiche von Hochmooren, Felsabstürze, Lawinengassen, Blockhalden oder Lagen oberhalb der natürlichen Waldgrenze, die in den Alpen im Allgemeinen knapp unter 2000 Höhenmetern (in den Zentralalpen höher) liegt.

So homogen, wie Tacitus in seiner *Germania* dies vor rund 2000 Jahren gesehen haben mag, ist diese einheitliche Waldlandschaft aber dennoch nicht. Trotz der in Mitteleuropa vergleichsweise recht überschaubaren Zahl

© Springer-Verlag Berlin Heidelberg 2020
K.-D. Hupke, *Naturschutz,*
https://doi.org/10.1007/978-3-662-62132-5_20

von ca. 50 heimischen Baumarten ergeben sich je nach Standort doch ganz unterschiedliche Artenkombinationen, wobei meist zwei bis drei Baumarten überwiegen. Diese standörtliche Differenz fußt auf den jeweils unterschiedlichen Voraussetzungen an geologischem Untergrund, Boden, Klima, Expositionsverhältnissen und Hangneigung.

Obschon man dies oft nicht auf den ersten Blick bemerkt, zumal als forstbotanischer Laie, sind auch die Wälder Deutschlands mit ihrem erstaunlichen Anteil von mehr als 30 % der Landfläche enormen Umgestaltungen ausgesetzt gewesen. Die meisten dieser **Wälder** sind eigentlich **Forste,** d. h. gepflanzte oder zumindest durchgeplante Bestände von eher naturferner Artenzusammensetzung und Bestandsstruktur (Abb. 20.1). Es gehört zu den Geheimnissen sowohl des heimischen Naturschutzes als auch der mit diesem in vieler Hinsicht eng verbundenen **Forstwirtschaft,** warum diese Forste als Wald gelten können, ähnliche Anpflanzungen in den Tropen, etwa aus Kautschukbäumen oder Ölpalmen, hingegen nicht. Eine solche Zuordnung, die in ihrer Bedeutung für die Selbstwahrnehmung naturschützerischer Leistungen kaum überschätzt werden kann, ist weitgehend der sehr erfolgreichen Selbstdarstellung der deutschen Forstwirtschaft bis hin in die Massenmedien zu verdanken (Heimatfilme und Forsthausbücher der 1950er- und 1960er-Jahre, Forsthaus-Soaps heutiger Zeit).

Tatsächlich ist der Förster in erster Linie stets Holzwirt gewesen, in zweiter Linie auch Vertreter einer unteren Ordnungsbehörde, die bis in heutiger Zeit Verweise und kostenpflichtige Verwarnungen an Waldbesucher ausstellen kann, entsprechendes Fehlverhalten vorausgesetzt. Dieses von obrigkeitsstaatlichen Strukturen geprägte Denken findet auch Eingang in ein Naturschutzverständnis, in dem es vor allem darum geht, menschliches

Abb. 20.1 Der den meisten Mitteleuropäern als Landschafts-bild vertraute Hallen-Buchenwald mit geraden, hohen und erst weit oben beasteten Baumsäulen der starken Buchen sowie weit-gehend fehlendem Unterwuchs ist ein Produkt der Forstwirt-schaft in der Absicht, altersgleiche Bestände zu erzielen. Er wird, romantisch überhöht, oft mit einer gotischen Kathedrale ver-glichen. Obwohl die Buche auf vielen Standorten von Natur aus die dominierende Baumart ist, hat dieser Hallenwald mit einem natürlichen Wald nur wenig gemeinsam. – Gleichwohl gedeihen auf dem scheinbar nackten Waldboden auch mehrere dem Natur-schutz wichtige Orchideenarten, insbesondere die Waldvögelein (*Cephalanthera rubra* u. *C. damasonium*), mehrere Sumpfwurz-Arten (*Epipactis* spec.) sowie die Nestwurz (*Neottia nidus-avis*). (sog. Orchideen-Buchenwald; Eigene Aufnahme)

Fehlverhalten gegenüber der Natur wie beispielsweise das Fangen eines Frosches oder das Abpflücken von geschützten Blumen zu verhindern und gegebenenfalls zu ahnden. Dass dem Förster im Rahmen seiner holzwirtschaftlichen Aufgabenstellung dabei oft wesentlich größere Vergehen gegenüber der Natur anzulasten sind, bleibt im Rahmen dieses Denkmodells jedenfalls ohne Belang. Eine wassergefüllte Wagenspur mag am nächsten Tag mit Straßenschotter aufgefüllt werden: Die darin befindlichen Bergmolche herauszufangen bleibt dennoch verboten.

Hiermit soll aber nicht gesagt werden, dass die momentan betriebene Forstwirtschaft nur schlecht und nur schädlich für die Belange des Naturschutzes sei, etwa für die **Biodiversität im Wald.** Gerade die Vielfalt verschiedener Umtriebsformen und Betriebsflächen bis hin zu Kahlschlägen ermöglichte auch das stärkere Eindringen Licht liebender Tier- und Pflanzenarten in die Wälder (zusammenfassend Ellenberg und Leuschner 2010, S. 295). Unter diesen Arten befinden sich viele vom Naturschutz fokussierte seltene Arten. Im Allgemeinen aber ist dieser Zuwachs auf die naturschützerisch weniger geschätzten Ruderalpflanzen zurückzuführen (s. a. Kap. 13). Diese brauchen zumeist schon deshalb keinen besonderen Schutz, weil sie als spontane Generalisten nicht auf den Wald angewiesen sind.

Einige andere Arten sind hingegen durch die Umwandlung von Naturwäldern in Forste bedroht. Insbesondere handelt es sich dabei um sogenannte **K-Strategen**, d. h. Tier- und Pflanzenarten, die auf stabile Endzustände der Sukzession angewiesen sind. Viele von ihnen benötigen Altholz oder Totholz, etwa Baumhöhlenbrüter oder Insekten, deren Larven vom toten Holz leben. Gerade diese Arten, die im Grunde den „Urwald" benötigen, sind auf naturnahe Wälder besonders angewiesen, auch wenn einige davon so flexibel sind, auf Parkbäume auszuweichen, und dabei sogar durch ihre bloße Anwesenheit ein innenstadtnahes großstädtisches Bauprojekt stören können, wie der Juchtenkäfer *(Osmoderma eremita)* im Falle von Stuttgart 21.

Während die mitteleuropäischen Wälder eher arm an Baumarten sind, ist die Bodenflora reichhaltiger. Sie entfaltet ihr Wachsen und Blühen bereits im zeitigen Frühjahr (März, April), bevor der Wald wieder voll belaubt ist. Dies ermöglicht zum einen den nahezu vollen Lichteinfall auf dem Waldboden; zum anderen sind die Sommermonate am Waldboden oft zu trocken, wenn der dicht belaubte Wald mit seiner großen verdunstenden Oberfläche nahezu alles Niederschlagswasser verbraucht und da die Bäume mit ihren langen Wasserleitungssystemen ohnehin den höheren Wurzelsaugdruck entwickeln und damit den kleineren Pflanzen auf dem Waldboden Wasser entziehen. Zum raschen Austreiben und Blühen im Frühjahr sind Nährsalze und Assimilate speichernde Organe erforderlich wie Wurzelstöcke beim Buschwindröschen *(Anemone nemorosa)* oder Zwiebeln wie bei den Gelbstern(Gagea)-Arten (Abb. 20.2) oder Wurzelknollen wie beim Hohlen Lerchensporn *(Corydalis cava)*.

Abb. 20.2 Der Wald-Gelbstern *(Gagea lutea)*, ein „Frühlingsgeophyt". (Eigene Aufnahme)

Magerrasen

Magerrasen bilden in vieler Hinsicht das standörtliche Kontrastprogramm zum Wald. Sie sind offen, geprägt von kleinwüchsigen Pflanzenformen der Gräser (Poaceae) und Kräuter, sie haben meist nur flachgründige Böden mit dünner Humusschicht und wenig Humusanfall, sie sind lichtdurchflutet und für mitteleuropäische Verhältnisse trocken. Sieht man den Wald als die natürliche Vegetation in Mitteleuropa an, sind Magerrasen erst durch das Zutun des Menschen entstanden und in diesem Sinne also naturfern. – Was Magerrasen allerdings interessant macht und für den Naturschutz unverzichtbar, ist ihr Reichtum vor allem an **Blütenpflanzen,** der den reifer Wälder regelmäßig in den Schatten stellt und die Magerrasen wohl zur **artenreichsten Lebensgemeinschaft Mitteleuropas** macht, insbesondere in der Variante der **Kalkmagerrasen**, die in Süddeutschland auf den Muschelkalken (Abb. 20.3) und Weißjuragesteinen (Abb. 20.4), teilweise auch auf den Flussschottern des Alpenvorlandes, weit verbreitet sind. Im Umkreis von wenigen Dutzend Metern kann man hier durchaus 300 bezeichnende Pflanzenarten finden; ein biotischer Reichtum, wie man ihn eher in wärmeren Klimazonen erwarten würde.

Die Standortbedingungen der Magerrasen sind neben dem starken Lichteinfall vor allem durch **Nährsalzmangel** geprägt. **Trockenheit,** wie der weitgehend synonyme Begriff der (Halb-)Trockenrasen nahe legt, spielt meist nur eine nachgeordnete Rolle, zumal sie im eigentlich humiden Klima Mitteleuropas nur episodisch auftritt. Die meisten Arten sind keine sogenannten Xerophyten (Trockenpflanzen). In von besonderer Trockenheit geprägten Sommern wie beispielsweise 2003 konnte man beobachten, dass viele kennzeichnende Arten wie der

Abb. 20.3 Wanderer im Kalkmagerrasen des Muschelkalks im mittleren Neckarraum. Der flachgründige Standort ist in der Vergangenheit durch extensive Schafbeweidung aufrechterhalten worden, ist nun durch das Vordringen des Waldes gefährdet und wird durch Mähtrupps offengehalten. (Eigene Aufnahme)

Kreuzenzian *(Gentiana cruciata)* Trockenschäden aufwiesen oder wegen Wassermangels überhaupt nicht zum Blühen kamen. Dies wird aber in den normalen feuchteren Jahren durch stärkeres Wachstum und gelingende Fortpflanzung wieder aufgeholt. Der Begriff Trockenrasen bezieht sich eher auf den bräunlichgelblichen Flächeneindruck der Vegetation, im Gegensatz zu den in der Vegetationszeit leuchtend grünen gedüngten Wirtschaftswiesen und -weiden. Als Trockenrasen im engeren Sinne gelten Standorte ohne flächenhaften Bewuchs mit lückiger Vegetationsdecke und dazwischen kahlen Partien, oft anstehender Fels oder Hangschutt. Hier fehlt den meisten Pflanzen der Feinerdegehalt im Boden und Trockenheit wird tatsächlich oft zum Hauptproblem. Die in der Fläche weit überwiegenden und für den Naturschutz aufgrund ihres hohen Artenreichtums besonders interessanten **Halbtrockenrasen** hingegen weisen die oben diskutierten Merkmale auf und

Abb. 20.4 Einen besonderer Untertypus von vorherrschendem Magerrasen stellt die Wacholderheide dar, welche in der traditionellen Landschaft etwa der Schwäbischen Alb prägend ist. Die waldvernichtende Tätigkeit der Schafbeweidung hat hier die stacheligen und für Schafe ungenießbaren Wacholderbüsche stehen gelassen. Nach dem starken Rückgang der wandernden Schafherden werden diese heute zumeist von Pflegetrupps, die eine natürliche Wiederbewaldung verhindern, aufrecht erhalten. (Eigene Aufnahme)

bilden eine flächendeckende Vegetation von vorwiegend Kräutern, weniger Gräsern.

Kalkmagerrasen unterscheidet sich floristisch grundlegend von **Silikatmagerrasen**, der sich etwa auf Hangschutt über Granit oder auch auf Dünensanden (hier als Sandmagerrasen; Abb. 20.5) ausbilden kann und der im Vergleich zu Kalkmagerrasen zumeist etwas artenärmer ist. Bei vielen der hier vorkommenden Pflanzen handelt es sich ebenfalls um alteingewanderte Arten (Archäophyten).

Magerrasen haben klimazonal ihre Entsprechung in den **Steppengebieten** des südöstlichen Europa; teilweise

Abb. 20.5 Sandmagerrasen bei Heidelberg. Wie die aus landschaftsästhetischen Gründen stehengelassenen Kiefern deutlich machen, liegt auch hier ein natürlicher Waldstandort vor. (Eigene Aufnahme)

sind die Arten, wie die meisten der hier artenreich vertretenen Orchideen, nachkaltzeitlich auch aus dem Mittelmeerraum eingewandert. Alle haben die Eigenschaft, bei stärkerer Beschattung unmittelbar zu verschwinden. Dazu ist aber kein hochstämmiger Wald erforderlich, es genügen Sträucher oder auch bloß Hochstauden. Während Sträucher wie Schlehe und Hartriegel die Vorstufe der Waldentwicklung markieren, sind hochwüchsige Kräuter eher auf eutrophe (= nährsalzreiche) Standorte beschränkt, da diese zum raschen Wachstum bis zum Spätsommer eine gute Nährsalzversorgung benötigen. Beispiele für solche Stauden- bzw. **Hochstaudenfluren** sind Bestände an Brennnesseln, des Indischen Springkrauts *(Impatiens glandulifera),* des Japan-Staudenknöterichs *(Fallopia japonica)*, der Kanadischen Goldrute *(Solidago canadensis)* oder des Riesenbärenklaus. Viele davon sind Neophyten. Aber weniger diese selbst als vielmehr die

Verschiebung der Standorteigenschaften hin zur Eutrophie (etwa durch externe Stickstoffeinträge durch automobile Verbrennungsmotoren) ist die eigentliche Ursache für die Verdrängung einheimischer Arten.

Magerrasen stellen aber auch Relikte einer ursprünglich weit verbreiteten **extensiven Wirtschaftsweise** dar, insbesondere von Schafweiden, aber auch einmähdiger Magerwiesen. Diese waren häufig am Rande der Ortsgemarkung weitab vom Dorf gelegen und ursprünglich oft Allmendflächen im Gemeinschaftsbesitz. Bereits im 19. Jahrhundert sind diese Flächen stark im Rückgang gewesen, bedingt durch Überführung der Allmende in Privat- oder in Gemeindebesitz. Oft wurden diese agrarisch wenig produktiven Flächen entweder über Düngung in Fettwiesen oder Äcker umgewandelt oder aufgeforstet. In jedem Falle war ihr Wandel aber mit einem Verlust an Biodiversität verbunden.

Im 20. Jahrhundert verstärkte sich dieser Rückgang der Magerrasen noch durch weitgehende Aufgabe der Wanderschäferei. Daher müssen heute meist Mähtrupps eingesetzt werden, um die Magerrasen gegenüber Baum- und Strauchwuchs offenzuhalten. Dieser Wandel in der Pflegemethode hat auch zu einer Verschiebung des Artenspektrums geführt. Pflanzen mit Dornen wie Silberdistel und Dornige Hauhechel *(Ononis spinosa)* sowie solche mit ätherischen Ölen wie Enzianarten, die von Schafen kaum gefressen werden, wurden seltener, während trittempfindliche Pflanzen wie Orchideen oft zunahmen (Kap. 7). Vor allem entstand für den amtlichen und privaten Naturschutz dadurch aber auch ein Pflegekostenproblem. Zudem weist jeder Pflegeeinsatz auf den an sich naturfernen Charakter dieser Areale hin und bereitet dem Naturschutz von daher ein Legitimationsproblem.

Hot Spot Wiese

Ein genauer Blick ist nötig, ins Kleine, ins Winzige – schon verändert sich die Sicht auf die große weite Welt. Dieser Überzeugung sind Botaniker um Bastow Wilson von der University of Otago in Neuseeland. Im „Journal of Vegetation Science" berichteten sie von einer Untersuchung, bei der sie die artenreichste Region der Welt finden wollten. Gemeinhin sind das die tropischen Regenwälder – mit ihren Tausenden von Nischen, winzigen Ökosystemen, die nur aus einer kleinen Pfütze bestehen können, die sich in den Blättern eines Epiphyten gebildet hat und die einem Frosch als Kreißsaal dient. „Wir haben die Literatur über das Vorkommen von Pflanzenarten auf bestimmten Flächen angesehen", erklärte Wilson. „Natürlich haben die Tropischen Regenwälder in Costa Rica, Kolumbien und Ecuador bei Flächen von mehr als 50 m² die meisten Pflanzenarten." In kleineren Maßstäben aber ändere sich das Bild: dann seien auf einmal Wiesen die „Hot Spots der Erde". Vor allem im östlichen Europa, von der Grenze Deutschlands aus nach Rumänien, fühlen sich demnach besonders viele verschiedene Pflanzenarten auf kleinem Raum wohl (Die Welt, zitiert nach Bundesamt f. Naturschutz 2012c, S. 277 f.).

Anmerkung des Verfassers: Hier müsste man wohl eher von Magerrasen als von Wiese sprechen (Abb. 20.3, 20.4).

Wiesen und Weiden

Selbstverständlich werden Magerrasen traditionell ebenfalls beweidet. Dies geschieht aber sehr extensiv und ohne pflegende, ertragssteigernde Düngemaßnahmen. Gerade diese zusätzliche **Düngemittelzugabe,** relativ gleichgültig, ob per Jauche oder durch technische Kunstdünger, schadet allerdings der Artenvielfalt. Einige wenige besonders wuchskräftige Gräser (Poaceae) und Kräuter wie etwa der Löwenzahn *(Taraxacum spec.)* nehmen enorm an Individuenzahl und an Wuchsleistung zu, beschatten und verdrängen dabei die Mehrzahl der weniger wuchskräftigen Arten. Es handelt sich dann um sogenannte **Fettwiesen** (auch Wirtschaftswiesen).

Je mehr Düngemittel verabreicht werden, desto stärker sinkt die Artenzahl insbesondere an Blütenpflanzen, damit verbunden aber auch an Insekten. Schwach gedüngte ein- bis zweimähdige Wiesen (Abb. 20.6, 20.7) oder extensiv beweidete Flächen (Abb. 20.8) können durchaus Zielbiotope für den Naturschutz darstellen. – Die Tendenz in der Landwirtschaft zu Intensivierung und Ertragsteigerung geht allerdings in die gegenteilige Richtung.

Die dargestellten Zusammenhänge zwischen Düngemittelgabe und Artenreichtum gelten für **Wiesen** und **Weiden** gleichermaßen. Beide **Grünlandbiotope** gehen zudem zurück durch die Zunahme des meist rentableren bzw. noch besser mechanisierbaren Maisanbaus. Weidesysteme reduzieren sich nochmals durch die immer effizienter werdende alternative ganzjährige Stallviehhaltung von Rindern, wobei diese besser als die Weidehaltung zu automatisieren ist und damit Lohnkosten senkt. Die Fütterung erfolgt dann häufig über Getreide bzw. Maissilage. – Gerade eine **traditionelle Weide-**

Abb. 20.6 Artenreiche, wenig gedüngte sommerliche Wiesen im Glemswald westlich Stuttgart. (Eigene Aufnahme)

Abb. 20.7 Sonderfall Streuobstwiesen. Diese sind v. a. seit dem 19. Jahrhundert entstanden, als viele Bauern in der Industrie Beschäftigung fanden und den Bauernhof im Nebenerwerb fortführten. Aus Arbeitszeitgründen waren sie an einer Extensivierung der Nutzung interessiert im Vergleich mit dem bis vor etwa 70 Jahren noch sehr arbeitsintensiven Ackerbau. Streuobstwiesen umgeben heute noch viele Siedlungen v. a. im Südwesten Deutschlands als mehr oder weniger breiter Gürtel. Durch Neubauviertel sind sie besonders gefährdet. Streuobstwiesen sind heute nicht mehr rentabel, da die Produktion sowohl von Obst als auch von Grünschnitt in Mischbeständen kaum weiter mechanisierbar ist. Die Früchte (v. a. Äpfel, aber auch Birnen, Pflaumen und Süßkirschen) erntet heute fast niemand mehr; die Apfelproduktion ist längst zu den arbeitseffizienten Niederstammvarianten übergegangen. Die einzige heute noch stattfindende Nutzung besteht im Allgemeinen aus der Nutzung des Fallobstes zur Gewinnung von Süßmost und Obstbränden. – Streuobstwiesen sind für eine Anzahl von Vogelarten wichtige Brut- und Lebensräume wie mehrere Spechte (Grünspecht, Grauspecht, Wendehals) sowie für den Steinkauz. Außerdem sind sie wegen ihrer Ästhetik wertvoll, wie überhaupt der kleinräumige Wechsel von Gehölz und Offenland im Allgemeinen hoch bewertet wird (Kap. 2). (Eigene Aufnahme)

haltung, wie sie bis in die Gegenwart auf den alpinen Almen (vgl. Abb.. 20.14) geschieht, ist durch den Wechsel von offenem Grünland mit Schattenbäumen landschafts-

Abb. 20.8 Grünland im Naturschutzgebiet eines ehemaligen Hudewaldes wird durch weidendes Damwild *(Dama dama)* offen gehalten. (Eigene Aufnahme)

ästhetisch besonders favorisiert, nützt aber auch der Artenvielfalt und damit einem zweiten Ziel des Naturschutzes.

Nach dem Bundesnaturschutzgesetz ist der Umbruch von Grünland sowohl auf (ehemaligen) Moorstandorten als auch im Überschwemmungsgebiet der Flussauen verboten. Zusätzlich wurden Landwirten bereits seit 2011 im Zuge der Gemeinsamen Europäischen Agrarpolitik (GAP) Grünlandprämien gezahlt, die seit Sommer 2014 in das umfassende Greening-Programm der Koppelung von EU-Agrarsubventionen an ökologische Auflagen eingebunden sind. Die entsprechenden Auflagen bzw. Anreize der EU haben bisher jedoch den allgemeinen Umbruch von Grünland in Ackerland bestenfalls verlangsamen, aber nicht aufhalten können.

Eine ganze Anzahl von Naturschutzgebieten experimentiert inzwischen mit der Beweidung durch Großsäuger wie Hirsche *(Cervus, Dama* spec.*)*, Wisente, Wildrinder- und Wildpferde-Rückzüchtungen; s. a. Abb. 20.8). Vor allem im Umkreis größerer Städte lässt sich die artenreiches Grünland erhaltende, **extensive Beweidung** verbinden mit der Attraktion der „Wildtiere".

Grünlandbiotope wie Wiesen, Weiden und Magerrasen sind in Mitteleuropa erst entstanden, nachdem der Wald von den ersten Ackerbauern und Viehhaltern beginnend vor mehr als 7000 Jahren zurückgedrängt wurde. Die meisten Arten sind aus den natürlichen Steppengebieten des südöstlichen Europa eingewandert, andere Arten stammen aus dem Mittelmeerraum oder aus den Hochlagen der Alpen oberhalb der Waldgrenze (Abb. 20.13, 20.16; Tab. 20.3).

Moore

Bei **Mooren** handelt es sich laut geologischer Definition um Flächen, welche auf einer tiefgründigen Ansammlung von Rohhumus (Torf) stehen. Im geobotanischen und landschaftsökologischen Sinne wird man von dauerhaft vernässten Flächen ausgehen, die von einer entsprechenden Vegetation eingenommen werden und mit der wiederum eine charakteristische Tierwelt verknüpft ist. Für den Naturschutz ist diese botanisch-ökologische Definition die tragfähigere.

Das bedeutet aber nicht, dass alle Moore gleich oder ähnlich sind. Neben der Staunässe ist auch die Nährsalzversorgung von Bedeutung. Aus diesem Grund muss man zwischen Flachmooren (= Niedermoore) und Hochmooren unterscheiden, mit der Sonderform der Zwischenmoore im Übergangsbereich zwischen beiden.

Flachmoore werden vom Grundwasser beeinflusst, das eine Höhe zumeist nahe der Erdoberfläche erreicht hat. Oft liegen Flachmoore in der Talaue, das Grundwasserniveau steht daher mit dem Flusswasserniveau in Kontakt und steigt und fällt mit diesem. In der Regel sind Flachmoore aus flussbegleitenden Auwäldern hervorgegangen und stellten sich ein, wenn die Waldvegetation durch den Menschen entfernt wurde.

Das **Grundwasser** führt aber nicht nur Wasser, sondern auch Nährsalze zu, die aus dem mineralischen Untergrund entstammen; vor allem in den Talauen kommt vom Flusswasser her zudem oft noch eine Anreicherung mit Abwässern hinzu. Daher ist die Nährsalzversorgung der Flachmoorpflanzen zumeist gut, wenn auch in Abhängigkeit von der Situation unterschiedlich. So unterscheidet man je nach Ausgangsgestein Kalkflachmoore (etwa auf Jura der Schwäbischen Alb oder auf Moränenschutt im bayerischen Alpenvorland) von Silikatflachmooren (etwa im Schwarzwald auf Buntsandstein, Gneis oder Granit). Wie dies für eher trockenheitsgeprägte Magerrasen gilt, ist auch hier je nach Kalkgehalt die Flora recht unterschiedlich und sind die kalkreichen Biotope eher artenreicher.

Ansonsten sind aber generell die nährsalzarmen Standorte (insbesondere sind Nitrate und Phosphate von Belang) sehr viel artenreicher. Wo, zumeist durch menschlichen Einfluss wie landwirtschaftliche Dünger sowie Abwässer, ab dem Frühsommer hohe Stauden wie Kohldistel und Mädesüß hochkommen, werden den meisten Pflanzen durch Beschattung Lebensmöglichkeiten entzogen.

Der agrare Nutzungsdruck früherer Jahrhunderte hat zu einer Zurückdrängung von grundwasser- und überschwemmungsgeprägten Auwäldern entlang der Talauen und zu flächigen **Pfeifengraswiesen** (Molineten) geführt. Abseits der Flüsse wurden sogenannte Bruchwälder in vergleichbar ebener Lage oder in Senken auf ähnliche Weise ersetzt. Neben der Vernässung haben sich relativer Nährsalzmangel und extensive Landnutzung als gleichermaßen standortprägend erwiesen. Oft sind solche

Wiesen nur einmähdig. Es herrscht eine charakteristische Aufeinanderfolge der Vegetationsaspekte im Laufe des Jahres vor. Im zeitigen Frühjahr beginnt der Reigen mit der Blüte der wuchsschwachen Mehlprimel, erreicht im Früh- und Hochsommer seinen Höhepunkt (s. a. Abb. 20.9) und endet im Spätsommer mit den höherwüchsigen Stauden, die im Laufe der warmen Periode erst durch Fotosynthese ihre große Masse heranbilden müssen. Es überwiegen in der Pflanzenmasse jedoch zumeist Gräser, wobei neben den Süßgräsern auch die näher verwandten Sauergräser (Cyperaceae) wichtig sind. Insbesondere die

Abb. 20.9 Sumpfgladiole *(Gladiolus palustris)*, eine Zielart des Naturschutzes in oberbayerischen Pfeifengraswiesen. (Eigene Aufnahme)

Sauergräser lassen sich nur schwer an das Vieh verfüttern und wurden zumeist als Einstreu in den Viehställen genutzt. Durch eine Umstellung der Wirtschaftsweise sind die Pfeifengraswiesen oft wertlos geworden und wurden aufgegeben. Damit wurde wiederum der Naturschutz mit Pflegemaßnahmen gefordert; denn die artenreichen Pfeifengraswiesen drohten unter einem vom Artenspektrum eintönigeren Weiden- oder Erlenpionierwald zu verschwinden.

Hochmoore (Abb. 20.10, 20.11) sind in ihrer standörtlichen und ökologischen Situation von Flachmooren grundverschieden. Sie entwickeln sich allerdings regelmäßig aus Flachmooren, wenn ein ganzjährig regenreiches und aus Gründen der Luftfeuchte eher sommerkühles Klima vorherrscht. Für eine flächenhafte Ausbildung sind außerdem, wie bei Flachmooren auch, in der Regel ebene Flächen erforderlich. Diese Bedingungen liegen in weiten Teilen Nordwestdeutschlands sowie im

Abb. 20.10 Naturnahes Hochmoor mit Wechsel von eingetieften Schlenken (vernässt mit Sphagnum-Moosen) und erhabenen Bülten mit *Carex* spec (Seggen). (Eigene Aufnahme)

Abb. 20.11 Entwässertes Hochmoor im bayerischen Alpenvorland mit Tendenz zur Heide durch Vordringen des Heidekrautes (*Calluna vulgaris*) und anderer Zwergsträucher, aber auch der Bergkiefer *(Pinus mugo)*. (Eigene Aufnahme)

Alpenvorland vor, weiterhin auf den Hochflächen einiger Mittelgebirge.

Hochmoore finden sich generell nicht mehr auf mineralischen Böden, was bei Flachmooren häufig gegeben ist. Sie stehen auch nicht mit dem Grundwasser in Verbindung, das mit Mineralien angereichert ist. Hochmoore sind einzig vom Niederschlagswasser direkt abhängig. Dies hängt damit zusammen, dass sie auf **Torfschichten** stehen, die durch abgestorbene Pflanzensubstanz ständig weiter nach oben wachsen und sich mehrere Meter über die allgemeine Landoberfläche erheben können. Der Kontakt zum in größerer Tiefe befindlichen mineralischen Grundwasserkörper ging mit der Torfbildung verloren, die zumeist mit dem Ende der letzten Kaltzeit vor etwa 10.000 Jahren einsetzte. Das Regenwasser wird von den schwammartigen Torffasern zwar festgehalten und überdauert auch Trockenphasen. Allerdings liefert es so gut wie keine Nährsalze, da es aufgrund seiner Bildungsprozesse weitgehend destilliertem Wasser entspricht. Nährsalzeinträge erfolgen von Natur aus in geringem Maße etwa durch Polleneintrag und Insektenflug, in neuerer Zeit anthropogen verstärkt etwa auch durch Stickstoffoxide. Grundsätzlich sind Hochmoore jedoch Lebensräume, in denen neben der Vernässung die absolute **Knappheit an Nährsalzen** die Hauptrolle spielt, mehr als in jedem anderen bisher vorgestellten Vegetationstypus.

Entsprechend ist die Vegetation charakterisiert durch äußerst anspruchslose Pflanzen wie etwa die Torfmoose (*Sphagnum* spec.). Nur hier finden sich auch mehrere Arten, die einen ganz eigenwilligen Weg der zusätzlichen Nährsalzversorgung gegangen sind: die „fleischfressenden" **insektivoren Pflanzen.** Dazu gehört beispielsweise der Sonnentau (*Drosera* spec.), der in mitteleuropäischen Hochmooren gleich mit mehreren Arten vertreten ist.

Hochmoore entstehen in dafür geeigneten Räumen weitgehend von Natur aus. Der Mensch hat sich nacheiszeitlich in Mitteleuropa etwa zeitgleich zusammen mit jenen etabliert und ausgebreitet. Dabei hat er die Kernbereiche der Moore wohl anfänglich eher gemieden. Die Nährsalzarmut des Lebensraumes macht diesen nämlich arm an Wild und auch für die später einsetzende agrare Nutzung zunächst ungeeignet. Im Gegenteil, die Zurückdrängung des Waldes durch den Beginn des Ackerbaus vor etwas mehr als 7000 Jahren sowie die Vernichtung des Waldes durch Holzkohlegewinnung hat randlich eher zu einer weiteren Ausdehnung der Hochmoore geführt, da die damit fehlende Verdunstung durch die Bäume dem Boden mehr Niederschlagswasser belässt.

Erst ab dem 19. Jahrhundert und später als bei den Flachmooren setzte die großflächige **Kultivierung der Hochmoore** ein, die zur Nährsalzanreicherung eine Kalkung voraussetzt. Diese erhöht den von Natur aus sehr niedrigen ph-Wert (saures Milieu) und ermöglicht dadurch den organischen Abbau des Torfuntergrundes mit einer Freisetzung weiterer Mineralien. So können Hochmoore durch Kulturmaßnahmen durchaus produktives und intensiv genutztes agrares Kulturland werden.

Verbreitet waren auch Versuche, das Hochmoor durch **Entwässerung**, oft auch verbunden mit Bodenkalkung, in Forstflächen umzuwandeln. Nahezu jedes Hochmoor in Mitteleuropa weist solche Entwässerungsgräben auf, die in naturgeschützten Flächen häufig gestaut oder zurückgebaut werden, was einen Wiedervernässungseffekt zur Folge hat.

Neben derartigen Kulturmaßnahmen ist der **Torfabbau** ein Hauptproblem für die Hochmoore gewesen. Die Geschichte der Torfgewinnung zieht sich hin von der Brennstoffgewinnung für die Salinen etwa von Lüneburg seit dem Mittelalter über die Verwendung für die häuslichen Heizungen bis hin zur Blumenerdegewinnung noch bis in die zurückliegenden Jahrzehnte. In der Fläche betrieben kann der industrielle Torfabbau, der in Deutschland kaum noch durchgeführt wird, ein Hochmoor völlig zerstören. Der bäuerliche Abbau dagegen hat Torfstiche entstehen lassen, in denen Tümpel und kleine Weiher zusätzliche Standorte schufen, oft mit hochmooruntypischer Anbindung an den mineralischen Untergrund und damit hochmoorfremden Arten.

Generell gesehen haben Entwässerungsgräben und Torfstiche jedoch zu einer Austrocknung des Hochmoores durch abfließende Staunässe geführt und eine Verheidung ermöglicht, bei der Zwergsträucher wie Heidekraut (*Calluna vulgaris*) und die Vaccinien Preiselbeere (*Vaccinium vitis-idaea*), Heidelbeere (*Vaccinium myrtillus*) und Rauschbeere (*Vaccinium uliginosum*) die Hauptrolle spielen (Abb. 20.11).

Sowohl aufgrund der natürlichen Verhältnisse als auch infolge von Kultivierungsmaßnahmen ist das Hochmoor eine in sich standörtlich recht vielgestaltige Lebensgemeinschaft. Vom Randbereich des Hochmoores zu dessen Zentrum hin zieht sich ein ökologischer Gradient, der durch zunehmende Vernässung sowie abnehmenden ph-Wert und geringer werdendes Nährsalzangebot gekennzeichnet ist.

Moore stehen nach dem Bundesnaturschutzgesetz unter einem generellen Bestandsschutz, wobei die meisten noch als relativ intakt geltenden Flächen ohnehin in Naturschutzgebiete überführt wurden. Der große Rest fiel in der Vergangenheit zumeist der agraren Intensivierung zum Opfer, wobei diese sich in mehreren historischen Wellen vom Merkantilismus des 18. Jahrhunderts bis in die Zeit der allgemeinen Nahrungsmittelverknappung im Anschluss an den Zweiten Weltkrieg hinzog.

Moore haben von Natur aus als Hochmoore wie auch als Flachmoore eine große räumliche Verbreitung. Diese ist durch das Einwirken des Menschen sehr eingeschränkt worden. Die heute bestehenden Moore wurden zudem durch Kultivierungsmaßnahmen erheblich verändert. Dennoch sind unterhalb der Hochgebirgsgrenze die Moore neben einigen Wäldern unter den weiter verbreiteten Lebensräumen diejenigen mit der noch relativ größten Naturnähe geblieben (Abb. 20.9, 20.10, 20.11).

Stillgewässer und Gewässerufer

Gewässer sind für das innere Auge des Betrachters immer auch Besonderheiten innerhalb der Kontinuität der Landschaft, und das sind sie auch ökologisch gesehen. Was Gewässer aber besonders artenreich macht, ist eine ausgesprochene Zonierung über einen zunehmenden

Vernässungsgradienten vom „trockenen" höheren Gewässerrand bis hin zum tiefen Wasser. Unterschiedlich sind Gewässer aber auch in ihrem Nährstoffgehalt, wobei neben Stickstoffverbindungen hier besonders auch der Gehalt an Phosphaten eine größere Rolle als bei „Landökosystemen" zu spielen scheint (Schönborn und Risse-Buhl 2013).

Je nach Wassertiefe und vor allem Konstanz der Wasserführung können unterschiedliche Typen von Stillgewässern unterschieden werden (s. Tab. 20.1), die jeweils unterschiedliche Arten oder Lebensgemeinschaften ermöglichen oder verhindern. Vor allem bei den zu wenig schwankendem Wasserspiegel neigenden Weihern und Seen ist meist eine ausgeprägte Zonierung der Vegetation erkennbar; am flächenhaft ausgedehntesten in Flachlandschaften (Tab. 20.2, Abb. 20.12). Sie reicht vom Röhricht über einen Schwimmblattgürtel bis zur Zone der Unterwasserpflanzen. Diese Gürtel verschieben sich durch einen natürlichen Prozess der Verlandung bei zunehmender Aufsedimentierung des Untergrundes und damit abnehmender Wassertiefe im Laufe von Jahrzehnten oder Jahrhunderten allmählich in Richtung Seemitte, was vor allem bei kleineren und nährstoffreichen (eutrophen) Seen zum raschen Verschwinden des gesamten Gewässers führen kann. Neben diesem natürlichen Prozess sind Stillgewässer aber auch gefährdet als Auffüllräume für Erdaushub sowie durch Nährstoffanreicherung (Eutrophierung), bei kleineren Gewässern v. a. aus der umgebenden Intensivlandwirtschaft. Zudem sind v. a. größere Gewässer auch als Erholungs- und insbesondere Badeorte bei der Bevölkerung begehrt, was zu Nutzungskonflikten führen kann.

In der Naturlandschaft sind Stillgewässer in Mitteleuropa außerhalb der jungglazial geprägten Landschaften (Nordostdeutschland, Alpenraum mit Alpenvorland)

Tab. 20.1 Typen von stehenden Süßgewässern. (Eigene Aufstellung)

Gewässertyp/ Eigenschaften	Pfütze	Tümpel	Weiher (bei künstlicher Anlage auch: Teich)	See
Wasser-konstanz	Unregelmäßig/ ephemer (einige Tage bis wenige Wochen); nach ergiebigen Nieder-schlägen oder bei Schneeschmelze	Regelmäßig; einige Monate, gelegent-lich auch über Jahre hinweg; dennoch periodisch bis episodisch immer wieder austrocknend	Perennierend (durch-gängig)	Perennierend; meist von Fließgewässer durchlaufen, wodurch der Wasser-spiegel stabilisiert wird, oder mit Anbindung an Grundwasser-Spiegel
Max. Wasser-tiefe	Unbestimmt (meist flach)	Unbestimmt (meist unter 1 m)	Einige Dezimeter bis unter 4 m (Untergrenze lichtbedürftiger Unter-wasser-Pflanzen)	Über 4 m
Lebewelt	Einzeller; bei längerer Wasserdauer auch Mückenlarven	Aquatische Tier- und Pflanzenwelt, die aber ein gelegent-liches Austrocknen ertragen muss	Aquatische Tier- und Pflanzenwelt	Aquatische Tier- und Pflanzenwelt

(Fortsetzung)

Tab. 20.1 (Fortsetzung)

Gewässertyp/ Eigenschaften	Pfütze	Tümpel	Weiher (bei künstlicher Anlage auch: Teich)	See
Bedeutung für den Natur- schutz	Gering	Amphibienschutz, aber auch andere Gruppen wie Libellen, Wasserkäfer und -wanzen	Bei „alten" Weihern große Anzahl Tier- und Pflanzenarten im Fokus des Natur- schutzes, u. a. etwa Seeroser; Fischotter, Fledermäuse, Wasser- vögel, Rohrsänger in den Verlandungszonen, Sumpfschildkröte, Grün- frösche	(Bei Stauseen eher gering, da durch stark schwankenden Wasserspiegel eine naturnahe Ufer- zonierung verhindert wird); ansonsten wie „Weiher"

Tab. 20.2   Zonierung der Ufervegetation eines Sees. (Eigene Darstellung)

Bezeichnung der Zone, des Gürtels/Eigenschaften	Röhrichtzone	Schwimmblatt-Gürtel	Zone der Unterwasser-pflanzen
Wassertiefe	Staunasser Untergrund oder Flachwasser bis ca. 1 m	ca. 1 m bis 2 m	ca. 2 m bis 4 m
Phänotyp	Dichte Pflanzenbestände, Gräser oder grasartiges Erscheinungsbild, als Kleinseggenrasen oft nur wenig dm, aber auch bis zu mehr als 2 m Höhe	Flach auf dem Wasser liegende Schwimmblätter; daneben auch echte Schwimmpflanzen	Oft dichte meterlange Unterwasser-Pflanzenbestände mit lang-gestrecktem Spross, Blätter oft feinfiedrig
Typische Vertreter	Schilf, Rohrkolben, Seggen, dazwischen auch Frosch-löffel und Pfeilkraut (Alismataceae)	See- und Teichrosen, Seekanne, Schwimmendes Laichkraut	Insb. auch viele Laichkraut-Arten (*Potamogeton* spec.), Armleuchteralgen (Characeen)

Abb. 20.12 Verlandungszonen an einem Weiher im ober-
bayerischen Alpenvorland (eutroph): Im Hintergrund Erlen-
Bruchwald, in der Bildmitte Röhrichtzone, im Vordergrund
Schwimmblatt-Gürtel mit der Gelben Teichrose *(Nuphar lutea)*.
(Eigene Aufnahme)

selten. Allerdings wurden sie vom Menschen aus unterschiedlichen Gründen immer wieder angelegt. Im Mittelalter etwa war es weithin während der Fastenzeit verboten
Fleisch zu essen. Da Fisch nicht als Fleisch galt, hatte
fast jedes Dorf einen oder mehrere Fischweiher. Auch
Klöster, heute noch sichtbar etwa im württembergischen
Maulbronn, waren häufig von mehreren Teichen oder
Seen umgeben. Heute sind in den nun protestantischen
Regionen die meisten davon im 18. und 19. Jahrhundert
aufgelassen und in ertragsmäßig oft produktiveres Ackerland umgewandelt worden. Im nach wie vor katholisch
geprägten Alpenvorland (Oberschwaben, Oberbayern,
Österreich) gibt es von solchen ehemaligen Fischteichen
hingegen noch recht viele. Durch ihr oft hohes Alter
besitzen sie meist eine hohe Biodiversität, da neue Arten

erst ganz allmählich oft über den Anflug von Wasservögeln eingebracht werden müssen. – Hier zeigt sich abermals das bereits bekannte Muster, dass Naturschutz heute, entgegen dem semantischen Kern des Begriffs, v. a. die traditionellen Nutzungsstrukturen zu bewahren versucht, eben Kulturlandschaftsschutz darstellt.

Im Zentrum der bisherigen Darstellung standen die Verhältnisse eher eutropher (nährsalzreicher) oder zumindest mesotropher Gewässer. Für den Naturschutz von besonderem Wert sind daneben auch die nährstoffarmen (dystrophen) Stillgewässer auf mineralischem Untergrund. Diese sind nur in Waldgebieten ohne Nährsalzeintrag durch Landwirtschaft denkbar. Sie besitzen eine Anzahl von Arten, die ansonsten völlig fehlen. So kommen im Feldsee, eines im Schwarzwald unterhalb des Feldberggipfels natürlich entstandenen Karsees, zwei Arten des Brachsenkrautes (Isoetes) vor. Beide Arten existieren in Baden-Württemberg ansonsten nur noch im benachbarten Titisee (Sebald, Seybold und Philippi 1993).

Fließgewässer wurden im Rahmen dieses Kapitels ausgespart; ihnen ist in Kap. 23 ein eigener thematischer Schwerpunkt gewidmet. Da jedoch diese unterschiedlich rasch fließen, sind auch ihre diesbezüglichen ökologischen Eigenschaften „fließend". Tieflandsbäche v. a. der norddeutschen oder der pannonischen Tiefebene ähneln somit in Lebensbedingungen und Artenspektrum oft eher Stillgewässern.

Hochgebirgsökosysteme

Sucht man im heutigen Mitteleuropa noch nach „echten" Naturräumen, wird man eigentlich nur im **Hochgebirge** noch fündig. Sowohl die extremen klimatischen Bedingungen mit Jahresmitteltemperaturen unter 0 °C als auch steile Hanglagen und das weitgehende Fehlen einer Bodenkrume schließen Land- und Forstwirtschaft weitgehend aus. Wirtschaftlich ist das Hochgebirge heute fast ausschließlich unter touristischen Gesichtspunkten interessant. Insofern unterliegen **Fremdenverkehr und Naturschutz** im Hochgebirge stärker als in anderen Räumen einer gewissen Konkurrenz. Nachteilig ist hier vor allem der Wintersport mit seinen Ansprüchen an Verkehrsanbindung, Aufstiegshilfen und planierten Pisten. Allerdings ist das Hochgebirge in Deutschland aufgrund der Steilheit der Kalkalpen nur zu geringen Teilen für den Wintersport erschließbar; ganz im Gegensatz etwa zu den vom geologischen Untergrund her flacher geböschten Zentralalpen.

Das Hochgebirge ist ein in sich sehr heterogener Naturraum, was mit der starken Reliefentwicklung und den damit verbundenen klimatischen Höhenstockwerken zusammenhängt. Darüber hinaus wechseln Hangneigung, Exposition zur Sonneneinstrahlung sowie geologischer Untergrund auf kleinstem Raum sehr rasch, was zu den unterschiedlichsten Standortbedingungen und damit zu einer hohen Biodiversität führt (Abb. 20.13; Tab. 20.3). Da zudem noch die ästhetische Wirkung des Gebirges zum Tragen kommt, sind Hochgebirge in Deutschland vom Naturschutz geradezu präferiert. Der an sich geringe deutsche Alpenanteil ist großenteils als Naturschutzgebiet ausgewiesen.

Im Hochgebirge lassen sich verschiedene Teilräume unterscheiden. Der **Bergwald der hochmontanen Stufe** ist im Allgemeinen noch nicht Teil der Höhenstufe des Hochgebirges, die formal mit der 1500-m-Höhenlinie, nach der Vegetation oft mit Erreichen der Waldgrenze (in den Alpen um 2000 m NN; Troll 1975) angesiedelt wird. Im Vergleich zu Wäldern niedrigerer Stufen ist der Bergwald häufig von Natur und Kultur her etwas aufgelichtet;

Abb. 20.13 Kultur und Natur im Hochgebirge. Der Vordergrund liegt nahe der Siedlungsgrenze im albanischen Hochgebirge. Ein Gemüsegarten wird gegen Wildverbiss mit einem Zaun geschützt. Der darüber liegende Wald zeigt, wie auch am entgegengesetzten Berghang, eine intensive Holznutzung. Erst im Gipfelbereich der Bergkette ist die natürliche Waldgrenze zu vermuten, von Karen und steilen Felsschroffen überragt. Geologisch und klimatisch, in Geländeneigung und Exposition, aber auch in der Art und Intensität des menschlichen Einflusses sind die Standorte äußerst unterschiedlich und von daher auch biologisch sehr vielfältig. (© Wenzel Halla u. Stefan Hupke)

die Baumkronen sind meist kleinflächig, um dem Schneedruck im Winter weniger Widerstand zu bieten. Neben noch vorhandenen Laubbaumarten spielen im deutschen Alpenraum auch Nadelgehölze eine große Rolle: außer der Fichte *(Picea abies)* noch die Lärche *(Larix decidua)* und in geringerem Maße Waldkiefer *(Pinus sylvestris)* und Zirbelkiefer *(Pinus cembra);* in den österreichischen Zentralalpen sind Lärche und Zirbelkiefer an der Waldgrenze die dominierenden Baumarten. Eine gewisse Weitständigkeit der Bäume ermöglicht neben hohen Niederschlägen im Unterwuchs eine dichte Vegetation aus Farnen, Zwerg-

Tab. 20.3   Stark vereinfachtes Schema der Höhenstufen der Vegetation in den nördlichen Kalkalpen. (Ergänzt durch einige Höhenangaben in den Zentralalpen; eigene Darstellung u. a. nach Reisigl & Pitschmann 1958, Ellenberg & Leuschner 2010; eigene Beobachtungen und Messungen des Verfassers: Hupke 1981)

Bezeichnung der Höhenstufe	Natürliche Vegetation	Kulturvegetation/zivilisatorische Einflüsse	Ungefähre Höhenlage NN
Nivale Stufe (hoch-Mittel-Nieder-nival)	v.a.. Flechten und Moose, wenige Blütenpflanzen vereinzelt an windgefegten Stellen und an steilen Felsvorsprüngen (ansonsten Schneebedeckung)	*(sofern das Relief nicht zu steil ist) Winter-sport; Bergsteigen*	Oberhalb 2500 m, in den Zentralalpen Oberhalb 3000 m
Alpine Stufe (hoch-,mittel-,nieder-alpin)	Alpine Matten (Gräser, Kräuter; v. a. im unteren Bereich Zwergsträucher)	***Klimatische*** *(falls vom Relief her möglich)* Wintersport; Bergwandern; traditionell: Almwirtschaft	**Schneegrenze** ca. 1700–2500 m, in den Zentralalpen ca. 2200–3000 m
Subalpine Stufe	„Kampfzone" des Waldes	**Klimatische** Wintersport; Wandern; traditionell: Almwirtschaft	**Waldgrenze** 1600–1900 m, In den Zentralalpen bis 2400 m
Montane Stufe (hoch-,mittel-,nieder-montan)	Bergwald als Mischung von Laubbäumen (v. a. Rotbuche, Bergahorn) und Nadelbäumen (v. a. Fichte, Weißtanne)	Im oberen Bereich Wintersport;Wandertourismus; traditionell im oberen Bereich Almen, im mittleren Bereich Zwischenalmen/Maiensässen, unten Talhöfe; Forstwirtschaft begünstigt Fichtenwald	Unterhalb 1600–1900 m bis herab ins Vorland (ca. 600–800 m)

sträuchern und Kräutern. Die kleinwüchsigen Sträucher besitzen den Vorteil, gegen Kälte und damit verbundene Frosttrocknis durch eine winterliche Schneebedeckung weitgehend geschützt zu sein, und kommen deswegen noch in größeren Höhen vor als die Bäume, wie dies etwa für die Alpenrosen *(Rhododendron* spec.*)* gilt.

Doch nicht nur die Pflanzenwelt, sondern auch die Tierwelt der Bergwälder ist für den Naturschutz interessant. Unter anderem deshalb wurden die beiden ersten Nationalparks in Deutschland (Bayerischer Wald und Berchtesgadener Alpen) mit Schwerpunkten weitgehend in der Zone der Bergwälder ausgewiesen. Zur Fauna der Bergwälder gehören Rothirsch *(Cervus elaphus)*, Gämse *(Rupicapra rupicapra)*, mehrere Wildhühner (Auerhuhn, Birkhuhn, Haselhuhn) und Steinadler *(Aquila chrysaetos)*. Einige dieser Arten kommen zumindest im Sommer auch oberhalb der Waldgrenze vor, andere sind von Natur aus auch im Tiefland zu finden, sind aber der Landschaftsveränderung und der Jagd in die oft schwer zugänglichen Bergwälder entflohen. Zudem bilden entlegene und ausgedehnte Bergwälder potenzielle Lebensräume für europäische Großprädatoren: für den Wolf *(Canis lupus),* den Braunbär und den Luchs, die etwa in den kleineren Stadt- und Wirtschaftswäldern niedrigerer Höhenstufen kaum vorstellbar wären.

Die **Waldgrenze** umfasst eine eigene Höhenstufe, die nach Reisigl und Pitschmann (1958; Tab. 20.3) als die **subalpine Stufe** charakterisiert wird. Entgegen der landläufigen Vorstellung ist sie, zumindest unter menschlichen Kultureinflüssen, nicht als eine klare Linie ausgebildet, sondern als breiter Übergangssaum (Abb. 20.14), der mehrere Hundert Höhenmeter umfassen kann. Der Wald löst sich allmählich auf in kleinere Gruppen oder einzeln stehende Bäume. Oft hat man gerade die großen Bäume als Schattenbäume für das Weidevieh der Almen stehen

Abb. 20.14 Die hochmontane und die subalpine Stufe bieten eine Vielfalt von Standorten: von Waldarealen und offenen Weideflächen bis hin zu Lägerfluren und Felsabstürzen. (Eigene Aufnahme)

lassen. Die Vielfalt der Standorte von Vollsonne bis Totalschatten und der Strukturreichtum machen gerade die subalpine Stufe als „Kampfzone" des Waldes zu einem artenreichen Lebensraum. Schon die unterschiedliche Exposition lässt unterschiedliche Standorte aufkommen. Wichtiger oft noch ist die Feindifferenzierung des Geländes. Diese bestimmt nämlich Höhe und Andauer der winterlichen Schneedecke. Besonders schneegefegte Grate werden häufig von der Gämsheide (oder auch: Alpenazalee; *Kalmia procumbens*), einem flach dem Boden anliegenden Zwergstrauch, besiedelt, oder tragen Flechtenrasen. Hier ist das Problem bei Minustemperaturen die sog. Frosttrocknis, wenn bei starkem Wind und möglicherweise Sonneneinstrahlung die Pflanzen durch Verdunstung Wasser verlieren, aber bei gefrorenem Boden nicht wieder nachliefern können. Besser geschützt sind die Zwergsträucher wie die *Vaccinium*-Arten Heidelbeere, Rauschbeere und Preiselbeere oder die Alpenrosen (*Rhododendron* spec.) am Rande der kleinen Geländemulden (Schneetälchen), wo der Schnee im Winter oft meterhoch liegen bleibt. Im eigentlichen Schneetälchen dagegen bleibt die winterliche Schneebedeckung in der wärmeren Jahreszeit oft zu lange erhalten (oftmals bis in den Hochsommer), was durch die Verkürzung der sommerlichen Wachstumsperiode auch wieder ungünstig ist. Hier ist die Vegetation wieder eher schütter und besonders durch das Alpenglöckchen (*Soldanella alpina*) charakterisiert, welches nach Abschmelzen des Schnees innerhalb weniger Tage zum Blühen kommt und dessen Blühtermine daher je nach Geländesituation und Witterung zwischen Frühling und Hochsommer variieren.

Hinzu kommen vom Menschen angelegte Sonderstandorte wie die Lärchenwiesen, wo unter einem aufgelockerten und im Frühjahr noch lichtdurchfluteten winterkahlen Baumbestand eine besondere Fülle von Kräutern gedeiht.

Wo der Bergwald zerstört wurde (entweder durch den Menschen oder durch frequente Lawinenabgänge) oder wo die natürlichen Bedingungen bei nacktem Fels oder nur geringer Feinbodenauflage sehr ungünstig sind, breiten sich in den nördlichen Kalkalpen (mit denen wir es in Deutschland ausschließlich zu tun haben) **Latschengebüsche** der Bergkiefer *(Pinus mugo)* aus. Diese dichten Kieferngebüsche bestehen meist nur aus dieser einzigen Baumart und sind zumindest bei dichter Entfaltung weitgehend frei von Unterwuchs. Es handelt sich um bereits von Natur aus artenarme Lebensgemeinschaften.

Im Gegensatz dazu sehr artenreich, insbesondere an Blütenpflanzen, sind die **alpinen Matten**, die aus Gras- und Kräuterfluren bestehen. Hierin entsprechen sie in vieler Hinsicht den Magerrasen der tieferen Höhenstufen außerhalb der Alpen. Allerdings sind die alpinen Matten oberhalb der Waldgrenze von Natur aus verbreitet, was

Abb. 20.15 Hoch gelegene Bauernhöfe oder Almhütten (hier in den Bayerischen Voralpen am Brauneck bei Lenggries in ca. 1600 m NN) haben heute einen Funktionswandel hin zum Fremdenverkehr erfahren, für den die gute Verkehrsanbindung durch eine Fahrstraße Voraussetzung ist. Dennoch spielten und spielen sie eine Rolle bei der anthropogenen Tieferlegung der Waldgrenze durch Weidenutzung (Viehverbiss). Sie schaffen auch weit unterhalb der klimatischen Waldgrenze Offenlandbereiche, in denen lichtliebende Pflanzen der alpinen Matten weit herabsteigen können.
Die Differenzierung der Vegetation um das Gehöft ist im Wesentlichen auf den unterschiedlichen Eintrag von Kuhdung zurückzuführen. Mit Hochstauden bewachsene Weideflächen sind meist aus Lägerfluren hervorgegangen: Rastplätzen des Viehs in oft Mulden- oder ebener Lage; in direkter Hofumgebung auch auf das Austreten oder Verkippen von Jauche zurückzuführen. (Eigene Aufnahme)

unter anderem auch ihren Artenreichtum erklärt. Jedoch haben sich die Artenkompositionen erst nachkaltzeitlich in den vergangenen 10.000 Jahren ausgebildet, als bald auch schon der Mensch landschaftsverändernd auf den Plan trat. Auch hier gilt wieder, dass man sich von der

Vorstellung verabschieden sollte, dass Natur stets statisch sei und nur der Mensch den Wandel herbeiführe.

Allerdings hat die Einwirkung des Menschen zu einem Abstieg der Waldgrenze oft um mehrere Hundert Höhenmeter geführt und damit den Lebensraum der Bewohner alpiner Matten erheblich erweitert. Auch weit unterhalb der natürlichen Waldgrenze wurden häufig Almen oder Maiensässen geschaffen (Abb. 20.15), die in einiger Hinsicht eine Extension alpiner Matten darstellen, erweitert um einige Arten tieferer Höhenstufen. Dass weniger niedrige Temperaturen für die alpinen Matten ein Erfordernis darstellen als vielmehr Nährsalzmangel und ungehinderter Lichteinfall, zeigt schon die Tatsache, dass als alpin geltende Arten durchaus auch im Vorland vorkommen können, sofern diese beiden Voraussetzungen gegeben sind: So gedeihen Stängelloser Enzian und historisch belegt gelegentlich sogar das Edelweiß *(Leontopodium nivale)* auch auf den Schotterflächen der Isar im Alpenvorland.

Einen Sonderstandort innerhalb der alpinen Matten stellen die **Lägerfluren** dar, die sich als bevorzugte Lagerstätten des wiederkäuenden Rindviehs vor allem um die Almhütten herum finden. Der Nährsalzüberschuss lässt hier eine charakteristische Gesellschaft hochwüchsiger Stauden aufkommen, wie den Weißen Germer *(Veratrum album)* oder die Eisenhut-*(Aconitum-)*Arten. Dieser zunächst rein durch menschliche Einwirkung entstandene Standort ist wiederum durch den Rückgang der Viehhaltung und Aufgabe der Almen bedroht. Tendenziell bilden sich also wieder die naturnahen Verhältnisse einer relativ hoch gelegenen Waldgrenze und einer (abgesehen von Felsabstürzen und Lawinengassen; Abb. 20.16, 20.17) weitgehend geschlossenen Waldstufe unterhalb heraus. Dies führt jedoch unterhalb der Wald-

Abb. 20.16 In Felsarealen ist Vegetation nur in Nischen möglich. Hier siedeln Spezialisten wie Aurikel *(Primula auricula)* oder die Hauswurz-(Sempervivum spec.-)Arten. (Eigene Aufnahme)

grenze zu einem gewissen Verlust an Biodiversität, weil die Licht liebenden Arten zurückgedrängt werden. – Zudem wird der ökologisch gesehen keineswegs monotone Wald von Wanderern und Naturliebhabern oft doch als eintönig empfunden. Auch aus diesen Gründen versuchen Landschaftsschützer durch Offenhaltung von Flächen eine optisch-ästhetische Vielfalt zu bewahren.

Das eigentliche Hochgebirge bilden jedoch die **hochalpine** und die **nivale Stufe,** die keine flächendeckende Vegetation mehr aufweisen und in der kaum noch neue Arten (von unten her gesehen) hinzutreten. Somit ist die Artenzahl hier deutlich reduziert. An dieser Stelle zeigt sich, dass Naturschutz nicht nur Tiere und Pflanzen, sondern oft auch Abiotisches im Auge hat, wenn es um den Schutz der Natur geht. Zunächst ist hier ein tatsächlich noch weitgehend unberührter Naturraum zu schützen. Zum anderen liefert gerade das extreme Hochgebirge mit Felsabstürzen (Abb. 20.13, 20.16), mit Graten

Abb. 20.17 Lawinengassen und Mur-Rinnen (wie im Vordergrund des Bildes) sind die Folge einer extremen Dynamik von Lockermassen im Hochgebirge (hier: in den „Albanischen Alpen"), bedingt durch die Steilheit des Reliefs. Größere Holzgewächse werden regelmäßig zerstört. Auf diese Weise entsteht bereits von Natur aus weit unterhalb der klimatischen Waldgrenze waldfreies Offenland, das von Licht liebenden Pflanzenarten besiedelt werden kann. (© Wenzel Halla)

und Zacken sowie mit Schneefeldern und Gletschern imposante Natureindrücke.

Zu den Besonderheiten der Rezeption des Hochgebirges gehört auch, dass es in der öffentlichen Wahrnehmung wohl als Folge seiner besonderen „Sichtbarkeit" einen größeren Stellenwert einnimmt, als es ihm eigentlich aufgrund seines Flächenanteils zukäme. So definiert sich das Bundesland Bayern traditionell auch aufgrund seines Alpenanteils. Tatsächlich beträgt der Alpenanteil an Bayern selbst bei großzügiger Abgrenzung kaum mehr als 5 % der Landesfläche. Bayern insgesamt erscheint in der Realität als ein vorwiegendes Flach- und Hügelland mit einem größeren Anteil an Mittelgebirgen vor allem an seinen Ostgrenzen. Die Tendenz, die Alpen bedeutender aussehen zu lassen, als sie in Wirklichkeit sind, setzt sich in der Selbstdarstellung der bayerischen Hauptstadt fort: München liegt keineswegs am Rande der Alpen, wie selbst viele Besucher meinen; auch wenn man vom Turm der Frauenkirche aus bei klarer Sicht die Alpen durchaus sehen kann. Um diese zu erreichen, muss man auf der Autobahn allerdings noch einmal rund 80 Fahrkilometer sowie eine knappe Zeitstunde zurücklegen.

Wattenmeer

Das deutsche **Wattenmeer** besitzt für die amtliche Naturschutzstatistik unbestreitbare Vorteile: Es entzieht sich aufgrund seiner besonderen Situation einer intensiveren Nutzung und es verbessert aufgrund seiner enormen Größenrelation diese Statistik. Auch wenn die Wattenareale ihrem Wesen nach nicht mehr zum Festland gehören und verständlicherweise nicht der Fläche Deutschlands zugerechnet werden: Zu den geschützten Flächen innerhalb Deutschlands zählen sie statistisch allemal. Ähnliche Tendenzen, die geschützten Areale großzügiger aussehen zu lassen, als sie in Wirklichkeit sind, gibt es auch im Binnenland, wo an ein Naturschutzgebiet angrenzende Flächen wie Straßen oder andere für den Naturschutz wertlose Flächen oft mit in das Naturschutzgebiet eingerechnet werden. – Die amtlichen

Zahlen von etwa 4 % streng geschützter Fläche (nicht eingeschlossen sogenannte Landschaftsschutzgebiete, die kaum einem Schutz unterliegen) relativieren sich von daher noch einmal deutlich.

Davon einmal abgesehen eignet sich das Wattenmeer als zu schützender Naturraum durchaus. Es kann insgesamt als ausgesprochen naturnah gelten, zumal es sich dabei aus morphodynamischen Gründen ohnehin um eine Landschaft im ständigen Werden und Vergehen handelt, in der bereits der tägliche Wechsel von Ebbe und Flut sowie darüber hinaus unregelmäßige Sturmfluten für einen ständigen Wandel sorgen. Das Wattenmeer kennt also keine Stabilität, von der menschliche Betrachter der Natur traditionell ausgehen. Es besitzt vielmehr in erheblichem Maße die Fähigkeit, menschliche Veränderungen in kürzester Zeit wieder rückgängig zu machen. Selbst Inseln unterliegen unter der Einwirkung von Wind, Wellen und Meeresströmungen einer ständigen Veränderung.

Bei oberflächlicher Betrachtung wirkt das Wattenmeer oft eintönig, offenbart bei genauerer Analyse jedoch eine Vielfalt von Lebensräumen, die von Wassertiefen, Strömungsgeschwindigkeiten und Materialkorngrößen abhängig sind. Daneben ist es ausgesprochen reich an Nährsalzen, sowohl in Form von lebenden als auch von abgestorbenen Individuen und deren Überresten. Diese Kombination von Lebensraummerkmalen ermöglicht eine hohe Artenvielfalt bei gleichzeitig hoher Individuenzahl.

Geradezu Bestandteile des Wattuntergrundes sind Würmer, Krebse (s. a. Krebstiere: Crustacea), Schnecken (Gastropoda) und Muscheln (Bivalvia). Doch auch Meeressäuger wie Seehunde *(Phoca vitulina)* und Schweinswale suchen das Wattenmeer zumindest häufig auf oder haben hier ihren eigentlichen Lebensraum. Auch für die Fischfauna ist das durch **Nährsalzreichtum** bedingte Nahrungsangebot eine ideale Alternative zu den eher nährsalz- und individuenarmen Lebensräumen der Hoch- und Tiefsee.

Die Ausweisung des Wattenmeeres als Schutzgebiet steht im Gegensatz zu der noch immer recht intensiven Nutzung des Gebiets durch die Krabbenfischerei (eigentlich: Garnelenfischerei). Aber solche Nutzungskonflikte treten auch im festländischen Bereich auf, etwa zwischen Naturschutz und den Interessen der Jagd und der Fischerei. Hier wie dort werden sie zumeist im Sinne der Nutzung entschieden.

Ein besonderes Anliegen des Naturschutzes im Wattenmeer sind die Bestände an **Seehunden** *(Phoca vitulina)* (Abb. 20.18). Die liebenswürdigen Tiere mit den großen Knopfaugen lassen sich als Sympathieträger des Naturschutzes verwenden und ermöglichen es, eine mentale und emotionale Brücke zwischen Tierschutz und Natur-

Abb. 20.18 Massenversammlung von ruhenden Seehunden an einem Außensand des deutschen Wattenmeeres. Durch die Hundestaupe wurden die Bestände 1988 stark dezimiert, haben sich aber in der Zwischenzeit wieder gut erholt. (© Marion Hupke)

schutz zu schlagen (s. Kap. 3). Nachdem der Seehund bis in die 1960er-Jahre durch die Jagd und durch die Verfolgung als Fischereischädling in der südlichen Nordsee fast ausgerottet war, erholten sich die Bestände durch den einsetzenden Schutz bis in die 1980er-Jahre erheblich. Dann setzten der Art Ausbrüche des Staupevirus erheblich zu. Inzwischen hat sich der Bestand an Seehunden im deutschen Wattenmeer allerdings wieder stark erholt und ist auf mehrere Tausend Tiere angewachsen.

Gerade das Staupevirus belebte die Diskussion um eingetragene Schadstoffe im Wattenmeer, das ja im Bereich der Mündungen großer Flüsse liegt (Weser, Elbe). In Zusammenhang mit Umweltgiften kann es zu einer Schwächung der körpereigenen Immunabwehr kommen. Hier haben Umweltschutz und Naturschutz tatsächlich ein gemeinsames Interessengebiet. Allerdings lassen sich – wie so oft bei komplexen Umweltphänomenen (z. B. beim Waldsterben in den 1980er-Jahren) – die kausalen Verknüpfungen nur sehr schwer nachweisen.

21

Kleinbiotope und ihre Bedeutung für Biodiversität und Naturschutz

Ein **Waldbaum** stirbt. Vielleicht hat er als Birke oder Spitzahorn gerade einmal ein paar Jahrzehnte da gestanden, vielleicht als langlebige Baumart wie Eiche oder Buche ein paar Jahrhunderte mehr. Der Tod eines Baumes vollzieht sich langsam. Sein Holz wird allmählich morsch, Insektenlarven erobern dieses und leben vom sich langsam zersetzenden Material. Dies lockt wieder weitere Tiere an, etwa räuberische Insekten wie den Puppenräuber oder Schlupfwespen, darüber hinaus auch Vogelarten, insbesondere Spechte. Diese legen in diesen alten und sterbenden Bäumen gerne ihre Nisthöhle an. Oft werden die Nisthöhlen nachfolgend von anderen Tieren genutzt, die selbst nicht in der Lage sind, Baumhöhlen zu schaffen, wie Meisen, Fledermäuse und Siebenschläfer. Vielleicht wird der Baum auch innen ausfaulen, sodass er als Ruheplatz oder als Brutstätte für Wildkatze und Baummarder infrage kommt. Irgendwann einmal wird der alte Baum seine Standfestigkeit verlieren und umstürzen, vielleicht bei einem Sturm. Ist er zu diesem Zeitpunkt noch vital

© Springer-Verlag Berlin Heidelberg 2020
K.-D. Hupke, *Naturschutz*,
https://doi.org/10.1007/978-3-662-62132-5_21

genug, wird sein Wurzelteller möglicherweise den Boden aufreißen und eine kleine Mulde entstehen lassen, die sich bei Wasser stauendem Untergrund vielleicht mit Wasser füllt und einen kurzzeitigen Tümpel bildet. Auf jeden Fall reißt der umgestürzte Baum eine Lücke in den Bestand, die einen erhöhten Einfall von Sonnenlicht auf den Waldboden und damit neues Pflanzenleben ermöglicht. Darüber hinaus stellt er mit seinem **faulenden Holz** ein großes Nährsalzpotenzial, sodass sein Tod üppiges Pflanzenleben mit sich bringt. Oft stehen wie in einer Reihe angeordnet keimende Fichten auf einem verfallenden Stamm. Außerdem wird auf ihm eine große Anzahl von Pilzen wachsen, und weitere Käfer und andere Insekten legen in seinem Holz ihre Eier ab und nutzen ihn für die Entwicklung ihrer Larven.

Diese Situation war sicherlich bis zur stärkeren Nutzung der Wälder durch den Menschen allgemein verbreitet. Erst die **Erschließung der Wälder,** die in den meisten Mittelgebirgen nicht vor dem Hochmittelalter (ab ca. dem 10. bis 12. Jahrhundert) erfolgte, führte zu einem Niedergang der alten Bäume und damit zu deren frühem Tod. Nach einer eher unsystematischen und damit bestandsvernichtenden Holznutzung im Mittelalter und der frühen Neuzeit wurde ab dem 18. Jahrhundert die moderne Forstwirtschaft mit dem Ziel der Nachhaltigkeit entwickelt. **Nachhaltigkeit** (s. von Carlowitz 1713) bedeutete in dieser frühen Zeit ganz einfach, dass in einem bestimmten Zeitraum nicht mehr Holz aus dem Wald entnommen werden sollte, als in der gleichen Zeit wieder nachwachsen konnte. Dieser Grundsatz war damals phänomenal neu, denn er bedeutete, dass auch auf die Nutzungsansprüche kommender Generationen Rücksicht genommen wurde. Für den Naturschutz ist diese frühe Verwendung des Begriffs Nachhaltigkeit durchaus von ambivalenter Wertigkeit. Zum einen besteht der Wald in seiner Holzmasse als Folge der nachhaltigen Bewirtschaftung fort bzw. wird sogar erst wieder aufgebaut. Zum anderen schützt die traditionelle Nachhaltigkeitsdefinition der Forstwirtschaft den Wald nicht davor, strukturell vereinfacht und mit standortfremden Arten kontaminiert zu werden, die dem reinen Holzertrag dienen. Der Wald wird tendenziell zum Forst umgewandelt.

Im Sinne eines erweiterten Nachhaltigkeitsverständnisses bemüht sich der Naturschutz im Wald (Scherzinger 1996) heute um die Rückgewinnung von Flächen, die in Form eines Prozessschutzes sich selbst überlassen bleiben und erstaunlich artenreich sind. Allerdings ergibt sich im Vergleich zu Wirtschaftswäldern (Forsten) eine deutliche Verschiebung des Artenspektrums: Die Licht liebenden Arten entlang der nun nicht mehr vorhandenen Wegränder und Einschlaglichtungen verschwinden weitgehend, und die eigentlichen Waldarten erscheinen wieder.

Neben den natürlichen Phänomenen **Altholz** und **Totholz** dominieren in der Kulturlandschaft allerdings **Kleinbiotope**, die durch Mitwirkung des Menschen geschaffen wurden. Die meisten davon dienten keineswegs dem Zweck, die Biodiversität zu steigern, und hatten zumeist auch keinen ausgesprochenen ästhetischen Stellenwert. Wer auch heute noch im ländlichen Raum arbeitet, aber dies mit „bildungsmäßig geadeltem" städtischen Blick tut, ist oft geradezu erschüttert über das Desinteresse der Bauern an der **Schönheit der gewachsenen Kulturlandschaft.** Diese Schönheit ist als Nebenprodukt der Nutzung entstanden, und sie ist noch nicht einmal von sich aus schön. Wäre es anders, würde es der Landwirt zweifellos wahrnehmen. Die Schönheit sowohl der Natur- als auch der Kulturlandschaft ist vielmehr eine Projektion der städtischen und gebildeten Schichten, die sich sowohl von der Natur als auch von der Agrarkultur in ihren täglichen Bezügen weit entfernt haben. Landwirte können diese Schönheit einer traditionellen Agrarlandschaft meist erst dann wahrnehmen, wenn sie sich beruflich und räumlich davon entfernt haben, also etwa die Landwirtschaft aufgegeben und eine Wohnung in der Stadt bezogen haben.

Solche **Kleinstrukturen,** welche für die Schönheit, aber auch für die Vielfalt der Landschaft stehen, können Wasserfassungen sein, die zum Tränken des Viehs dienen, oder Feldhecken, die den eigenen Acker von dem des Nachbarn abgrenzen und somit helfen, Grenzstreitigkeiten zu vermeiden. Oder es können Stapelplätze für das winterliche Brennholz sein oder ein kleines Gehölz hinter dem Haus, das eben diesen Holzeinschlag liefert. Oder einzeln stehende Bäume, die im heißen Früh- und Hochsommer für das weidende Vieh den nötigen Schatten spenden. Alle diese genannten Kleinstrukturen stellen für jeweils zahlreiche Tierarten Versteckplätze und Nahrungsangebote bereit.

Waldränder vereinen viele Eigenschaften, die unten für Feldhecken dargestellt werden. Sie sind als kennzeichnende **Grenz- und Übergangsräume** besonders reich an Arten, oft artenreicher als das geschlossene Innere des Waldes oder als die vielfach kahlgeräumte Feldflur. Abhängig ist dieser Artenreichtum, insbesondere an Insekten und Vögeln, vom Strukturreichtum der Waldränder. Dies gilt vor allem für eine reich gestufte Kronenstruktur, eine Mischung alter und junger Bäume in verschiedenen Arten sowie für ein Oszillieren des Waldrandes mit unterschiedlichen Expositionen und damit auch wieder für Variationen in Sonneneinstrahlung, Feuchtigkeit und Temperaturregime. Zudem profitiert der Waldrand vom Übergang unterschiedlicher Lebensräume. So nutzen viele Wildarten den Rückzugsraum des Waldes, suchen aber zum Äsen gerne Äcker und Wiesen auf, wie es bei Rehen, Rothirschen und auch Wildschweinen üblich ist.

Der Mensch hat durch eine Auflichtung des Waldes und insbesondere durch die Schaffung eines mehr oder weniger regelmäßigen Wechsels von Feldflur und Wald dafür gesorgt, dass Waldränder, die von Natur aus nur in den Waldsteppen etwa in Südosteuropa zu finden wären, zu einem sehr kennzeichnenden Element der Kulturlandschaft geworden sind.

Einzelbäume, oft als Schattenbäume für das Weidevieh genutzt, entwickeln infolge des freien Lichteinfalls häufig eine sehr ausladende Baumkrone, die meist bereits wenige Meter über dem Boden ansetzt. Vielfach dominieren sehr starke waagrechte Äste die Krone und machen sie damit als Kletterbäume für Kinder interessant. Die große Entfaltung in die Breite geht nicht selten auf Kosten der Höhe, die bei starkem auch seitlichem Lichteinfall anders als im dichten Waldbestand kein unbedingtes Erfordernis darstellt. Neben den einheimischen Waldbäumen kommen als Solitäre auch Kulturarten wie etwa Obstbäume vor.

Alleen stellen in einiger Hinsicht einen Sonderfall der Solitärbäume dar mit einer Reihung, oft in typischer Doppelreihung, entlang eines Weges oder einer Straße. Ebenso einen Sonderfall des Einzelbaumes bildet die Dorflinde auf oder neben dem Dorfplatz, wo sie einst den geometrischen Mittelpunkt eines kleinen Dorfes markierte.

In Einzelbäume bauen häufig größere Vögel wie Greifvögel oder Krähen (Corvus spec.) ihre Horste. Die Tragfähigkeit der Äste einer Feldhecke würde dafür nicht ausreichen. Die ökologische „Schädlichkeit" dieser Vögel gegenüber kleineren Arten wie gegenüber dem Jagdwild wird heute im Vergleich zu zurückliegenden Jahrzehnten von Wildbiologen im Allgemeinen viel zurückhaltender beurteilt.

Meistens gehören Solitärbäume nicht zu den seltenen Arten und wären aus Gründen des Artenschutzes eigentlich gar nicht schützenswert. Allerdings sind sie belebende und ästhetisch wertvolle Elemente der Kulturlandschaft, und auch als Biotop und damit Lebensraum für viele weitere Arten sind sie nicht zu verachten. Naturschutz nährt sich eben, wie schon Kap. 2 gezeigt hat, aus unterschiedlichen Motivationen.

Besonders wertvolle Elemente der Vielfalt im Agrarraum stellen **Feldhecken** (Abb. 21.1) dar, wie sie etwa als Knicks im östlichen Schleswig–Holstein weit verbreitet sind, und noch mehr verbreitet waren. Sie sind reich besonnt und trotzdem im Inneren schattig. Ihre Strukturen ähneln Waldrändern und ziehen Arten an, welche von Natur aus in den Übergangsräumen der Waldsteppen Südosteuropas zu finden wären. Kleinräuber wie Wiesel (Mustela spec.), Igel *(Erinaceus europaeus)* und Spitzmäuse (Soricidae) haben hier ihren Unterschlupf und helfen der Landwirtschaft bei der Schädlingsbekämpfung. Auch als Brutplätze für Dutzende von Vogelarten sind

Abb. 21.1 Dorngeflecht von Schlehen im Kleinbiotop Feldhecke. Die im zeitigen Frühjahr noch unbelaubte Dornenhecke ermöglicht vielen kleinen Singvögeln ein gefahrloses Brüten. (Eigene Aufnahme)

Feldhecken wichtig. Erst durch Feldhecken und Feldgehölze ist die eintönige Agrarsteppe für die meisten Arten als ergänzender Lebensraum überhaupt nutzbar.

Auch botanisch gesehen sind Feldhecken durchaus reichhaltig. Kennzeichnend sind die heckenbildenden Sträucher oder niedrigen Bäume wie Schlehe, Hartriegel, Berberitze, Liguster, Weißdorn oder Feldahorn. Eine längere und vielgestaltige Hecke wird oft von mehr als einem Dutzend Straucharten gebildet. Die Breite einer Feldhecke beträgt meist nur wenige Meter und entspricht ihrem Zweck der Grenzziehung. Oft folgt sie auch einem Feldweg. Im Inneren einer Hecke herrscht durch die starke Laubbildung der Sträucher zum Licht hin häufig großer Lichtmangel, sodass ein eigentlicher Unterwuchs meist fehlt. An den Rändern der Feldhecke dagegen ist der **Lichteinfall** so groß, dass diese im Bewuchs einem Ackerrain oder Ackerrandstreifen entsprechen. Der starke Wechsel des durchschnittlichen Lichteinfalls lässt eine Vielfalt von Klein- und Kleinstlebensräumen entstehen, auch im nur meist wenige Meter hohen Kronendach der Hecke, und damit eine Vielfalt insbesondere von Insektenarten und anderen Gliederfüßern. Von diesen wiederum leben zahlreiche Vogelarten, vor allem Singvögel. Die große Dichte der Hecken, bedingt durch den starken Lichteinfall von oben und von der Seite her, bietet den Singvögeln – teilweise ergänzt durch dornige Zweige, etwa von Rosenarten, Schlehe und Weißdorn – Schutz vor Räubern in ihren Brutzonen, während sich die Vögel selbst wegen ihrer geringen Größe zwischen den Zweigen, Blättern und Dornen zumeist gut bewegen können (Abb. 21.1).

Trockenmauern (Abb. 21.2) wurden in Steillagen errichtet, helfen dort, Böschungen und Wegränder zu stabilisieren, und schaffen überhaupt erst die zur intensiveren Nutzung erforderlichen ebenen Flächen im

Abb. 21.2 Kleinbiotop Trockenmauern im südwestdeutschen Weinbau. Die Trockenmauern bieten mit ihren Spalten und Hohlräumen zahlreichen Amphibien und Reptilien wie Erdkröte, Feuersalamander und Schlingnatter *(Coronella austriaca)* Unterschlupf. (Eigene Aufnahme)

Steilrelief. Oftmals sind diese Terrassenlagen kombiniert mit Weinbau, für den in Mitteleuropa aus kleinklimatischen Gründen Hanglagen bevorzugt werden. Allerdings hat die fortschreitende Mechanisierung der Landwirtschaft sich auch hier als nachteilig erwiesen. Entweder wurden die vorigen Kleinterrassen in Großterrassen umgewandelt, wie dies wohl nur in tiefgründigen Lösslagen vor allem am Kaiserstuhl möglich ist. Oder sie wurden aufgegeben, was bei Beibehaltung der Nutzung zu verstärkter Bodenerosion führt, wie im württembergischen Keuperbergland (Stromberg, Heuchelberg, Löwensteiner Berge) zu beobachten. Die dritte Option wäre die Überlassung an die natürliche Sukzession mit dem Endstadium des Waldes. Allerdings hat sich im Neckarland und im Moselgebiet, weniger ausgeprägt am Mittelrhein, durchaus noch der Weinbau in Kleinterrassenlagen bis heute teilweise recht ausgeprägt erhalten.

Gerade die lückig gesetzten Trockenmauern stellen ideale Rückzugsräume für Amphibien und Reptilien dar. So haben Freunde des Verfassers vor einigen Jahren auf ihrem Hobbygrundstück im mittleren Neckarraum nördlich von Stuttgart etwa 8 m baufällig gewordene Trockenmauer sorgfältig abgebaut und wieder neu errichtet. Dabei trafen sie in der winterlichen Ruhephase folgende Amphibien und Reptilien an: Feuersalamander *(Salamandra salamandra)*, Teichmolch, Erdkröte *(Bufo bufo)*, Ringelnatter *(Natrix natrix)*, Schlingnatter *(Coronella austriaca)*, Zauneidechse *(Lacerta agilis)* und Blindschleiche *(Anguis fragilis)*; insgesamt also drei Amphibien- und vier Reptilienarten auf nur wenigen Metern Länge. – Insbesondere der Feuersalamander scheint in traditionellen Weinbaugebieten seinen ursprünglichen Lebensraum im Umkreis feuchter Waldschluchten und Quellbäche verlassen und in den Trockenmauern der Weinberge seinen eigentlichen Lebensraum gefunden zu haben. Fast nirgendwo sonst lässt sich so gut wie am Beispiel der Trockenmauer aufzeigen, dass Arten durchaus dazu imstande sind, vom Menschen geschaffene Lebensräume zu besiedeln, und dies in stattlicher Anzahl und großer räumlicher Dichte. Entscheidend ist die Stabilität so geschaffener Strukturen über Jahrzehnte, besser Jahrhunderte hinweg, sowie vor allem deren innere Differenzierung und Vielgestaltigkeit. Man sieht den von außen oft kahl und lebensfeindlich wirkenden Trockenmauern zumeist nicht unbedingt an, welcher biotische Reichtum buchstäblich in ihnen steckt (Abb. 21.3).

Stehende Gewässer unterliegen von Natur aus einem raschen Eintrag von Sedimenten, sofern sie entsprechend groß sind und von zumindest einem Bachlauf durchzogen werden; oder aber sie sind klein und stehen weitgehend unter Bäumen, wodurch es beim herbstlichen Laubfall

Abb. 21.3 Die eigentlich mediterrane Mauereidechse, deren nördliche Verbreitungsgrenze durch den Südwesten Deutschlands geht, ist ein typischer Bewohner von Trockenmauern. Das abgebildete Tier steht für einen erfolgreichen naturschützerischen Umsiedelungsversuch im Rahmen neu angelegter Trockenmauern. (Eigene Aufnahme)

innerhalb sehr kurzer Zeit zu einer Aufsedimentierung mit Faulschlamm kommt. Um es kurz zu sagen: Abgesehen von den Zonen einer jüngeren Vereisung ist die Naturlandschaft im Allgemeinen sehr arm an stehenden Gewässern. Zumeist waren diese vor den stärkeren Eingriffen durch den Menschen im pleistozän nicht vereisten Teil Mitteleuropas wohl auf abgeschnürte Mäanderbögen von Fließgewässern oder auf Biberteiche beschränkt.

Dies überrascht, weil ausgesprochen viele Tier- und Pflanzenarten auf stehende Gewässer oder auf deren Ufersäume und Verlandungszonen angewiesen sind. Neben nahezu allen einheimischen Amphibienarten sind dies vor allem viele Arten von Wasserinsekten (Käfer, Wasserwanzen, Libellen, Stein- und Köcherfliegen). Für die Lebensmöglichkeiten in einem solchen Gewässer ist ganz entscheidend, ob und wie häufig es austrocknet. Oft ist ein gelegentliches Austrocknen (Lebensraum **Tümpel;** vgl. Abb. 21.4) für die Tierarten geradezu Bedingung. Ein Perennieren (Lebensraum **Weiher;** bei künstlicher Anlage auch: **Teich**) würde nämlich bedeuten, dass Fische aufkämen, deren Laich gelegentlich durch das Gefieder von Wasservögeln eingeschleppt wird. Ein solcher Fischbestand würde den Amphibiennachwuchs bedrohen. Trocknet der Tümpel allerdings allzu häufig aus und kann nicht wenigstens über einige Monate hinweg sein Wasser bewahren **(Pfütze),** so fehlt darin, eventuell mit Ausnahme von Stechmückenlarven, die Wasserlebewelt weitgehend. Ein Tümpel hingegen füllt sich vor allem im Winterhalbjahr mit Wasser und hält dieses mehr oder weniger regelmäßig bis in den Frühsommer. Ein solches Gewässer ist gerade für die Frühjahrslaicher unter den Amphibien ideal, wie Molche, Braunfrösche (*Rana* spec.)

Abb. 21.4 Wagenspurtümpel als Kleinbiotope. Die mechanisierte Forstwirtschaft hinterlässt häufig tief aufgewühlte Wege, die von Wanderern wie Umweltschützern kritisiert werden. Die gezeigten Spuren bildeten jedoch den Lebensraum für die geschützten Amphibien Bergmolch und Gelbbauchunke. (Eigene Aufnahme)

und Kröten (*Bufo* spec.). Auch wenn ein solches Gewässer nicht selten nur einmal in mehreren Jahren das Wasser solange bewahrt, bis die Kaulquappen sich entwickeln können, reicht dies zur Erhaltung der jeweiligen Population häufig aus, da die Elterntiere als Individuen nicht mehr auf den Tümpel angewiesen sind und Amphibien über viele Jahre hinweg überleben können. Vor vielen Jahren erwähnte die Zeitschrift *Das Tier* in einem Artikel über Feuersalamander, dass die Tiere bis etwa 20 Jahre alt werden könnten. Daraufhin meldete sich ein Leser, der glaubhaft darlegte, dass ein vor 52 (!) Jahren von ihm selbst als Larve gefangener Feuersalamander *(Salamandra salamandra)* als erwachsenes Tier heute noch bei ihm lebe. Diese Langlebigkeit erklärt, dass ein über mehr als 10 Jahre völlig trocken liegender Quellbach bei erneuter Wasserführung plötzlich wieder Feuersalamanderlarven enthalten kann.

Auch für **kleine Fließgewässer** ist die Frequenz der Wasserführung ganz entscheidend. In süddeutschen Hügelländern und Mittelgebirgen werden kleine, häufig infolge längerer Trockenperioden völlig austrocknende Quellbäche regelmäßig von den Larven des Feuersalamanders besiedelt. Trocknet das Bachbett dagegen nur unregelmäßig und selten aus, beispielsweise im Mittel über mehrere Jahre hinweg etwa einmal, tritt der Steinkrebs (Abb. 21.5), eine kleine Art der Flusskrebse, an die Stelle der Feuersalamanderlarven. Dieser erträgt ein regelmäßiges Austrocknen nicht, wohl aber ein sehr gelegentliches Austrocknen, da er auch über Land mobil ist und in feuchten Nächten bachabwärts nach neuen Lebensräumen suchen kann. Ist dagegen die Wasserführung perennierend, treten an die Stelle des Steinkrebses die Fischarten Groppe *(Cottus gobio)*, Elritze *(Phoxinus phoxinus)* und Bachforelle *(Salmo trutta)*, die seine Larven oder gar die Elterntiere rasch auffressen dürften. – Insgesamt ist für die Fauna die

Abb. 21.5 Der Steinkrebs *(Austropotamobius torrentium)* ist der kleinste der einheimischen Flusskrebse. Er bewohnt klare Bachoberläufe im südlichen Deutschland und Österreich und ist gegenüber organischer Verschmutzung ebenso empfindlich wie gegenüber chemischen Schadstoffen. Damit kann er als Anzeiger für unbelastete Fließabschnitte dienen. (Eigene Aufnahme)

Frequenz der Wasserführung wichtiger als die Stärke der mittleren Wasserführung selbst. Auch ein kleiner Bach kann unter Umständen sehr konstant schütten und ein größerer Bach kann regelmäßig austrocknen, in Abhängigkeit vor allem vom geologischen Untergrund des Wassereinzugsgebiets.

Weil **Quellaustritte** (Abb. 21.6) ihr Wasser aus großer Tiefe beziehen und daher das ganze Jahr über die gleiche Wassertemperatur aufweisen (nämlich die Jahresmitteltemperatur), bilden sie in mitteleuropäischen Landschaften quasi asaisonale Oasen, die keine Jahreszeitlichkeit aufweisen und daher eher an die Gebirge der Tropen erinnern. Neben der Tierwelt, vor allem an Gliederfüßern (Arthropoda): Köcherfliegen (Trichoptera) und Steinfliegenlarven (Plecoptera), Wasserkäfer, Wasserwanzen, betrifft diese Asaisonalität in abgeschwächtem Maße auch die Vegetation eines Quellaustritts, der häufig

Abb. 21.6 Quelltümpel als Kleinbiotop. Dieser Lebensraum bietet mit seinen speziellen Bedingungen (ganzjährig nahezu konstant niedrige Wassertemperatur) Existenzmöglichkeiten für zahlreiche Wasserinsekten, aber auch für Bergmolch- und Feuersalamanderlarven (beide am Standort vorgefunden). (Eigene Aufnahme)

zu einem Quelltümpel vertieft ist. Hier bleiben typische Vertreter wie Brunnenkresse und Bitteres Schaumkraut *(Cardamine amara)*, Wasserstern *(Callitriche* spec.) und Bachbungen-Ehrenpreis *(Veronica beccabunga)* zumeist das ganze Jahr über grün, blühen aber nur in der wärmeren Jahreszeit außerhalb des Quellwassers.

Da das Grundwasser in Abhängigkeit vom geologischen Untergrund eine zumeist beachtliche reinigende und filtrierende Wirkung durchlaufen hat, spielt die Gewässerverschmutzung in Quellbächen im Allgemeinen im Vergleich zu größeren Gewässern oder Fließabschnitten unterhalb eine geringere Rolle. Nahezu alle großen Flüsse beginnen im Oberlauf als Reinwasser in den oberen Qualitätskategorien, wie die Gewässergütekartierung zeigt. Ein regelmäßiges Problem außerhalb der Waldgebiete ist dagegen die Begradigung von Kleinfließgewässern, im Extremfall innerhalb von Betonhalbröhren, im

Siedlungsbereich auch oft komplett unter die Erde verlegt. Es soll aber nicht verschwiegen werden, dass neben weiteren Sünden in dieser Hinsicht die Renaturierung von Gewässern (s. Kap. 23) inzwischen üblich geworden ist. Diese schafft naturnah vielfältige Strukturen und damit eine Vielfalt von Lebensräumen für viele Tier- und Pflanzenarten (Abb. 21.5).

22

Geologische Landschaftsobjekte im Naturschutz

Meist gilt der Naturschutz dem Erhalt bedrohter oder charakteristischer Tier- und Pflanzenarten; zumindest ist dies gewöhnlich die historisch älteste Intention. In Erkenntnis der ökologischen Einbettung von pflanzlichen und tierischen Organismen in den umgebenden Lebensraum erlangte der **Biotopschutz** zunehmend Bedeutung. Auch hierbei stand und steht jedoch die Erhaltung gefährdeter Arten im Mittelpunkt. Darüber hinaus sollen aber nach dem **Bundesnaturschutzgesetz** auch Schönheit und Eigenart von Landschaften bzw. Landschaftselementen geschützt werden. Diese Intention geht über den Schutz von Biotopen und Ökosystemen hinaus und schließt abiotische Naturelemente mit ein. Dazu gehören regelmäßig auch geologische Objekte.

Die **geologischen Objekte** sind vielfältig. Besonders reich an geologisch auffälligen Klein- und Mesoformen sind Kalkgebiete mit Karsthöhlen, Dolinen, Trockentälern, Kalktuffbildungen (Abb. 22.1) oder im alpinen Raum Karren und Buckelwiesen. Daneben bilden ganz

© Springer-Verlag Berlin Heidelberg 2020
K.-D. Hupke, *Naturschutz*,
https://doi.org/10.1007/978-3-662-62132-5_22

Abb. 22.1 Überrieselter Kalktufffelsen. Die Ausfällung von Kalk ist durch Ausscheiden von Kohlendioxid bei Austreten des Quellwassers aus dem Untergrund bedingt. Das Lösungsgleichgewicht des Kalziumhydrogenkarbonats im Wasser verschiebt sich dadurch und ein Überschuss von Kalziumkarbonat wird um die feinen verästelten Moospflänzchen herum ausgeschieden (Kalktuff). (Eigene Aufnahme)

allgemein natürliche Felsen und Bergsturzgelände bevorzugte Objekte des Naturschutzes. Im vulkanisch geprägten Gebiet der Eifel stellen die Maare besondere Zielobjekte dar. Zu den geologisch-geomorphologisch bestimmten Naturobjekten lassen sich auch Wasserfälle, Mäanderbögen und Quellaustritte rechnen.

Generell lässt sich jedoch sagen, dass fast alle diese geologischen Denkmale auch besondere Standortbedingungen aufweisen und als Biotope auffällig und selten sind. Somit lässt sich oft nicht trennen, welcher Anteil der Unterschutzstellung auf die Geologie bzw. Geomorphologie und welcher auf die Biologie entfällt. So bilden Karsthöhlen wichtige Winterquartiere für Fledermäuse, Felsen sind bedeutende Brutstandorte für Uhu, Wanderfalke, Steinadler und Kolkrabe, im Bereich der Wasserfälle liegen die Hauptvorkommen des ansonsten seltenen naturgeschützten Hirschzungenfarns *(Asplenium scolopendrium)* sowie mehrerer Moosarten, welche konstante Boden- und Luftfeuchtigkeit benötigen.

Überhaupt lässt sich beobachten, dass im Naturschutz oft **Extremräume** (vgl. Kap. 5) favorisiert werden, die zumeist geologisch-geomorphologisch definiert sind. Hier findet sich eine Vielfalt seltener Tier- und Pflanzenarten, schon allein deshalb, weil an Felsen und in Mooren, in steilen Schluchten wie im tageszeitlich überfluteten Wattenmeer die menschliche Nutzungsintensität seit jeher geringer war und ist als auf anderen, agrarisch und forstwirtschaftlich besser geeigneten Flächen. Diese Nutzungserschwernis extremer und für die große Fläche eher untypischer Standorte erleichtert allerdings auch die Herausnahme dieser Flächen aus der Nutzung und ihre Unterschutzstellung.

Zudem darf der **ästhetische Anreiz** als Kriterium für den Naturschutz nicht hoch genug eingeschätzt werden. Dies trifft insbesondere auf geologische Besonderheiten wie Felsformationen, Dünen, Dolinen oder Höhlen zu. So ist das älteste naturgeschützte Objekt in Deutschland der Drachenfels im Siebengebirge bei Bonn. Nicht selten wirkt die Sachargumentation gegenüber dem unwissenschaftlichen ästhetischen Eindruck wie nachgeschoben.

Seltener sind geologische Objekte wegen ihres eigenen wissenschaftlichen oder pädagogischen Wertes unter Schutz gestellt worden. Dies gilt insbesondere für geologische Aufschlüsse (Abb. 22.2), die per se fast stets vom Menschen angelegt wurden und von daher eher naturfernen Charakter aufweisen. Wegen ihrer geringen räumlichen Ausdehnung sind geologische Objekte oftmals als Naturdenkmäler und nicht als flächige Naturschutzgebiete ausgewiesen, was aber im Schutzstatus zumeist keinen Unterschied bedeutet (Abb. 22.1 und 22.2).

Abb. 22.2 Aufschluss, der eine geologische Verwerfung der Schichten zeigt, als Naturdenkmal. (Eigene Aufnahme)

23

Flussbegradigung vs. Flussrenaturierung

Ein **natürlicher Bach- oder Flusslauf** (Abb. 23.1) weist in seinem Bett sehr unterschiedliche Lebensräume und Lebensbedingungen auf: Flach- und Tiefwasserzonen, höhere und geringere Fließgeschwindigkeiten, unterschiedliche Dichte der Ufer- und Unterwasservegetation, unterschiedliche Struktur des Bodensubstrats. Der steuernde Hauptfaktor ist dabei die **Strömungsgeschwindigkeit.** Dazu kommen je nach Fließsituation durch Biberdämme aufgestaute Bereiche und die Altwässer abgeschnittener Flussschlingen. Kurz gesagt, ein natürliches **Fließgewässer** ist äußerst inhomogen und daher reich an unterschiedlichen Standorten und Teillebensräumen.

Doch diese Vielfalt ist bedroht. Schon in früheren Jahrhunderten haben Flussanrainer immer wieder einzelne Mäanderbögen durchstochen und damit Laufverkürzungen geschaffen. Damit wurde wertvolles Kulturland gewonnen, aber auch einer Strukturverarmung im Fluss-

© Springer-Verlag Berlin Heidelberg 2020
K.-D. Hupke, *Naturschutz,*
https://doi.org/10.1007/978-3-662-62132-5_23

Abb. 23.1 Blick auf den noch unregulierten Oberrhein. (Gemälde von P. Birmann. Blick vom Isteiner Klotz rheinaufwärts gegen Basel, um 1819. Inv. Nr. 71. © Kunstmuseum Basel; Martin P. Bühler, mit freundlicher Genehmigung)

bett Vorschub geleistet. Im 19. Jahrhundert schritt die Wasserbautechnik voran. In dieser Zeit wurde die Oberrheinkorrektur, zu Beginn unter der Leitung des badischen Obersten Tulla, als bis heute größte Gesamtmaßnahme dieser Art in Mitteleuropa durchgeführt. Neben einer **Begradigung** und Strukturvereinfachung des Flussbettes kam es dabei auch zu einer Zerstörung flussbegleitender Auewälder und durch Rodung und Nutzung daraus hervorgegangener Flachmoore (Abb. 23.2).

Was am Oberrhein in großem Maße geschehen ist, wiederholte sich an unzähligen Standorten im Kleinen: Bäche wurden begradigt, zur Verhinderung weiterer Erosion in Röhren verlegt, im gemeindenahen Bereich auch völlig verdolt. Dabei gingen neben naturnahen und artenreichen Lebensgemeinschaften stets auch lebendige Teile der Landschaft sowie Spielräume für Kinder zum Staudammbauen und Plantschen verloren.

Abb. 23.2 Der Rhein heute (mit Rheinseitenkanal), nur wenig nördlich und mit vergleichbarer Perspektive Im Vgl. zu Birmann (Abb. 23.1). (Quelle: Wikipedia.de)

Ab den 1970er-Jahren entstand eine Gegenbewegung, Bach- und Flussläufe wieder zu **renaturieren** (Abb. 23.3). In einer Übergangszeit von ein bis zwei Jahrzehnten konnte man nun beobachten, wie im gleichen Landkreis in räumlicher Nachbarschaft gelegene Fließgewässer über unterschiedliche öffentliche Förderprogramme einerseits begradigt, andererseits renaturiert wurden. Aber vielleicht ist eine solche Kritik ja auch ungerecht, schließlich liegt ein Paradigmenwechsel im planerischen Umgang mit Fließgewässern vor, der nicht einfach verordnet werden kann. Immerhin hat sich inzwischen die Erkenntnis durchgesetzt, dass naturnah verlaufende Fließgewässer eine Notwendigkeit darstellen. Begradigte und einbetonierte Bachabschnitte gibt es zwar immer noch, weil alte Strukturveränderungen nachwirken. Aber im Zuge neuer Sanierungen sind solche Ergebnisse raumplanerischen Wirkens zumindest selten geworden. Damit ist die Chance gegeben, dass sich bis in den Bereich der

Abb. 23.3 Renaturierter Bachlauf. Eingesetzte Gesteinsblöcke differenzieren die Fließgeschwindigkeit und schaffen je nach Strömungsexposition eigene Kleinstlebensräume für Weichtiere, Krebstiere (s. a. Krebse: Crustacea) und Wasserinsekten. Andererseits dienen sie aber auch als Trittsteine, über die das Gewässer, ohne große Schäden an Tierwelt und Vegetation anzurichten, begehbar wird. (Eigene Aufnahme)

Siedlungen hinein allmählich wieder die Artenvielfalt erhöht. Das Bundesnaturschutzgesetz unterstützt diese Entwicklung noch, indem gewässernahe Vegetationsstreifen einem besonderen Schutz unterliegen. Bereiten diese linearen Strukturen doch eine vorgesehene Vernetzung von geschützten Lebensräumen gleichsam auf natürlichem Wege vor.

Vor allem für die von Natur aus **sauerstoffreichen Fließgewässer** ist die vom Menschen durch Haushaltsabwässer und Düngung ins Gigantische gesteigerte Verfügbarkeit von Nährsalzen ein Problem. Dieser Zusammenhang ist bei Wiesen und Weiden bereits mehrfach dargestellt worden, tritt aber bei Gewässern noch in anderer Bedeutung auf. Hier kommt es durch die zusätzlich zur Verfügung stehenden Nährsalze **(Eutrophierung)** zu einer Massenentwicklung von Mikroorganismen, Algen und Blütenpflanzen. Diese sterben vor allem im Herbst ab und werden von Destruenten (Zersetzer wie Bakterien, Pilze) unter Bindung von Sauerstoff abgebaut. Dieser Sauerstoff fehlt aber dann den tierischen Organismen, die zumeist den im Wasser gelösten Luftsauerstoff atmen. Dadurch kommt es unter ihnen in Abständen immer wieder zu Massensterben. Meist können sich in stärker kontaminierten Gewässern auf Dauer nur Arten mit geringem Sauerstoffbedarf halten. In Deutschland gibt es ein Messsystem zur Beurteilung der **Güte von Fließgewässern,** das neben einigen wenigen chemischen Messparametern wie Gehalt an Stickstoffverbindungen, Gehalt an Phosphorverbindungen und Sauerstoffzehrung vor allem mithilfe tierischer Indikatorarten arbeitet. Als solche **Bioindikatoren** verwendet man allerdings weniger Fische, die schwer zu fangen und zu bestimmen sind, sondern die wesentlich artenreicheren wirbellosen Tiergruppen wie Wasserinsekten(-larven), Krebstiere und Weichtiere (Mollusca) wie Schnecken oder Muscheln. Gerade in artenreichen tiersystematischen Gruppen haben die Einzelarten oft nur eine geringe charakteristische Spanne der Toleranz von Eutrophie, innerhalb der sie sich in ihrer ökologischen Nische in Konkurrenz zu anderen Arten behaupten können.

Heute gibt es mit Ausnahme von kleinräumigen Quellregionen inmitten von Waldlandschaften kaum noch Fließgewässer, die als unbelastet oder wenig belastet gelten können. Insofern hat sich eine Verschiebung des Artenspektrums hin zu solchen Arten ergeben, die ein hohes Maß an Nährsalzen nutzen können und die zudem mit wenig Sauerstoff auskommen. Alle übrigen Arten sind bedroht, vor allem in den Unter- und Mittelläufen der Flusssysteme.

Inwieweit Landwirtschaft oder (trotz Kläranlagen) immer noch Haushaltsabwässer die Flüsse am meisten belasten, wird im Moment noch diskutiert. In den meisten kleinen Bächen mündet jedoch keine Kläranlage; zumindest hier ist die Landwirtschaft so gut wie ausschließlich der Verursacher.

Anders als in Kap. 3 im Generellen dargestellt, ist die Reinhaltung der Gewässer ein Arbeitsgebiet, bei dem die Interessen von Naturschutz und Umweltschutz fallbezogen konform gehen.

Lachsnachwuchs an der Mosel

Lachsnachwuchs gibt es nicht nur im Schwarzwald, sondern nun auch wieder an der Mosel: Mehr als 20 Jahre nach der ersten Wiederansiedlung von Lachsen sind im Moselzufluss Elzbach erstmals wild geborene Exemplare gesichtet worden. „Das ist eine gute Nachricht für den Natur- und Gewässerschutz in Rheinland-Pfalz", sagte die rheinland-pfälzische Umweltministerin Ulrike Höfken (Grüne) in Mainz. An der Rückkehr der Lachse zeige sich die Durchlässigkeit der Flüsse. Lachse wandern aus ihren Heimatflüssen ins Meer und kehren nach ein bis drei Jahren zurück, um zu laichen. Behindert werden sie unter anderem von Staumauern, Kanälen und für die Schifffahrt begradigten Flussbetten.

(dpa-Meldung, n. StZ v. 12.8.2016)

Der größte Auenwald Mitteleuropas

Die Elbe ist mit einer Gesamtlänge von 1091 km der zwölftlängste Fluss Europas. Sie entspringt im tschechischen Riesengebirge und mündet bei Cuxhaven in die Nordsee. Entlang der Elbe findet sich eine Vielzahl von Lebensräumen: Flache Strände, steile Böschungen sowie Kies- und Sandbänke ebenso wie Dünen und Stromtalwiesen. Ein sehr geringes Gefälle begünstigt die Bildung von Flussschlingen (Mäandern) und dicht bewachsenen Altwasser-Armen. Darüber hinaus gibt es hier noch den größten zusammenhängenden Auenwald Mitteleuropas.

Etwa 380.000 ha dieser abwechslungsreichen Naturlandschaft sind seit 1997 von der UNESCO als Biosphärenreservat „Flusslandschaft Mittlere Elbe" anerkannt. Sie ist mit ihren Auen außerdem auf einer Länge von etwa 400 km Teil des europäischen Schutzgebiets-Netzwerkes Natura 2000. In dieser Landschaft, die zudem von einem Wechsel von Hochwasser und Trockenheit geprägt ist, haben sich viele spezialisierte und daher oft bedrohte Arten angesiedelt. Alleine im Biosphärenreservat wachsen über 1000 verschiedene Pflanzenarten – darunter Wassernuss, Sibirische Schwertlilie *(Iris sibirica)* und viele Orchideen-Arten. Unter den 40 Säugetierarten findet sich auch der vom Aussterben bedrohte Elbebiber *(Castor fiber albicus)*. Die vielseitige Landschaft bietet den 135 regelmäßig brütenden Vogelarten wie Graureiher, Schwarzstorch *(Ciconia nigra)* oder Rotmilan *(Milvus milvus)* reichhaltige Brut- und Nahrungsgebiete.

(Von der Homepage des WWF, Zugriff am 1.5.2013)

24

Naturschutz im Wald: Naturwald – Dauerwald – Kahlschlag?

Förster und **Naturschützer** (was man auch immer genau unter Letzteren verstehen mag) haben traditionell ein ambivalentes Verhältnis.

Zum einen verstehen sich Förster qua Amt im Allgemeinen auch als Naturschützer. Revierförster haben bis heute niedere Polizeirechte bzw. Ordnungsrechte im Wald und können darüber hinaus Strafzettel verteilen, sofern ein Waldbesucher etwa gegen Naturschutz- und Waldgesetze verstößt. Den nötigen Machtnimbus geben ihnen dabei, der Polizei nachempfunden, Beamtenstatus, Uniform und Waffenrecht. Letzteres ist auch deshalb nötig, weil der Revierförster im Allgemeinen auch das Jagdrecht ausübt, sofern die Reviere nicht an Privatleute verpachtet sind.

Insgesamt stehen also die verschiedenen Dienstaufgaben des Revierförsters wie Ausübung staatlicher Autorität, Waldschutz, Waldnutzung, Naturschutz und Jagd in einem deutlichen Spannungsverhältnis. Dabei erbringt nur die **Waldnutzung,** vor allem durch die Holzwirtschaft, wirtschaftlichen Ertrag; die anderen Funktionen

© Springer-Verlag Berlin Heidelberg 2020
K.-D. Hupke, *Naturschutz,*
https://doi.org/10.1007/978-3-662-62132-5_24

sind eher im ideellen Raum anzusiedeln. Weil die Gesellschaft Holz benötigt und hier die ökonomische Grundlegung des Försterberufs zu sehen ist, ist der Revierförster auch in erster Linie Holzwirt.

Dieses Dasein als Holzwirt prägt die Sichtweise der meisten Förster, stärker noch in der älteren als in der jüngeren Generation. Wald ungenutzt zu lassen, und sei es in kleineren Arealen, entspricht durchaus den übrigen den Förstern zugeschriebenen Funktionen wie Schutz des Waldes und Naturschutz und ist auch der Ausübung der Jagd nicht abträglich. Erst ganz allmählich zeigt sich eine Tendenz, verbunden mit einem Generationenwechsel in der Forstwirtschaft, dem Försterberuf neue Aufgaben zu erschließen, etwa im Rahmen eines Nationalparkmanagements. Aber wie gerade der Versuch, im baden-württembergischen Nordschwarzwald einen neuen Nationalpark auszuweisen, gezeigt hat, stellen für die Nationalparkgegner die Forstwissenschaftler an den Hochschulen willige „Expertisenspender" dar, die in ihren Urteilen den ebenfalls an Hochschulen angesiedelten Naturschutzfachleuten meist diametral entgegenstehen.

Entsprechend haben Modelle, die sich stärker am Schutz des Waldes als an seiner Nutzbarkeit orientieren, nicht von der professionellen Forstwirtschaft oder von der Forstwissenschaft ihre ersten Impulse erfahren. Initiatoren eines Waldbildes, das nicht nur und nicht vorrangig auf Holznutzung ausgerichtet ist, sind dabei vielfach eigentlich professionsfremde städtische Naturschützer, aber auch Waldbesitzer gewesen. So hat der adelige Waldgroßbesitzer Friedrich von Kalitsch ab dem Ende des 19. Jahrhunderts im damaligen Mitteldeutschland einen Modellwald aufgebaut, den der Forstwissenschaftler Alfred Möller (1922) Jahrzehnte später als Dauerwald gekennzeichnet hat.

Ein **Dauerwald** im Möller'schen Sinne kennt keine Kahlhiebe, im Volksmund gerne als Kahlschlag bezeichnet. Die gesamte Waldfläche bleibt waldbestanden, Bäume werden nur einzelstammweise entnommen. Der Wald stellt eine Mischung dar aus Bäumen unterschiedlicher Arten und unterschiedlicher Altersklassen. Nach Möller ist ein solcher Dauerwald auf lange Sicht gesehen ertragreicher und ökologisch stabiler als der entgegengesetzte Typus des Altersklassenwaldes.

Der **Altersklassenwald** wird im Anschluss an einen Kahlhieb begründet, meist durch Pflanzung von Bäumen einer holzwirtschaftlich präferierten Art, im Bergland häufig Fichten, auf armen Sandböden der Tiefebenen oft Kiefern (*Pinus* spec.), insgesamt zunehmend auch Douglasien (*Pseudotsuga* spec.). Je nach Baumart und Standort wird der Altersklassenwald nach einigen Jahrzehnten erntereif und auf der gesamten Altersklassenfläche gefällt. Dies begründet einen neuen Zyklus von Pflanzung und Reifung.

Jahrzehntelang wurde unter Naturschützern der Dauerwald im Vergleich zum Altersklassenwald eindeutig präferiert. Er entspricht unserem Leitbild einer ungestörten Natur (die kleinen Lücken, welche eine einzelstammweise Ernte hinterlässt, schließen sich sogleich wieder). Aber handelt es sich dabei wirklich um einen Vorteil in Bezug auf Naturschutz? Oder wird nicht nur (wieder einmal) unsere Illusion bedient, im Wald der menschlichen Gesellschaft entronnen zu sein und uns in unberührter Natur zu bewegen? Kahlschläge (der Begriff wird metaphorisch auch in anderen gesellschaftlichen Zusammenhängen angewandt und besitzt eine eindeutig negative Konnotation) würden uns hingegen aus unserer Illusion einer reinen Natur sehr schnell herausreißen.

Mögliche Kritik an der Idee des Dauerwaldes begann sich aber auch von ganz anderer Warte her festzumachen: von der Erforschung der Vegetationsdynamik an Urwaldsystemen, vor allem im östlichen Mitteleuropa, etwa der **Primärwälder** im Kubany (Tschechien) und bei Bialystok (Ostpolen), aber auch in den rumänischen Karpaten oder auf der westlichen Balkanhalbinsel (Abb. 24.1). Hier zeigt sich nämlich, dass bereits der „Urwald" zu plötzlichen Zusammenbrüchen von Altbeständen und zu einer Art altersklassenweisen Neubegründung neigt. Über eine Jugendphase, eine Reifephase, eine Optimalphase und eine Alters- bzw. Verfallsphase spielt sich ein neuer Zyklus ab. Vom Altersklassenwald der Forstwirtschaft unterscheidet sich der Primärwald vor allem darin, dass Ersterem die Altholz- und Totholzbestände fehlen, da der Zyklus hier ja früher unterbrochen wird; sonst gäbe es kein Holz zu

Abb. 24.1 Urwaldartige alte Bergwälder in schwer zugänglicher Lage in Albanien. (Foto: © Wenzel Halla/Stefan Hupke)

ernten. Strukturell steht ein solcher Primärwald, der in sich aus einem Mosaik unterschiedlicher Altersklassen besteht (zusammenfassend Ellenberg und Leuschner 2010, S. 288–296), allerdings dem Altersklassenwald näher als dem Dauerwald. Damit wird die Naturgemäßheit des Dauerwaldes ein Stück weit als Illusion entlarvt.

Biodiversität ist auch in den Wäldern eine der wesentlichen Messlatten einer naturschutzfachlichen Bewertung. Diese wird durch **Kahlschläge** eher erhöht, weil dadurch lichtdurchflutete Flächen geschaffen werden, die eine typische Kahlschlagvegetation anziehen. Da Kahlschläge zwar nur kurze Zeit, aber doch einige Jahre hinweg offen bleiben, siedeln sich hier beispielsweise Hochstauden an wie das Waldweidenröschen *(Epilobium angustifolium)* oder die Fingerhutarten *(Digitalis* spec.), die im Dauerwald fehlen. Aber auch Neophyten wie das Indische Springkraut *(Impatiens glandulifera)* und der Riesenbärenklau breiten sich aus. Auch für Reptilien wie die Zauneidechse oder die Kreuzotter *(Vipera berus)* wird der Wald oft erst durch Kahlschlagflächen bewohnbar.

Sowohl Altersklassenwälder als auch Dauerwälder haben aber den großen Nachteil gemeinsam, dass in ihnen Altbäume mit Alt- und Totholz so gut wie völlig fehlen, ja im forstlichen Bewirtschaftungskonzept überhaupt nicht erst vorgesehen sind. Gerade Altholz von absterbenden Bäumen sowie Totholz von abgestorbenen Bäumen ist für zahlreiche Insekten (Insecta) und ihre Larven sowie für viele Pilzarten lebensnotwendig (s. Kap. 21). Dazu muss man Waldareale aber teilweise oder völlig aus der Nutzung herausnehmen, wie dies im Naturwald-(Bannwald-)konzept vorgesehen ist. Dieses ist bereits an anderer Stelle angesprochen worden (Kap. 14, Abschn. „Waldökosysteme") (Abb. 24.2 und 24.3).

Abb. 24.2 Merian-Stich von Heidelberg (Bildquelle: Immanuel Giel, Wikipedia) aus dem frühen 17. Jahrhundert. Die Darstellung zeigt, dass der Laubwald nur die unmittelbar an die Stadt angrenzenden Flächen sowie die Talmulden des Odenwaldes (mit tiefgründigerer Bodenbildung) bedeckt und wohl als winterliche Brennholzressource für die Stadt dient. Die Höhen um den Gaisberg (niedriger und rechts im Bild) sowie des Königsstuhls (höher und links) sind dagegen als Folge einer extensiven Beweidung waldfrei und bei fehlender Düngung als Magerrasen zu deuten. Unter den basenarmen Bedingungen des Buntsandsteins ist dieser als Borstgrasrasen mit Besenheide ausgebildet

Abb. 24.3 Fotomontage (unter Verkürzung des Zwischenabschnitts) des etwa gleichen Ausschnitts wie im Bild oben (der rechte Gipfel des Gaisbergs, eigentlich niedriger, wirkt durch seine Nähe perspektivisch höher als der Königsstuhl im Bild links; bei Merian wurde dies „korrigiert"). Deutlich wird das Vordringen des Waldes auf den Höhenrücken in den inzwischen vergangenen vierhundert Jahren: im Wesentlichen eine Folge der Waldbewirtschaftung seit dem 18. und 19. Jahrhundert. (Eigene Aufnahme)

25

Agrare Begleitprogramme des Naturschutzes in Deutschland

Ackerrandstreifen- und Blühstreifen-Programme

Seit mindestens einem halben Jahrhundert sind die ursprünglich zahlreichen Arten der **Ackerunkräuter** (Abb. 25.1) weitgehend von den Feldern verschwunden, darunter schön blühende und weithin geschätzte Pflanzen wie der Klatschmohn *(Papaver rhoeas)*, die Kornblume *(Cyanus segetum)*, die Kornrade, der Feldrittersporn *(Consolida regalis)*, die Kamille oder das Ackerstiefmütterchen *(Viola arvensis)*. Viele dieser Ackerwildkräuter waren geradezu perfekt an das Leben im Acker angepasst, einschließlich der Tatsache, dass sie mit dem Getreide reif wurden und die Samen somit mit dem zurückbehaltenen Getreidesaatgut immer wieder zwangsläufig mit eingesät wurden.

Saatgutreinigung und **Herbizide** haben inzwischen jedoch ganze Arbeit geleistet. Einige der Ackerwildkräuter

© Springer-Verlag Berlin Heidelberg 2020
K.-D. Hupke, *Naturschutz,*
https://doi.org/10.1007/978-3-662-62132-5_25

Abb. 25.1 Traditionelle Ackerunkräuter wie Echte Kamille *(Matricaria chamomilla)*, Ackerkratzdistel *(Cirsium arvense)* und Klatschmohn *(Papaver rhoeas)* (alle im Bild) sind aus den Getreidefeldern dank Saatgutreinigung und Herbiziden weitgehend verschwunden. Ackerrandstreifen können nur teilweise Abhilfe schaffen. (Eigene Aufnahme)

sind nicht selten geworden, weil sie auf Ruderalflächen insgesamt ähnliche, weil konkurrenzarme, kurzlebige Standorte fanden bei ungehindertem Lichteinfall. Dies gilt unter den genannten Arten weithin für den leuchtend roten Klatschmohn und für die Echte Kamille *(Matricaria chamomilla)*. Andere Arten wie die Kornrade *(Agrostemma githago)*, die Acker-Spatzenzunge *(Thymelaea passerina)* oder der Venusspiegel *(Legousia speculum-veneris)* starben weithin aus.

Der häufig vorgebrachten Ansicht, mit einer verstärkten Ausweitung von **Ackerrandstreifen,** etwa zwischen unterschiedlichen Nutzungs- und Besitzparzellen oder entlang von Wegen, könnten die bedrohten Ackerwildkräuter ein Refugium finden, muss allerdings widersprochen werden. Grundsätzlich ist ein im Frühjahr entweder winterbrach liegender oder von Wintergetreide spärlich bewachsener Acker ein anderer Wuchsort als ein Randstreifen. Selbst wenn Letzterer einmal im Jahr oder häufiger gemäht wird, gleicht er doch in der Dichte der Vegetationsbedeckung und gerade eben durch dieses Mähen eher einer Wiese als einem traditionellen Getreidefeld. Zudem unterliegt er als schmaler Randstreifen einem stärkeren Eintrag an Düngemitteln und Pestiziden vom Acker her, sodass seine Naturbelassenheit stark infrage zu stellen ist. Immerhin liefert er mit einem stärkeren Bewuchs an Wildpflanzen eine Futterbasis für viele Wildtiere wie Rebhühner und Feldhasen und bietet auch einen Ersatz für das vor allem in den niederen Lagen immer weiter zurückgehende Grünland.

Ackerrandstreifenprogramme werden aus Mitteln der Europäischen Union und auch von vielen deutschen Landesregierungen mit Zuschüssen gefördert. Der Landwirt darf die Ackerrandstreifen im Zuge dieser Programme zwar durch die Mahd nutzen, unterliegt aber dort Beschränkungen, insbesondere im Gebrauch von Agrarchemikalien.

Von Ackerrandstreifen strikt zu trennen sind sog. **Blühstreifen** (schmaler) oder **Blühbrachen** (großflächig; Abb. 25.2), die nicht autonom besiedelt werden, sondern wo Blühsaatenmischungen so gut wie durchweg standortfremder Arten eingesät werden. Im Rahmen insb. des **Greening-Programms** der EU gibt es für die Anlage von Blühstreifen erhebliche Zuschüsse, die sich im Jahr 2017 auf etwa 600 € pro Hektar beliefen (zum Vergleich: Weizenanbau lieferte im gleichen Kalenderjahr am nördlichen Oberrhein einen wirtschaftlichen Ertrag von rund 1000 € pro Hektar; allerdings bei erhöhtem Arbeitsaufwand des Landwirts für Schädlingsbekämpfung und für die Ernte).

Ackerrandstreifen, Blühstreifen und Blühbrachen spielen eine zunehmende Rolle als Aktionsfächer gegen das auch besonders massenmedial etwa ab 2016 erkannte

Abb. 25.2 Blühbrache im nördlichen Alpenvorland bei Augsburg; Spätsommeraspekt. Es werden bevorzugt schönblühende Ziergewächse angebaut. Im Naturschutz ist ihre Anlage umstritten. Vor allem die Sonnenblumenkerne werden im Winterhalbjahr von vielen Feldvogelarten angenommen. Die Biodiversität ist im Vergleich zur übrigen intensiv genutzten Agrarflur in einiger Hinsicht erhöht. „Natur" im Sinne des Naturschutzes ist dies allerdings nicht. Eine Anregung wäre hier sicherlich, vom bezuschussenden Gesetzgeber her standortnahe Einsaaten zu begünstigen. (Eigene Aufnahme)

Insektensterben. Die teilweise alarmierenden Ergebnisse scheinen im Moment noch nicht ausreichend durch genügend räumlich breit angelegte Langzeitstudien verifiziert, was aufgrund des Faktors Zeit auch nicht so rasch zu leisten sein wird. Die Ursachen für das angenommene Insektensterben, d. h. Rückgang sowohl der Masse als auch der Artenzahl, werden in unterschiedlichen Bereichen vermutet. Zum einen wird der Einsatz von Pestiziden, insbesondere von Neonikotinoiden, als Ursache diskutiert. Zum anderen ermöglicht die Intensivierung und Vereinheitlichung der Agrarlandschaft immer weniger Rückzugsräume sowohl innerhalb der bewirtschafteten Flächen, wo Glyphosat alle nicht intendierten Wildpflanzen („Ackerunkräuter") radikal reduziert, als auch randlich in Form von Feldhecken oder Ackerrainen. Hier sollen Ackerrandstreifen, Blühstreifen und Blühbrachen entgegenwirken und sowohl Nahrungsräume etwa für Käferlarven und Schmetterlingsraupen als auch Nektarquellen u. a. für (Wild-)Bienen und Schmetterlinge bereitstellen.

Flächenstilllegungs- und Flächenextensivierungsprogramme

Staatliche Programme der EU, der Bundesregierung und der Landesregierungen zur Flächenstilllegung und Flächenextensivierung sind eingebunden in die **Gemeinsame Agrarpolitik** (GAP) der Europäischen Union. Diese zeichnete sich nach dem Zweiten Weltkrieg zunächst durch den Versuch aus, die Flächenerträge zu steigern. Dies war in der unmittelbaren Nachkriegszeit ein dringendes Erfordernis, um die Ernährung der Bevölkerung zu sichern.

Diese Politik der **Steigerung der Nahrungsmittelproduktion** garantierte den Landwirten auf zahlreiche Produkte wie Weizen, Milch und Rindfleisch hohe Erzeugerpreise, völlig unabhängig von den jeweiligen Weltmarktpreisen. Die mit zunehmenden Hektarerträgen zwangsläufig immer höheren Überschüsse gingen an staatliche Lagerhäuser und erzeugten bis in die 1970er-Jahre stetig wachsende „Getreideberge", „Butterberge" und „Milchseen". Diese staatlichen Vorräte an Nahrungsmitteln konnten oft nur abgebaut werden, indem die entsprechenden Produkte auf den Weltmarkt exportiert wurden. Das konnte nur funktionieren, weil diese Agrarprodukte für den Export drastisch verbilligt wurden, sodass sie dem Preisniveau auf dem Weltmarkt entsprachen. Dies sorgte in den Medien regelmäßig für Skandale, wenn beispielsweise an „die Russen" die Butter billiger ging, als sie die deutschen Verbraucher kaufen konnten.

Das allgemeine Unbehagen an dieser traditionellen Agrarpolitik führte in den 1980er-Jahren zu einem kompletten Wandel der Agrarförderung. Künftig sollte die Förderung an die Landwirte, zeitweilig mehr als die Hälfte des EU-Haushalts, nicht mehr zu einem Zuwachs an Agrarprodukten führen. Zumindest ein Teil der Zuschüsse wurde für das schiere Gegenteil gezahlt: Für das einfache Liegenlassen und Nichtbewirtschaften der Agrarfläche. Es wurden **Flächenstilllegungsprämien** an die Landwirte gezahlt. Vielleicht kamen die Landwirte niemals einfacher an ihr Einkommen als gerade in dieser Zeit (vom bürokratischen Beantragungsaufwand einmal abgesehen).

In eine ähnliche Richtung gehen **Flächenextensivierungsprogramme** wie beispielsweise das baden-württembergische MEKA (Marktentlastung und Kulturlandschaftsausgleich). Es förderte insbesondere den Verzicht auf Agrarchemikalien (synthetische Dünger, Pestizide). Der Vorteil zu Flächenstilllegungsprogrammen war ein zweifacher: Zum einen wurden die entsprechenden Flächen, weitgehend Grünland, weiterhin regelmäßig gemäht und wirkten daher anders als Brachflächen nicht „verwildert". Andererseits breiteten sich auf den entsprechenden Flächen auch keine Ruderalpflanzen aus, sondern die vom Naturschutz stärker geschätzten traditionellen Wiesenpflanzen, die eben gerade solche nährstoffarmen Lebensräume bevorzugen: etwa Arnika *(Arnica montana),* zahlreiche Arten von Glockenblumen *(Campanula* spec.), Orchideenarten. Damit wurde und wird ein Stück traditionelle Agrarlandschaft wiederhergestellt.

Flächenextensivierung wie **Flächenstilllegung** hatten jedoch den gleichen Effekt. Im Verlauf der 1980er-Jahre gingen alle agraren „Berge" und „Seen" drastisch zurück und die EU-Nahrungsmittelproduktion näherte sich allmählich dem EU-Nahrungsmittelverbrauch an. Für einen umfangreichen Export auf den Weltmarkt waren die in der EU erzeugten Nahrungsmittel nach wie vor zu teuer. Die Regelung befriedigte also Landwirte, Behörden, Staatsbürger und konkurrierende Agrarexporteure auf dem Weltmarkt gleichermaßen.

Doch auch die Flächenstilllegungsprogramme sind weitgehend ausgelaufen bzw. wurden nicht wieder erneuert. Der Grund liegt darin, dass sich zu Beginn des neuen Jahrtausends der Weltagrarmarkt und damit auch die Agrarsituation der EU erneut grundsätzlich gewandelt hat. Bedingt durch das Ansteigen der Preise für fossile Brennstoffe sowie durch Gesetze wohl aller Industriestaaten, die eine stärkere Verwendung erneuerbarer Energien fördern, kam es zu einer zunehmenden Nutzung von Agrarprodukten zur Energiegewinnung (Biodiesel, Äthanol, Methan). Die traditionelle Aufgabe des Agrarraumes, Nahrungsmittel zu erzeugen, trat damit in eine immer stärkere Konkurrenz mit der neuen Aufgabe, Energie zu produzieren. Damit werden Agrarprodukte wie Agrarflächen zunehmend knapp und teuer. Die Landwirtschaft, die bisher ökonomisch gesehen in ihren Wachstumsaussichten immer abgehängt war hinter dem produzierenden Gewerbe und hinter dem Dienstleistungssektor, scheint nun einer goldenen Zukunft entgegenzugehen. – Damit haben sich jedoch aus der Sicht vieler Flächenstilllegung und Flächenextensivierung, deren Ziel es ja war, agrare Erträge zu begrenzen, eindeutig erledigt.

Wiesenbrüterprogramme

Die meisten Vogelarten sind bekanntlich (Höhlenbrüter oder brüten in Sträuchern oder auf Bäumen. Eine geringere Anzahl ist Bodenbrüter, wobei einige Arten Wälder, andere Äcker bevorzugen. Einige Arten legen ihre Nester auch auf Grünland an, die sogenannten **Wiesenbrüter.** Die vielleicht bekanntesten Wiesenbrüter unserer Avifauna sind die Feldlerche *(Alauda arvensis)* und der Kiebitz *(Vanellus vanellus)*. Beide brüten neben dem bevorzugten Grünland auch auf Ackerland.

Obgleich die Feldlerche, etwas weniger auch der Kiebitz, in einigen Regionen noch als durchaus häufig gelten können, haben sie doch Bestandseinbußen erfahren. Dies hängt mit der zunehmenden Intensivierung der Agrarwirtschaft zusammen. Die Bevorzugung von Wintergetreide und die erhebliche Düngung von Wiesen und Getreideäckern bewirken gerade im Frühjahr bereits hohen Pflanzenwuchs, der das Nest des Kiebitzes wie der Lerche, die von Natur aus beide trockenen Steppenarealen entstammen, stark beschattet und feucht hält. Die Populationsentwicklung des Kiebitzes zeigt, dass insbesondere Jahre mit einem kühlfeuchten Frühjahr zu Bestandsrückgängen führen, wenn die Bruten nicht aufgezogen werden können.

Ein weiterer Gefährdungspunkt bei Wiesenbrütern liegt darin, dass die erste Mahd aufgrund der verstärkten Düngergaben so frühzeitig stattfindet, dass die Brut noch nicht flügge geworden ist und dem Mäher zum Opfer fällt.

Wiesenbrüterprogramme, wie sie im Bundesnaturschutzgesetz vorgesehen sind und von den meisten Bundesländern mit eigenen Programmen gestützt werden, sollen einer Extensivierung von Grünland dienen.

Außerdem soll der zunehmenden Umwandlung von Grünland in Ackerland entgegengewirkt werden (sog. Greening-Programm der EU ab 2013). Die Finanzierung erfolgt im Rahmen der sogenannten Cross Compliance (etwa: wechselseitige Verpflichtung; gemeint sind hier Staat und Landwirt) aus den öffentlichen Agrarhaushalten, die in den vergangenen Jahrzehnten im Zuge einer Neuausrichtung der EU-Agrarpolitik von der Höhe der Agrarerträge weitgehend entkoppelt wurden, in Form von Prämienzahlungen an die Landwirte, die bestimmte Natur- und Umweltschutzauflagen einhalten müssen.

26

Auch Europa mischt mit: Bundesnaturschutzgesetz, FFH und Natura 2000

Das **Reichsnaturschutzgesetz** von 1935 behielt als Rahmengesetz noch lange nach dem Zweiten Weltkrieg, nun als **Bundesnaturschutzgesetz,** seine prinzipielle Gültigkeit. Erst sozialdemokratisch geprägte Regierungen unterzogen es 1976 bzw. 2002 einer gründlichen Revision. Hintergrund für die Neuregelungen war ein wachsendes Bewusstsein um die Begrenztheit der natürlichen Ressourcen, wie sie sich etwa in den Verlautbarungen des Club of Rome zeigte oder den neuen Terminus des Umweltschutzes (um 1970) prägte. Das zu seiner Zeit als fortschrittlich empfundene Reichsnaturschutzgesetz konnte diesen umfassenden Anforderungen immer weniger entsprechen. Zudem waren Begrifflichkeit und Inhalte des Naturschutzes immer stärker durch einen internationalen Diskurs bestimmt.

Politik und Gesetzgebung zeigten aber auch über den Rahmen des Naturschutzes hinaus in den vergangenen 20 Jahren einen insgesamt zunehmenden **Einfluss der EU** auf die Situation in den nationalen Mitgliedstaaten. Im

© Springer-Verlag Berlin Heidelberg 2020
K.-D. Hupke, *Naturschutz,*
https://doi.org/10.1007/978-3-662-62132-5_26

Naturschutz ist das nicht anders und scheint auch naheliegend angesichts der Situation, dass Naturräume zumeist grenzüberschreitend auftreten und Tierwanderungen nicht an den Grenzen halt machen. Das EU-Recht liefert zumeist einen engeren oder weiteren Rahmen, innerhalb dessen sich die Gesetzgebung der Staaten entfalten kann. Zudem werden auch staatenübergreifende Programme von Brüssel aus koordiniert.

Besonders einleuchtend ist die Notwendigkeit einer großflächigen internationalen Naturschutzregelung beim **Schutz von Zugvögeln.** Entsprechend finden sich die frühesten und umfangreichsten europäischen Regelungen auf diesem Gebiet. Bereits 1979 kam es zu einer gemeinsamen Richtlinie der damaligen EWG über die Erhaltung der wildlebenden Vogelarten (später Teil von Natura 2000), die unmittelbar in nationales Recht überführt werden musste. Eine Ausweisung von nahezu unzähligen **Vogelschutzgebieten** in Deutschland und Österreich war die Folge. Aber auch hierfür gab es bereits ein internationales Vorbild: die Ramsar-Konvention der UNESCO zum Schutz des Lebensraumes von Wasservögeln aus dem Jahr 1971.

Das europäische Konzept **Natura 2000** war und ist eng verknüpft mit dem **Fauna-Flora-Habitat-Konzept (FFH)**. Ziel ist es gemäß der globalen *Convention on Biological Diversity,* Konferenz von Rio de Janeiro 1992, den fortlaufenden Verlust der biologischen Vielfalt aufzuhalten. Zu diesem Zweck sind bisher europaweit rund 20 % der Landesfläche als FFH-Areale ausgewiesen worden. Bei derartig großen Flächen ist auch klar, dass der Naturschutz nicht überall an erster Stelle stehen wird und dass Kompromisse mit Land- und Forstwirtschaft unvermeidbar sind. Die geforderten Flächen werden in enger Zusammenarbeit zwischen Europäischer Kommission und Mitgliedsstaaten deklariert. Im deutschen nationalen gesetzlichen Kontext firmieren diese Flächen als Natur- und Landschaftsschutzgebiete, in Österreich sind sie v. a. in den eigens für diesen Zweck geschaffenen sog. *Europaschutzgebieten* enthalten. Die bereits im nationalen Rahmen vielfältigen Statusformen von geschützten Flächen werden durch die EU-Begrifflichkeiten zusätzlich verkompliziert, sodass sich für ein- und dasselbe naturgeschützte Gebiet oft mehrere Schutzbegriffe ergeben.

In den Bereichen von Landwirtschaft und Ernährung sowie von Natur- und Umweltschutz hat sich Europa von allen gesellschaftlichen Bereichen am meisten zu einer politischen Union hin entwickelt; auch mit dem Ergebnis, dass wir stärker nach zentralen Vorgaben leben müssen, wo Naturschutz doch in Deutschland wie in Österreich traditionell vor allem Bundesländersache ist.

Neben der EU wirken zudem globale Naturschutzvorhaben zunehmend regulierend auf die nationale Gesetzgebung ein, wenngleich sie anders als die EU betreffend zumeist nicht gesetzlich verbindlich gehalten sind. Dies gilt insbesondere für den Komplex um die UN-Konferenz für Umwelt und Entwicklung (UNCED) in Rio 1992 mit der **Konvention über biologische Vielfalt (Biodiversitäts-Konvention)** sowie das internationale **Washingtoner Artenschutzabkommen CITES** 1973, mit dem der Handel mit bedrohten Tier- und Pflanzenarten reguliert wird. Daneben sind Deutschland und Österreich auch in die internationalen UNESCO-Konzepte der **Biosphärenreservate** und des **Weltnaturerbes** eingebunden. Während der Rio-Prozess (eingeschlossen der Rio-Folgekonferenzen) und die Konzeption der Biosphärenreservate einen Ausgleich zwischen naturschützerischen Anliegen, etwa der Biodiversität, mit Gesichtspunkten wirtschaftlicher Nutzung unter dem Aspekt der Nachhaltigkeit (international: *sustainability*) anstreben, dient das Welt(natur)erbe primär Bildungsaspekten. Beide Anliegen sind jedoch traditionell bereits im Naturschutz integriert. Gerade der Gesichtspunkt der Nachhaltigkeit ist in den vergangenen Jahrzehnten sehr komplex geworden und würde eine eigene sehr umfassende Monografie erfordern. Da er zudem in der Vielfalt seiner Aspekte den Naturschutz bei weitem übersteigt und darüber hinaus eher dem Umweltschutz zuzurechnen ist, soll er an dieser Stelle weitgehend ausgespart werden.

27

Zur Rolle von Nicht-Regierungsorganisationen (NGOs) im Naturschutz

Wie wohl jedes gesamtgesellschaftliche Zielvorhaben ist Naturschutz nicht von vornherein als staatliches Projekt sozusagen auf Behördenebene entstanden. Am Anfang stand sowohl in Deutschland als auch, wie in Kap. 30 noch aufgezeigt wird, in Nordamerika ein Bedürfnis, das Bedrohte zu erhalten. Über die Gründung von entsprechenden privaten Institutionen, die als Pressure Groups gegenüber Medien und Gesellschaft auftraten, gelang es auch, das Anliegen über die Politik institutionell zu verankern, etwa, indem staatliche Gesetze ausgearbeitet und in deren Rahmen spezifische Behörden eingerichtet wurden.

Von daher überrascht es nicht, dass von den Anfängen im europäischen und nordamerikanischen Naturschutz im 19. Jahrhundert bis heute **Nicht-Regierungsorganisationen** (engl. Non Governmental Organizations = **NGOs**) eine zentrale Rolle im Naturschutz spielten und spielen. Auch wenn heute der finanzielle Hauptsupport von Regierungsstellen herrührt,

© Springer-Verlag Berlin Heidelberg 2020
K.-D. Hupke, *Naturschutz,*
https://doi.org/10.1007/978-3-662-62132-5_27

bleibt doch als wichtige Funktion der Naturschutzverbände, dafür zu sorgen, dass der öffentliche und mediale Druck auf die Regierungen und Parlamente nicht nachlassen, mehr für den Naturschutz zu tun.

Aus den bereits in Kap. 3 dargelegten Gründen haben jedoch die Naturschutzverbände im engeren Sinne, die hierzulande zum **Deutschen Naturschutzring** zusammengeschlossen sind, in den vergangenen Jahrzehnten gegenüber Umweltschutzverbänden wie Greenpeace oder Tierschutzverbänden wie PETA relativ an Bedeutung eingebüßt. Relativ bedeutet aber nicht absolut, da in den zurückliegenden Jahrzehnten der Einfluss von NGOs auf Gesellschaft und Medien nahezu kontinuierlich gestiegen ist.

Die bedeutendsten Naturschutzverbände in Deutschland sind der **NABU** (Naturschutzbund Deutschland; in Bayern: LBV) und der **BUND** (Bund für Umwelt und Naturschutz Deutschland; in Bayern: BUND Naturschutz); im südöstlichen Nachbarland der **Naturschutzbund Österreich**. Alle drei haben dem Bedeutungsverlust von Naturschutzanliegen seit den Zeiten des „Fernsehprofessors" Grzimek in den 1960er-Jahren trotzen können – zum Preis einer teilweisen Adaptierung ihrer Ziele an den Umweltschutz. Beim BUND steht dieser sogar gleichberechtigt neben dem Naturschutz in der Namensgebung. Beim Naturschutzbund Österreich ist die Anbindung an Umweltschwerpunkte im Vergleich am geringsten ausgeprägt.

Eine solche Adaptierung ist aber grundsätzlich nicht möglich, ohne einen Teil der naturschützerischen Zielsetzung aufzugeben: Alle genannten Naturschutzverbände vertreten heute das Prinzip nachwachsender Energierohstoffe, welches über Preisanstieg für Agrarprodukte zu einer weiteren landwirtschaftlichen Intensivierung führt, in Entwicklungs- und Schwellenländern auch zu einer weiteren Ausdehnung der agraren Flächen zu Lasten naturnaher Reserveräume (sowie in Konkurrenz mit der Produktion von Nahrungsmitteln auch zu einer Verschärfung des Hungers).

NGOs sind ohnehin in extremer Weise abhängig von Medien und öffentlicher Meinung. Diese Abhängigkeit besteht auch in umgekehrter Hinsicht, da NGOs heute die öffentliche Wahrnehmung sehr stark prägen, zumal ihnen zugestanden wird, dass sie uneigennütziger und ehrlicher arbeiten als die beiden anderen gesellschaftlichen Subsysteme Wirtschaft und Politik.

NGOs müssen sich also vermarkten. Da die reine Naturschutzthematik oft abstrakt ist, müssen sie zu Symboltieren in der Art von Maskottchen greifen, um medienwirksam zu werden. Für den internationalen **WWF** (World Wide Fund for Nature) ist dies seit Jahrzehnten der Panda geworden, zeitenweise assistiert von Großkatzen wie Tiger oder Jaguar und von Menschenaffen wie Orang-Utan. Und, spätestens seit dem Hype um Knut, natürlich der Eisbär *(Ursus maritimus)*.

Wie hoch gerade auch im WWF, der sich aufgrund seiner Satzung allein Naturschutzanliegen verpflichtet weiß, die Affinität zum Tierschutz ist, zeigte sich im Sommer 2012, als König Juan Carlos als Ehrenpräsident des WWF Spaniens zurücktreten musste. Er hatte im südlichen Afrika Elefanten gejagt und sich vor einem erlegten Elefanten ablichten lassen. Anders als im subsaharischen und östlichen Afrika sind im Süden des Kontinents Elefanten (Loxodonta africana) nicht bedroht. Da sie kaum natürliche Feinde außer dem Menschen haben, neigen sie zu Massenvermehrung und vernichten ganze Waldareale, Gehölze und zahlreiche Einzelbäume in einer Savannenlandschaft, die durch kleinräumigen Wechsel von Baumbeständen und Grasland geprägt ist (Kap. 30).

Selbstverständlich brauchen nicht nur NGOs eine gute **Außenwirkung,** sondern auch die Unternehmen der Wirtschaft. So kommt es regelmäßig zu einer Allianz zwischen Firmen und NGOs, wobei sich Erstere mit Geldgaben ein gutes Image erkaufen. Gerade der WWF („Partner der Wirtschaft") ist durch solche engen **Kooperationen** bekannt, einige würden sagen: berüchtigt, geworden. Der WWF ist von daher die vermutlich mit Abstand finanziell erfolgreichste internationale Naturschutzorganisation, mit einem Jahresetat von mehreren Hundert Millionen Euro. Es versteht sich von selbst, dass durch solche Geldflüsse auch eine Abhängigkeit der betreffenden NGO vom Geldgeber entsteht, der sich mit relativ geringen Mitteln aus der Verantwortung freikaufen und das Logo des WWF zudem für seine Werbung nutzen kann.

Anders als die meisten anderen Naturschutzverbände besitzt der WWF zudem eine florierende Jugendorganisation, den WWF Young Panda. Gemeinsam mit dem Geschäftsmodell dürfte diese ebenfalls dazu beitragen, dass der WWF zumindest im globalen Bereich die einflussreichste Naturschutzorganisation bleibt.

28

Das Tafelsilber der DDR? Naturschutz und Naturschützer in den östlichen Bundesländern

Während bis zur Wende viele einstmals verbreitete Tierarten in den westlichen Bundesländern ausgerottet oder so gut wie ausgestorben waren, waren diese in der DDR oft noch in erstaunlich großen Beständen zu finden. Dies gilt beispielsweise für die großen Greifvögel Fischadler *(Pandion haliaetus)* und Seeadler *(Haliaeetus albicilla).* Es gilt für Kraniche. Und es gilt für Biber und Fischotter. Ein großer Teil dieser Arten war in der Bundesrepublik nicht dem Naturschutzrecht, sondern dem **Jagdrecht** zugeordnet. Dieses wurde aber von einer maßgeblichen Lobby von Hobby-Jägern geprägt, zu denen neben vielen Größen aus Finanzwirtschaft und Industrie auch Politiker wie Franz Josef Strauß gehörten, gegen dessen Widerstand über lange Zeiträume kaum ein Gesetz durchzubringen war. So dauerte es bis in die 1970er-Jahre, bis ein allgemeiner Schutz für die Greifvögel zustande kam. Bis dahin waren aber Fischadler und Seeadler in der Bundesrepublik so gut wie völlig ausgerottet worden. Die ab da in Westdeutschland feststellbare Erholung der Bestände der

© Springer-Verlag Berlin Heidelberg 2020
K.-D. Hupke, *Naturschutz,*
https://doi.org/10.1007/978-3-662-62132-5_28

meisten genannten Arten, die sich oft aus Zuwanderung aus dem Osten ergab, war unter anderem darauf zurückzuführen, dass der Einfluss der Jäger auf die bundesdeutsche Politik, nicht zuletzt durch den Tod von Strauß (übrigens auf einem Jagdausflug), allmählich verringert werden konnte.

Dass Jäger aus ihrem Selbstverständnis heraus Tiere töten, ergibt sich von selbst und ist Teil der Definition. Doch warum töten Jäger Tiere bis hin zur völligen Ausrottung und berauben sich damit selbst der Möglichkeiten ihres Hobbys? Um das zu begreifen, muss man zunächst die Kleinheit der meisten Jagdreviere bedenken, und dass ein Jäger, der ein Tier wegen seiner Seltenheit verschont, damit rechnen muss, dass es der Inhaber des benachbarten Reviers erlegt. Zum anderen sind Jäger aber auch Trophäensammler. Je seltener eine Art, desto spektakulärer ist die Trophäe.

Besonders den Greifvögeln, in der Jägersprache bis heute zumeist „Raubvögel" (abgesehen davon, dass gerade diese besonders „schöne" Trophäen abgeben), galt die besondere Abneigung vieler Jäger. Man unterstellte ihnen, junge Hasen und Rebhühner zu schlagen. Sie waren damit eine unmittelbare „Nahrungskonkurrenz" für die Jäger.

Die meisten dieser genannten Tierarten benötigen zwar vielfältige, aber nicht unbedingt nutzungsfreie Flächen und fügen sich oft gut in Land- und Forstwirtschaft ein. Insofern bestand in der DDR zwischen Nutzung und Schutz kein unbedingter Gegensatz, wie überhaupt die Tendenz zur agraren Gewinnmaximierung zunächst eher vom Westen als vom Osten ausging (wenngleich der Osten sich diesen westlichen Entwicklungen oftmals anschloss, schon um in der Konkurrenz der Systeme bestehen zu können).

Fast allen naturinteressierten DDR-Bürgern blieben der Grand Canyon und der Amazonas, der Himalaja und die Malediven, aber auch die Côte d'Azur und die Toscana weitgehend verschlossen. Von daher erklärt sich die stärkere Zuwendung vieler Menschen zur eigenen, zur nahen Natur. Ähnlich wie in westlichen Gesellschaften animierte die politische Realität der DDR zum Eintritt in Fluchtwelten. Neben der künstlerischen Fiktion bildete die Natur die beste und buchstäblich am nächsten liegende Möglichkeit, der gesellschaftlichen Realität zu entkommen.

Verglichen mit westlichen Gesellschaften war der **Naturschutz in der DDR** auf der Seite der Akteure weniger durch eigenständige Naturschutzverbände gekennzeichnet, die als Konkurrenz zu der Partei und ihren Unterorganisationen wohl nicht geduldet worden wären. Stärker als Institutionen wirkten in der DDR – bzw. wirken heute noch in den östlichen Bundesländern – Einzelpersonen. Gelegentlich wurden diese im Alter oder nach ihrem Ableben zur Legende. Kurt Kretschmann (verstorben 2007), nach der Wende Ehrenpräsident des NABU, ist eine davon; Michael Succow (geb. 1941) eine andere.

Durch eine geschickte Interaktion zwischen der bereits frei gewählten Übergangsregierung unter Hans Modrow und dem damaligen westdeutschen Umweltminister Klaus Töpfer gelang es, einen beachtlichen Teil der verbliebenen naturnahen Großräume der bisherigen DDR in den Status von **Naturschutzgebieten** zu überführen, sofern dieser nicht bereits bestanden hatte. Viele wurden kurz darauf in der Bundesrepublik **Nationalparks,** die in ihrem Selbstverständnis dem US-Vorbild folgen und die es daher in der DDR in dieser Benennung nicht geben durfte.

Durch den Fortbestand von Natur wurde für viele Menschen in den neuen Bundesländern ein wesentlicher Teil ihrer Identität von der DDR in die neue Bundesrepublik hinübergerettet. Wie auch in Teilen der Sozialstaatlichkeit (z. B. Kinderhorte als Regelangebot) wurden die neuen Bundesländer damit zu Vorreitern für eine (sachte) Strukturreform auch der alten Bundesrepublik.

Als Folge dieser historischen Entwicklung ist der heutige Naturschutz in Deutschland insgesamt gesehen stärker durch die östlichen Bundesländer geprägt, als es deren Anteil an der deutschen Gesamtbevölkerung entspräche. Dabei hat der ostdeutsche Naturschutz durchaus seine Eigenheiten bewahrt. Wie eine neuere Dokumentation namhafter ostdeutscher Naturschützer in dem Werk *Naturschutz in Deutschland* (Succow et al. 2012) zeigt, sind die ostdeutschen Naturschützer niemals so richtig im westlich ausgerichteten wiedervereinigten Deutschland angekommen. „Naturschutz in Ostdeutschland, ergänzt durch einige Ausblicke in den Westen Deutschlands" wäre eigentlich der angemessene Titel dieses Buches gewesen. Dabei wirkt der ostdeutsche Naturschutz, trotz des durchschnittlichen Rentenalters seiner Akteure, erstaunlich vital und vor allem authentisch. Der ostdeutsche Naturschutz ist auch nach der Einheit niemals die vielen werbewirksamen Kompromisse eingegangen im Hinblick auf die Selbstdarstellung und Außendarstellung einer NGO, wie dies beim (west)deutschen Naturschutz der vergangenen Jahrzehnte der Fall war, unter Einbeziehung maßgeblicher Ziele und Aspekte von Umweltschutz und Tierschutz, welche selbst die eigene Klientel oftmals nicht sauber unterscheiden kann. Aber eine Unterscheidbarkeit dieser widerstreitenden Zielvorstellungen war und ist im Westen auch gar nicht gewollt, weil man dann die Konflikthaftigkeit und nicht selten Unvereinbarkeit der auseinanderstrebenden Zielsetzungen ebenfalls offenlegen müsste. Die Ziele des Naturschutzes haben dabei jedoch ein wenig ihre Konturen aufgelöst. Im Vergleich dazu sind ostdeutsche Naturschützer eben solche noch im Wortsinne geblieben.

Auch haben in der DDR die Betrachtung der Natur und das Bemühen um ihren Schutz einen Fluchtweg aus der gesellschaftlichen Realität ermöglicht, wenngleich oder gerade weil die wenigsten ostdeutschen Naturschützer der DDR zu deren Lebzeit explizit kritisch gegenüberstanden. Fast stärker noch als im Westen ist die naturschützerische Klientel im Osten personell überaltert; nicht zuletzt deswegen, weil der Naturschutz dort so wenig werbewirksame und modische Kompromisse eingegangen ist, die ihm junge Leute zugeführt hätten. Paradoxerweise scheint Naturschutz jedoch vor allem dort als raumplanerischer Ansatz besonders erfolgreich zu sein, wo er eben wenig inhaltliche Kompromisse eingeht und sich weniger an den Zeitgeist anlehnt.

Keine Frage, die Naturschützer im Osten sind mir sympathisch. Dennoch habe ich ihnen nur ein kleines Kapitel gewidmet, weil die Haupttendenz der Entwicklung nach 1990, wie in allen politischen, wirtschaftlichen und sozialen Fragen, vom ehemaligen politischen Westen Deutschlands ausging und bis heute ausgeht. Neben dem demografischen Übergewicht Westdeutschlands hängt dies auch damit zusammen, dass der Zusammenschluss 1989/1990 der Sieg des einen gesellschaftlichen Systems, das nun seine Strukturen festschreibt, über ein anderes war.

Naturschützer der ehemaligen DDR und der anschließenden Zeit der politischen Wende über ihre damaligen naturschützerischen Möglichkeiten

„Auch weniger im Mittelpunkt stehende Arten wurden bearbeitet. Beispielsweise hatten wir Kollegen, die sich sehr stark für die Enzianarten, für den Sonnentau oder für die Arnika einsetzten. Wir haben sowohl Bewertungen der Populationsentwicklung bei den ausgewählten Pflanzen und Tieren vorgenommen als auch sehr klare

Empfehlungen zum Biotopschutz und zur Biotoppflege gegeben. Diese Vorschläge und Hinweise wurden aufgegriffen. Insofern kann man schon sagen, dass es eine sehr produktive Zeit war, in der man im Naturschutz etwas bewirkt hat.

(...)

Über Geld für den Artenschutz haben wir nicht klagen können. Wir hatten keine großen Summen damals. Aber die Forschungen, die wir mit den Mitgliedern der überbezirklichen Arbeitsgruppe Artenschutz in den Naturschutzgebieten gemacht haben, sind unter anderem vom Rat des Bezirkes in Suhl finanziert worden. Wenn ich zum Beispiel einen Brief an den Werkleiter des Betriebes „Stern-Radio" in Sonneberg geschrieben habe und mitteilte, dass ich zu einem bestimmten Zeitpunkt für Untersuchungen in einem Naturschutzgebiet vier Leute brauche, hat er mir aus dem Werk vier Mitarbeiter zur Verfügung gestellt. Solche Maßnahmen erfolgten damals im Rahmen gesellschaftlich anerkannter Arbeit. Den betreffenden Personen wurde für die Zeit normal ihr Lohn oder Gehalt bezahlt. Alle akzeptierten das. Benötigte Fahrtkosten wurden vom Rat des Bezirkes zurückerstattet. Das wäre heute undenkbar!"

(Martin Görner, geb. 1943; langjähriger Naturschutzbeauftragter des Kreises Jena-Stadt und des Bezirks Gera)

„In der Wende und nach meiner Rückkehr nach Schleiz gab es eine Euphorie. Es gab eine hervorragende personelle Ausstattung, die der Naturschutz im Landkreis hatte. Die Landwirtschaft war verschiedenen Dingen gegenüber aufgeschlossen. Es waren neue Kräfte da, mit denen man zusammenarbeiten konnte. Ich war und bin ehrenamtlich als Naturschutzbeauftragter tätig. Das Waldumbauprogramm in der Forstwirtschaft war hervorragend. Ich muss Ihnen sagen: Es war eine relativ kurze Freude. Es hat sich dann etwas entwickelt, wo alles dem Geld geopfert wurde. Entweder hast Du Geld oder wenn Du viel Geld verdienen willst, musst Du in dieser oder jener Form gegen die Natur arbeiten. Um es kurz zu machen: Die Euphorie ist einer Ernüchterung gewichen. Und wir müssen jetzt genauso für den Naturschutz kämpfen wie zu DDR-Zeiten."

(Günther Hoffmann, geb. 1935; u. a. ehem. Referent für Naturschutz im früheren ostdeutschen und im späteren gesamtdeutschen Ministerium für Landwirtschaft)

„Es war eine herrliche Zeit, wir hatten den Krieg überlebt, das Leben lag vor uns! Die Umgebung von Eberswalde lockte zu Erkundungen, mit Schulfreunden durchstreifte ich Wälder und Moore und entdeckte auch das älteste Naturschutzgebiet „Plagefenn", das seit 1907 vor Axt und Säge bewahrt werden konnte. Ich erinnere mich einer Wanderung mit Schulkameraden ins Plagefenn. Wir standen andächtig vor der berühmten „Drehkiefer", jenem starken Baum, der in den 1930er Jahren auf dem Boden liegend fotografiert worden war und jetzt, also 1950, immer noch da war. Wenig verändert habe ich diese Kiefer 1972 selber fotografiert und selbst heute kann sie der Kundige immer noch finden! Überhaupt das Plagefenn, es hat meine Vorstellung von dem, was Naturschutz ist oder sein sollte, entscheidend geformt."

(Lebrecht Jeschke, geb. 1933; Mitarbeiter des Instituts für Landesforschung und Naturschutz in Halle, nach der Wende Naturschutzakademie Vilm und Leiter des Nationalparkamtes Mecklenburg-Vorpommern)

„Die Möglichkeiten der Forstwirtschaft, einen aktiven Beitrag zum Naturschutz zu leisten, haben sich auch geändert; durch Privatisierung von Teilen der Wälder und auch im Landeswald wird sehr ertragsbetont gewirtschaftet. Vor der Wende hatten die Forstbetriebe noch einigen Spielraum, zum Beispiel einen Etat für landeskulturelle Maßnahmen, der gar nicht so klein war und Möglichkeiten für Schutzmaßnahmen eröffnete. Durch die Kommerzialisierung hat sich die Verbindung zwischen Forstwirtschaft und Naturschutz doch mächtig gelockert."

(Heinz Quitt; geb. 1928; Oberförster und Forstamtsleiter, Naturschutzbeauftragter des Bezirks Magdeburg)

„Als ich dann im Sommer 1990 in den „Westen" reiste und die industriemäßige Agrarproduktion in Höxter und Diepholz erlebte, war ich erschüttert über das, was dort weiterhin „ungestraft" in der Landschaft ablief. Wir hatten die Massentierhaltung mit der Wende zunächst weitestgehend überwunden, und nun konnte ich in Niedersachsen (mit gepflegten Dörfern, in jedem Dorf eine Kirche, gläubige Menschen) eine industriemäßige Agrarproduktion mit Futtermittelimporten aus Übersee in einer Intensität erleben, die vieles in der DDR überstieg."

(Michael Succow, geb. 1941; habilitierter Botaniker, nach der Wende stellvertretender Minister für Umweltschutz der DDR, Professor Universität Greifswald; Träger des Alternativen Nobelpreises)

Aus: Behrens und Hoffmann 2013

29

Die Weltmeere und Antarktika – international, daher schutzlos?

Bei einer globalen Betrachtung müssen wir immer im Blick behalten, dass nur ein Teil der Erdoberfläche unter den Nationen territorial aufgeteilt ist. Für die Festlandfläche gilt eine solche Aufteilung zwar so gut wie durchweg. Dennoch ist auch hier die Antarktis ausgenommen; zumindest sind dortige nationale Besitzansprüche nicht international anerkannt.

Die Situation in der Nachkriegszeit in der **Antarktis** war (und ist bis heute) dadurch gekennzeichnet, dass die Weltmächte USA und Sowjetunion (heute: Russland) keine Besitzansprüche von Einzelstaaten anerkannt haben. Statt einer von den Anrainern, aber auch von Großbritannien, Frankreich und Norwegen favorisierten territorialen Aufteilung hat sich daher ein Vertragswerk durchgesetzt, welches die Möglichkeiten einer Nutzung der Antarktis bzw. des Kontinents Antarktika regelt. Der sogenannte Antarktis-Vertrag wurde 1961 verabschiedet. Er öffnet die Antarktis allen interessierten Nationen zur friedlichen Forschung und schließt eine militärische Nutzung aus.

© Springer-Verlag Berlin Heidelberg 2020
K.-D. Hupke, *Naturschutz,*
https://doi.org/10.1007/978-3-662-62132-5_29

Eine von Greenpeace getragene Kampagne zum „**Weltpark Antarktis**" bereitete in den 1980er-Jahren das „Madrid-Protokoll" von 1991 als Zusatzabkommen zum Antarktis-Vertrag vor. Das Protokoll verbietet den Rohstoffabbau für die kommenden 50 Jahre ab 1998 (Jahr des Inkrafttretens, nachdem es genügend Staaten unterzeichnet hatten). Auch werden im Protokoll die Forschungsstationen zu Umweltauflagen verpflichtet. Was nach dem Jahr 2048 geschieht (Vertragsende, Vertragsverlängerung oder Vertragsneuaushandlung?) ist noch offen. Greenpeace beklagt auch, dass der im Randbereich der Antarktis stark anwachsende Tourismus bis jetzt keiner vertraglichen Regelung unterliegt.

Natur- und Umweltschutz werden im Bereich der Antarktis dadurch gefördert, dass aus Kostengründen eine kommerzielle Förderung von Bodenschätzen auf dem antarktischen Kontinent wie auch in den umgebenden Schelfgebieten und Tiefseebereichen bis jetzt noch ausgeschlossen scheint. Die Frage ist, wie die Vertragsstaaten verfahren werden, sobald sich dieser Umstand geändert haben sollte, etwa durch technischen Fortschritt.

Bei den **Weltmeeren** war eine territoriale Zuordnung bis in die 1970er-Jahre auf einen schmalen Küstenstreifen von drei Seemeilen beschränkt. Inzwischen ist die nationale Hoheitszone auf zwölf Seemeilen ausgedehnt worden und wird durch eine **ausschließliche Nutzungszone** von 200 Seemeilen ergänzt und erweitert. Hier haben die Anrainerstaaten alleinige wirtschaftliche Nutzungsrechte etwa auf Fischfang oder auf Bodenschätze am Meeresboden.

Außerhalb der ausschließlichen Nutzungszone, die nach WBGU (Hrsg. 2013) immerhin noch rund 64 % der Weltmeere umfasst, sind traditionell keine Nutzungsauflagen vorgesehen. Eine Einigung unter der UN-Organisation UNCLOS (United Nations Convention on the Law of the Seas) zeichnet sich ab; allerdings bleiben alle Absprachen im Prinzip unverbindlich, solange die USA das Abkommen nicht unterzeichnet haben.

Gerade diese noch nicht national zugeteilte, in der Fläche aber überwiegende Zone kann als besonders gefährdet gelten, weil Beschränkungen in der Fischerei dort nicht greifen. Die meisten **Meeressäuger** und **Meeresschildkröte**n (Cheloniidae) sind zwar durch internationale Artenschutzabkommen geschützt (CITES), fallen aber häufig als Beifang den ausgedehnten Schlepp- und Treibnetzen zum Opfer. Bei den meisten marinen Walen ist (als Folge der ältesten internationalen Naturschutzabkommen für die Meere, teilweise aus der Zeit vor dem Zweiten Weltkrieg) immerhin eine Stabilisierung auf niedrigem Niveau gelungen, wenngleich die Bestandsentwicklung je nach Art sehr unterschiedlich ausfällt. Die Bestände der sechs Arten von Meeresschildkröten (Abb. 29.1) sind dagegen immer noch tendenziell rückläufig.

Immerhin hat die Ausdehnung der ausschließlichen Wirtschaftszonen bewirkt, dass die allermeisten **Korallenriffe** ebenso wie die **Mangrovezonen** (Abb. 29.2) der erweiterten Flussmündungsbereiche unter die nationale Souveränität kamen. Diese beiden so konträren Lebensräume (Klarwasser/schlammig) beherbergen einen großen Reichtum an Tierarten, die uns auch weitgehend bekannt sind. Möglicherweise stehen die **Meeresböden der Tiefsee** unterhalb der internationalen Hohen See diesen Lebensräumen, zumindest regional, an Biodiversität kaum nach. Allerdings ist das Wissen über diese Zonen gering, so wie bis heute auch noch der zu vermutende menschliche Einfluss auf diese.

Da Korallenriffe zumeist unter nationaler Souveränität stehen, können sie auch als Naturschutzgebiete ausgewiesen werden. Dies ist vereinzelt geschehen, etwa

Abb. 29.1 Ummauertes Becken einer Meeresschildkröten-(Cheloniidae)-„Aufzuchtstation" in Sri Lanka. Die von den Fischern gefangenen Tiere werden gegen Eintrittsgeld Touristen zur Schau gestellt. Eine weit größere Gefahr für Meeresschildkröten stellt jedoch dar, dass sie sich häufig in überdimensionierten Fischereinetzen verfangen und anschließend ertrinken. (Eigene Aufnahme)

Abb. 29.2 Mangrovebäume (wie hier in Südflorida) bilden meist Stelzwurzeln aus, zwischen denen bei wechselndem Wasserstand eine Vielzahl von Fisch- und Krebsarten lebt. (Eigene Aufnahme)

in Teilbereichen des Great Barrier Reef, des größten zusammenhängenden Korallenriffs der Erde, im nordöstlichen Australien (Queensland). Allerdings werden räumlich übergreifende Gefahren dadurch kaum gebremst: Schon seit einiger Zeit werden Schäden an Korallen durch die Erwärmung der Meere sowie durch übermäßigen Nährstoffeintrag aus Abwässern und Landwirtschaft diskutiert.

Aber auch hier erweist sich die Ursachensuche als äußerst komplex. Die starke Absterbetendenz von Korallen in den vergangenen Jahrzehnten (Korallenbleiche) wurde teilweise wieder von einer Erholungsphase abgelöst. Möglicherweise ist auch ein natürlicher Lebenszyklus der Riffe daran mitbeteiligt. Den Tauch- und Schnorcheltourismus muss man demgegenüber fast schon in Schutz nehmen. Er führt zwar vor allem durch Betreten der empfindlichen Korallenoberflächen lokal zu flächenhaftem Absterben der Riffe, was beim ersten Eindruck jedes Mal tief erschüttert. In allen touristischen Schwerpunktregionen sind aber nur wenige Prozent eines großen Riffes davon betroffen. Abseits der Hotelanlagen spielen diese Einflüsse kaum eine Rolle. Im Übrigen haben die Hoteliers und andere vom Tourismus profitierende Gruppen ein starkes Interesse daran, dass die Korallen vor dem Hotelstrand nicht absterben, und steuern mit Aufklärungsarbeit zunehmend dagegen (Abb. 29.3).

Den heutigen vermehrten technischen Möglichkeiten und wirtschaftlichen Bedürfnissen im Hinblick auf die Nutzung mariner und (ant)arktischer Ressourcen steht eine zunehmend größere Wirksamkeit internationaler Nutzungsbeschränkungen und Nutzungsregelungen gegenüber. Es macht aber den Anschein, als liefe der Schutz regelmäßig der ausgeweiteten Nutzung hinterher.

Abb. 29.3 Fische eines hotelnahen Korallenriffs werden von Touristen vom Boot aus angefüttert und versammeln sich an der Wasseroberfläche (Hikkaduwa, Sri Lanka). (Eigene Aufnahme)

EU einig über Fischfangmengen

Die EU-Staaten schonen die Fischbestände nach Ansicht von Umweltschützern stärker als in der Vergangenheit. Diese loben deshalb die Einigung der EU-Fischereiminister zu Fangquoten für das Jahr 2014. „Viele Nordsee-Bestände haben die rabenschwarzen Jahre hinter sich und sind mittlerweile auf sichere Größen angewachsen", erklärte Stella Nemecky mit Verweis auf die beschlossene höhere Schollenquote *(Pleuronectes platessa)*.
[...]
Die EU will ihre teils strapazierten Fischbestände in Zukunft schonender bewirtschaften. Den Rahmen dafür schafft die im Frühjahr beschlossene Fischereireform. Der Staatssekretär im Bundeslandwirtschaftsministerium, Robert Kloos, erklärte: „Mehr als 60 % der Bestände in Nordsee und Nordostatlantik werden inzwischen nachhaltig bewirtschaftet. Bis 2015 wird dieser Prozentsatz weiter deutlich steigen und bis spätestens 2020 wollen wir das Nachhaltigkeitsziel für alle Bestände erreichen."
Umweltschützer verweisen dagegen auf etwa 40 % der Bestände, die weiterhin überfischt seien, „Der überfischte Heringsbestand im Kattegat und Skagerrag darf

rund dreimal mehr befischt werden als Wissenschaftler empfohlen hatten. Die aktiven Fischereien auf Kabeljau und Seezunge (*Solea solea*) in der Irischen See wurden entgegen wissenschaftlichem Rat nicht geschlossen, monierte der WWF" (*Stuttgarter Zeitung* vom 19.12.2013, nach einer Meldung der dpa).

Die Antarktis ist jetzt geschützt

Vor der Küste der Antarktis soll das größte Meeresschutzgebiet der Erde entstehen: Das Schutzgebiet im ökologisch bedeutsamen Rossmeer soll 1,55 Mio. Quadratkilometer umfassen. Dies sieht eine Vereinbarung vor, auf die sich 24 Staaten und die EU nach jahrelangen Verhandlungen in der australischen Stadt Hobart verständigt haben.

Umweltschützer sprechen von einer „historischen Entscheidung", kritisieren allerdings, dass die Vereinbarung nur für 35 Jahre gilt. Die ausgewiesene Zone ist etwa so groß wie Großbritannien, Deutschland und Frankreich zusammen. Im größten Teil des neuen Schutzgebiets – 1,12 Mio. Quadratkilometer – soll jegliche Fischerei verboten werden.

Bericht AFP n. Stuttgarter Zeitung v. 29.10.2016.

Indigene Fischer befürchten Tiefseebergbau

Mit Sorge verfolgen die Bewohner der Nordostküste Papua-Neuguineas sowie der vorgelagerten Inseln New Britain und New Ireland, wie in der Bismarcksee Tiefseebergbau vorbereitet wird. Das kanadische Unternehmen Nautilus Minerals Inc. will in dem mehr als 1000 m tiefen Seegebiet das weltweit bisher größte Tiefseebergbau-Projekt Solwara 1 starten. Ab 2019 will die Firma auf einer Fläche von 500.000 Quadratkilometern [weit mehr als die Größe Deutschlands; d.Vf.] Rohstoffvorkommen erkunden und abbauen. Erwartet werden Funde von wertvollen Mineralien und Metallen wie Gold oder Kupfer. Eine Bergbaulizenz für die kommenden 20 Jahre hat sich das Unternehmen bereits bei der Regierung

Papua-Neuguineas gesichert. Doch unter den indigenen melanesischen Bewohnern der Inseln sowie bei vielen Nichtregierungsorganisationen überwiegen Skepsis und Ablehnung.

Die vom Fischfang lebenden Papua-Völker fürchten die ökologischen Folgen von Solwara 1. Denn niemand hat bisher Erfahrung gesammelt mit einem solchen Bergbauprojekt in so großer Tiefe. Die Fischer fürchten, dass langfristig der Fischreichtum zurückgehen könnte. Das Aufwühlen von Millionen Tonnen Geröll in der Tiefsee könnte die Laichgebiete zerstören und die Migrationsrouten von Fischen verändern. Auch könnten die Korallenbänke in Mitleidenschaft gezogen werden, die für die Lebewesen im Meer und den Fischreichtum von großer Bedeutung sind. Die Kritiker werfen der Regierung und dem Bergbau-Unternehmen vor, die möglichen Folgen nicht ausreichend untersucht zu haben und die Umstände der Vergabe der Schürflizenz nicht transparent zu machen.

(Ulrich Delius 2016, 46).

30

Wie wird außerhalb Europas die Natur geschützt?

Das Beispiel USA

Als Jugendlicher habe ich mich durch das monumentale Werk *Lederstrumpf* von James Fenimore Cooper durchgequält, wobei mir noch eine Szene in Erinnerung ist: Der schon alte Trapper stützt sich auf seine Flinte und schaut verständnislos dem Treiben seiner Zeitgenossen zu, die in einer Art Blutrausch eine Bisonherde niederknallen, ohne für Fleisch oder Leder irgendeine direkte Verwendung zu haben. Die Szene markiert einen geistesgeschichtlichen Umbruch. Es wird zunehmend erkennbar, dass die Natur des neuen Kontinents nicht so unerschöpfbar ist, wie die frühen Kolonisten angenommen hatten und wie auch heute noch in vielen Köpfen verankert ist. Nachdem bereits die Wandertaube ausgerottet worden war, war nun der Bison dran; beides Tierarten, die in voreuropäischer Zeit massenhaft verbreitet waren und im Prinzip als unerschöpflich galten. Der Lebensweg

© Springer-Verlag Berlin Heidelberg 2020
K.-D. Hupke, *Naturschutz,*
https://doi.org/10.1007/978-3-662-62132-5_30

des Trappers Lederstrumpf, mit bürgerlichem Namen Nathaniel Bumppo, hat sich als eine Flucht erwiesen, fort von der voranrückenden Zivilisation. Folgerichtig hatte der Protagonist das junge Erwachsenenalter auch in den Wäldern der Appalachen im Osten verbracht und sein Leben endete in den Prärien im Westen. Hätte Lederstrumpf unwahrscheinlicherweise noch einige Jahrzehnte fortgelebt, hätte er vermutlich vor echten Problemen gestanden, da sich noch weiter westlich die Halbwüsten anschließen, die einem Fallensteller und Jäger nun wirklich keine Existenz mehr bieten können. Ein solcher war Lederstrumpf aber stets gewesen, einer, der nur so viel tötete, wie er zum Leben benötigte. Einer, der lebte wie die „wilden" Indianer, mit denen er auch befreundet war, solange es sie noch gab, und die er im Grunde besser verstand als seine weißen Landsleute.

Auch wenn die Kritik des Autors Cooper an den maßlosen Siedlern im Werk deutlich formuliert wird: Es ist die Frage, ob diese nachdrängenden Millionen als Fallensteller und Jäger nicht zu einem noch schnelleren Ruin der Natur geführt hätten. Die Siedler waren vor allem als Ackerbauern tätig. Das bedeutet, dass sie im Vergleich zu den Jägern auf relativ geringer Fläche eine Familie ernähren konnten. Vor allem die große Masse der europäischen Siedler machte diese im Vergleich zu den zuvor relativ wenigen Indianern und weißen Fallenstellern zu einem Problem.

Als die Siedler Mitte des 19. Jahrhunderts an der ackerbaulichen Trockengrenze im Westen ankamen, hielt dies den Amerikanern zum ersten Mal in ihrer Geschichte die Endlichkeit ihrer Ressourcen vor Augen. Wenig später und in dieser Reihung wohl nicht ganz zufällig wurden die ersten großen Naturschutzgebiete in Form von **Nationalparks** ausgewiesen. Die nun in der zweiten Hälfte des 19. Jahrhunderts in immer größerer Zahl eintreffenden Einwanderer mussten in den Küstenstädten des Ostens (oder des fernen Westens in Kalifornien) bleiben und dort in der rasch entstehenden Industrie und in den wachsenden Städten Arbeit finden. Nach den unbegrenzten Möglichkeiten in der Landwirtschaft kam nun ein unbegrenzter Aufstieg der Industrie, der die **USA** bereits um 1890 zur größten Wirtschaftsmacht der Erde und zur späteren Supermacht erhob.

Trotz oder gerade wegen ihrer an sich naturfernen Lebenswelt idealisierte diese wachsende städtische Bevölkerung eine Natur, von der sie nicht direkt lebte, die sie jedoch bewahren wollte. Diese ferne Natur der Nationalparks konnte und durfte nicht anders sein als großartig und unbegrenzt, mithin amerikanisch. Auf den angeschlossenen Campgrounds konnte das Leben an der Frontier Line noch einmal in Kurzurlauben nachgestellt und nacherlebt werden, wenn auch als begrenztes Experiment.

Die gigantische Natur, die in den Nationalparks vor allem des US-amerikanischen Westens erfahrbar geworden war, schloss aber auch eine klaffende Wunde im Selbstwertgefühl der noch jungen Nation. Fast jeder gebildete europäische Reisende, der die USA im frühen 19. Jahrhundert besuchte, stellte den eklatanten Mangel an historisch-gewachsener Kultur fest. Dieses Defizit war nun im Prozess des Nation Building auch nicht so rasch zu ändern. Und doch schienen die Vereinigten Staaten etwas mitbekommen zu haben, das mindestens so wertvoll schien wie die Reste einer jahrtausendealten europäischen Kultur. Es handelte sich um Wasserfälle und Canyons, die höher bzw. tiefer waren als die höchsten europäischen Kathedralen. Es gab Bäume, die älter waren als die europäische Kulturgeschichte. Und Schöpfer dieses Naturreichtums waren nicht etwa Philosophen, Architekten und Künstler, sondern Gottes Hand selbst hatte diese Reichtümer der Natur geschaffen und sie den Vereinigten Staaten, seiner offensichtlichen Lieblingsnation, zur Freude und Erbauung überlassen. Aufgabe der amerikanischen Gesellschaft war es nun, dieses Geschenk vor Zerstörung zu bewahren und die fortlaufende Freude daran zu perpetuieren. Nationalparks waren damit territoriale Ausnahmeerscheinungen innerhalb einer Wirtschaftsgesinnung, die verfügbares Land meist fast ausschließlich als wirtschaftliches Kapital und als Produktionsfaktor betrachtete. Sie waren und sind damit aber auch ein ausgesprochenes gesellschaftliches Korrektiv. Auf diese Weise wurden die Naturspektakel der Nationalparks zu wichtigen Symbolen für das nationale Selbstverständnis.

Runte (2010) merkt wiederholt an, dass nicht die modernen Ideen von der Erhaltung der Biodiversität oder der Schutz von Ökosystemen die Nationalparks hervorgebracht haben. Den Initiatoren im 19. Jahrhundert ging es vielmehr um den pittoresken Landschaftseindruck sowie um den Erhalt der **Naturwunder**. Ähnlich wie den europäischen Naturschützern schien auch den amerikanischen ein Totalverlust zu drohen: in diesem Fall jedoch nicht einer über Jahrhunderte gewachsenen Agrarlandschaft, sondern der Wildnis. Die reale Entsprechung beider Landschaftsstereotypen schien noch ein knappes Jahrhundert vor Beginn der jeweiligen Naturschutzbewegungen um die Mitte des 19. Jahrhunderts im Übermaß verfügbar. Der Gegner war in beiden Fällen eine moderne, technisch-wissenschaftlich optimierte Agrar- und Forstnutzung.

Wie Rock'n'Roll und Coca-Cola hat die Idee der Nationalparks ihren Siegeszug um die Erde angetreten; vielleicht nicht, weil diese Idee besonders gut, sondern eher, weil sie amerikanisch war, also der westlichen Weltmacht entstammte und daher viele Menschen bewegte und faszinierte, ähnlich wie Fast Food, Disneyland und Hollywood. Überdies veränderte die weltweite Ausdehnung US-amerikanischer Naturschutzkonzepte auch die Zielrichtung des Naturschutzes unter anderem in Deutschland und Österreich: neben den Schutz eher traditioneller Agrarlandschaften trat nun auch in Europa die Forderung nach Wildnis im sogenannten Prozessschutz ab den 1970er-Jahren. Wo Wildnis erkennbar bereits in früheren Generationen völlig zerstört worden war, sollte wenigstens ihre Wiederherstellung angegangen werden: bei der bekannten Langlebigkeit von Bäumen zumindest ein Werk von Jahrhunderten.

Die USA bedienten sich in den randlichen Landschaften, die noch nicht Siedlungsraum geworden waren oder einfach vom Naturraum her dazu nicht geeignet schienen. Stärker noch als in Europa (vgl. Kap. 5) besetzte der Naturschutz damit Extremlandschaften. Da man der indianischen Bevölkerung keine Fähigkeit zur dauerhaften Umgestaltung der Natur zutraute, wurde diese als unberührt definiert. Dieser geforderte Status von **Unberührtheit** ging über die Nationalparkdefinition auch in internationale Zielvorstellungen ein, wie sie etwa die IUCN/WWF prägten.

Während zugunsten der randlichen Extremlandschaften also der Mythos der Unberührtheit gepflegt wurde, wurden so gut wie alle anderen ursprünglichen Naturlandschaften in **extreme Agrarräume** umgewandelt, in denen Kleinstrukturen wie Baumgruppen oder Einzelbäume seit jeher so gut wie völlig fehlen. Die für europäische (und andere altweltliche), über Jahrhunderte hinweg gewachsene Kulturlandschaften typische Feinkomposition der Landschaft als intensive Mischung und Durchdringung von Kultur- und Naturelementen fehlt in der Neuen Welt so gut wie ganz. Stattdessen finden sich bis an den Horizont reichende monotone Schläge eines oder weniger Anbauprodukte. Während der Naturschutz in Europa vor allem gewachsene und traditionell agrarisch geprägte Landschaften und Biotope zu schützen versucht, die im Kern der alten Siedlungslandschaft liegen, gilt dieser Schutz der Natur in Nordamerika den randlichen und extremen Landschaften, oft Wüste und Gebirge.

Dieses nordamerikanische Naturideal von Unberührtheit ist kritisch zu hinterfragen. So wurden (und werden teilweise bis heute) die Prärien mit ihren riesigen Bisonherden als Natur interpretiert; und das, obwohl es unzählige Hinweise gibt, dass die indianische Bevölkerung die Bisons, von denen sie abhängig war, nahezu wie Haustiere pflegte und ihnen auch Weidegründe schuf, indem sie mithilfe des Feuers den Wald zurückdrängte. – Unberührte Natur scheint in den US-Nationalparks weniger Realität als vielmehr Projektion zu sein.

Andererseits waren und sind in den US-Nationalparks touristische Nutzungen zumindest in den Randbereichen nicht nur zugelassen, sondern sogar ausdrücklich angestrebt (Abb. 30.1). Allerdings passt sich das US-amerikanische wie das internationalisierte Nationalparkkonzept gut in die Forderung nach Wildnis und in den Prozessschutzgedanken innerhalb des Naturschutzes ein.

Schlimm wird eine solche Orientierung an der unberührten Natur aber dann, wenn man das Nationalparkideal unkritisch auch auf Europa überträgt, wo es schon grundsätzlich keine unberührte Natur mehr gibt und der Naturschutz sich vor allem der Artenvielfalt überkommener Agrarlandschaften zuwendet.

Zu ergänzen ist, dass die meisten Bundesstaaten der USA einige **State Parks** anlegten, die meist mit geringerer Fläche und mit weniger spektakulären Naturwundern ausgestattet in gewisser Weise die Idee der Nationalparks auf regionaler Ebene widerspiegeln.

Abb. 30.1 Touristische Nutzungen spielen seit jeher im Konzept der US-Nationalparks eine Hauptrolle, neben den naturschützerischen Anliegen. So werden in den Everglades frei lebende Delfine für den Kontakt mit den Touristen abgerichtet. (Quelle: Eigene Aufnahme)

Brasilien als Beispielfall für ein lateinamerikanisches Schwellenland

Es gibt gleich mehrere Gründe, weshalb es lohnend ist, sich in Sachen Naturschutz mit **Brasilien** zu befassen.

Zum einen gehören zu Brasilien mehr als die Hälfte der **Feuchtwälder am Amazonas,** die im Rahmen des internationalen Naturschutzes als **größtes Regenwaldgebiet** der Erde besondere Aufmerksamkeit genießen. Weniger allgemein bekannt ist der nicht minder artenreiche und an Lokalendemiten sogar noch reichere **Küstenregenwald** (Mata atlantica), der ursprünglich weite Bereiche der dem Passat ausgesetzten Ostküste, nach Süden etwa bis Rio de Janeiro, bedeckte, heute aber bis auf wenige Prozent seiner ursprünglichen Fläche vernichtet oder stark degeneriert ist. – Damit besitzt Brasilien wie das tropische Amerika insgesamt einen biotischen Reichtum wie vielleicht keine weitere Großregion weltweit (Abb. 30.2 und 30.3).

Abb. 30.2 Der amphibische Lebensraum am Amazonas und seinen Nebenflüssen beherbergt u. a. mehrere Arten von Wasserschildkröten. (Foto: © Wenzel Halla)

Als die ersten Europäer im 16. Jahrhundert an der brasilianischen Ostküste ankamen, fanden sie ein „Meer von Wald" vor. Zum Bau der ersten Siedlungen musste buch stäblich in den Wald hinein gerodet werden, das war also zunächst einmal ein Vorgang der **Waldvernichtung** bzw. Waldverdrängung. Von daher überrascht es nicht, dass dem Wald, den es ja massenhaft gab, kein besonderer Wert zugesprochen wurde. Auch die Holzernte, deren das Land zum Häuserbau und für gewerbliche Zwecke notwendig bedurfte, ergab sich beiläufig im Rahmen dieser Rodungsprozesse und war nicht das Ergebnis von vorausgegangenem Waldschutz oder gezielter Forstwirtschaft wie in der insgesamt dichter besiedelten Alten Welt.

Bis weit in die zweite Hälfte des 20. Jahrhunderts hinein spiegelte sich diese gegenüber dem Wald gleichgültige, wenn nicht gar feindselige Haltung aus der frühen Kolonialzeit. Bezeichnenderweise kamen die frühen

Abb. 30.3 Eine amazonische Insektenart von mehreren Hunderttausenden: eine Zikade (Cicadidae) mit Ausstülpungen am Hinterleib, die vermutlich zum Aussenden von sexuellen Duftlockstoffen (Pheromonen) dienen. (Foto: © Wenzel Halla/Stefan Hupke)

Kritiker der Waldvernichtung fast ausschließlich direkt aus Europa, wie ein zeitgenössischer Druck nach C. Martius (Abb. 30.4) zeigt.

Mit dem Aufstieg des **Regenwaldschutzes** als mächtiger Mainstream des Zeitgeistes ab den 1980er-Jahren gelangte auch der Amazonasregenwald vermehrt in den Fokus der westlichen Politik und Medien. Die Haltung der brasilianischen Politik und Zivilgesellschaft kontrastierte viele Jahre lang zu dieser internationalen Haltung, weil die besagten kolonial geprägten Rezeptionsmuster gegenüber dem Wald perpetuierten. Erst kurz vor der Jahrtausendwende kam es zu einer allmählichen, dann zunehmend

Abb. 30.4 Brasilianisches Küstengebirge in der ersten Hälfte des 19. Jahrhunderts. Die Abbildung veranschaulicht die Brandrodung des Regenwaldes für den damals expandierenden Zuckerrohranbau (im Bild rechts). (Bayerische Akademie der Wissenschaften 1995, S. 26, nach C. Martius)

raschen Anpassung an den internationalen Diskurs. Diese hatte zum Ergebnis, dass sich heute kein grundsätzlicher Gegensatz zwischen der ausländischen und der inländischen Rezeption des Regenwaldschutzes mehr feststellen lässt. Der Gegensatz ergibt sich eher innerhalb des Landes zwischen einer städtisch-intellektuellen Grundhaltung in den Städten des Südostens, die den Anschluss an den westlichen Diskurs gefunden haben, und den verharrenden Grundhaltungen der regionalen Bevölkerung Amazoniens, die angesichts der immer noch vorherrschenden Verfügbarkeit riesiger Waldreserven den Regenwaldschutz nicht so richtig einzusehen vermag.

Die Ausweisung von Schutzgebieten, vor allem Nationalparks, musste und muss somit, stärker noch als in anderen Kulturen und Regionen, gegen den Widerstand der lokalen Bevölkerung durchgesetzt werden. Demarkierungen werden häufig von den Einheimischen ignoriert, was sich im Satellitenbild zwar gut erkennen, mangels Erreichbarkeit durch geeignete Verkehrswege vor Ort aber oft nur schlecht verhindern lässt. Einige Parks werden so wenig respektiert, dass sie als „Paper Parks" gelten können: als Schutzgebiete, die nur auf dem Papier existieren.

Bis etwa ins Jahr 1970 erfolgten die **Rodungen in Amazonien** nur in verhältnismäßig geringem Ausmaß. Rund 95 % des Tieflandes befanden sich nach wie vor in einem naturnahen Zustand. Die danach einsetzenden massiven Rodungen haben in einigen Teilen des Amazonasbeckens (Rondonia, Rio Branco) den Wald nahezu verschwinden lassen und den Rodungsanteil Gesamtamazoniens mittlerweile auf rund 30 % vervielfacht. Unter Beibehaltung der bisherigen Rodungstendenz wird das Amazonastiefland insgesamt schon in einigen Jahrzehnten ein weitgehend waldfreies Terrain geworden sein.

Den Rodungen lagen von Anfang an weniger wirtschaftliche Anreize oder gar Notwendigkeiten zugrunde als vielmehr ein staatliches Programm, das Innere des Landes zu erschließen und dadurch zur wirtschaftlichen und politischen Großmacht aufzusteigen. Das uneingestandene Vorbild waren für diesen State Building Process die Vereinigten Staaten von Amerika. Außerdem gab es die nationale Idee, mit der **Besiedlung Amazoniens** der drohenden Internationalisierung der Region zuvorzukommen. Man könnte diese Idee als völlig fehlgeleitet abtun, hätte nicht ein international so einflussreicher Politiker wie der damalige französische Staatspräsident Mitterrand noch in den 1980er-Jahren einen derartigen (inoffiziellen) Vorschlag gemacht.

Steuererleichterungen und direkte Zuschüsse sowie die Schaffung von Infrastruktur waren also zunächst der Motor, aufgrund dessen sich die Besiedlung und wirtschaftliche Erschließung Amazoniens vollzog. Inzwischen wurden diese Anreize sukzessive heruntergefahren. Allerdings hat die weltweite Nachfrage nach Nahrungs- und Futtermitteln und insbesondere nach nachwachsenden Energierohstoffen derartig angezogen, dass zumindest im südlichen Randbereich Amazoniens die Produktion von Soja, Mais und Zuckerrohr, aber auch von Rindfleisch (Abb. 30.5) für den Weltmarkt ausgesprochen rentabel erscheint. Die durch staatliche Förderung ausgelöste Dynamik wird also tendenziell ersetzt durch den marktwirtschaftlichen Anreiz.

Abb. 30.5 Rodungsinsel in Amazonien mit extensiver Weidewirtschaft (indische Cebu-Rinder). Im Hintergrund ist nachgewachsener Sekundärwald zu erkennen. (Foto: © Wenzel Halla/ Stefan Hupke)

Übersicht

Soja ist heute weltweit das mit Abstand wichtigste Tierfutter. Die EU ist mit jährlich 15 Mio. Tonnen der zweitgrößte Soja-Importeur. 88 % der Soja-Nettoimporte in die Europäische Union stammen aus Südamerika. Die Fleischproduzenten in Deutschland zählen mit circa 4,5 Mio. Tonnen im Jahr zu den größten Abnehmern innerhalb der EU. Nach Berechnungen des WWF benötigt Deutschland für seine Soja-Importe in Südamerika eine Soja-Anbaufläche von der Größe Sachsen-Anhalts.

Der Soja-Boom geht auf Kosten artenreicher Regenwälder und Savannen. Allein zwischen 2000 und 2010 wurden 24 Mio. Hektar Land in Südamerika umgewandelt, davon 20 Mio. Hektar nur für die Ausweitung des Soja-Anbaus. Das entspricht der fünffachen Größe der Niederlande.

(WWF Magazin 3/2017, S. 19).

Zumindest in formaler Hinsicht kann man Brasilien aber keinen Vorwurf machen: Seit den 1970er-Jahren wurde eine Fülle von Naturschutzgebieten in Amazonien geschaffen, die größten davon ausgedehnter als jedes deutsche Bundesland.

Die Regierung Lula hatte bereits vor einigen Jahren eine gesetzliche Regelung durchgesetzt, die später gelockert wurde (Gegner würden sagen: aufgeweicht): Jeder Landbesitzer darf nur einen gewissen Prozentsatz seines Grundes roden, muss also auf einem bestimmten Teil seiner Fläche quasi selbst Naturschutz betreiben. Neue Rodungsgebiete ähneln seither einem Flickenteppich aus genutzten und naturbelassenen Flächen. Das hat den Nachteil, dass zwischen den isolierten Waldresten ein Austausch von Arten durch Wanderung erschwert wird. Der Vorteil liegt in einer abwechslungsreichen Kulturlandschaft, die in vielem an altgeprägte europäische Agrarlandschaften erinnert. Für Südamerika fast ein Novum, wo ansonsten, ähnlich der Situation in Nordamerika, bis an den Horizont reichende „Urwälder" einerseits, andererseits nach erfolgter Rodung schier endlose reine Agrarlandschaften üblich sind.

400 neue Arten

Im brasilianischen Amazonas-Regenwald wird im Schnitt alle zwei Tage eine neue Tier- oder Pflanzenart entdeckt. 2014 und 2015 sind laut der Naturschutzorganisation WWF 381 neue Arten gefunden worden. Darunter sind eine Springaffenart *(Plecturocebus miltoni)*, ein Stachelrochen mit Bienenwabenmuster *(Potamotrygon limai)* und ein rosa Flussdelfin *(Inia araguaiaensis)*.
  (StZ v. 4.9.2017, n. dpa).

Afrikanische Staaten

Im Vergleich mit Südamerika, aber auch mit Nordamerika ist das **tropische Afrika** erst spät kolonial erschlossen worden. Die ersten Ost-West-Durchquerungen (Livingstone, Stanley) erfolgten erst um die Mitte des 19. Jahrhunderts, mehr als 300 Jahre nach der Durchquerung des etwa vergleichbar breiten südamerikanischen Kontinents durch Orellana.

Was die Entdecker und Eroberer im Inneren des afrikanischen Kontinents zu sehen bekamen, war eine reiche **Großtierwelt,** die im Inneren Südamerikas keine Entsprechungen hatte, auch in den Savannen der brasilianischen Campos nicht, die von nahezu ähnlicher Flächenausdehnung waren. Neben den enormen Individuenzahlen etwa der Gnuherden sind dabei insbesondere die Artenzahlen erstaunlich. So gibt es (nach heutigem Wissen) in Afrika zwei Elefantenarten (Elephantidae), zwei Nashornarten (Rhinocerotidae), zwei

Vertreter der Giraffe (Giraffidae) und zwei Flusspferde (Hippopotamidae), für die es in Amerika jeweils überhaupt keine Entsprechung gibt. Die Pferdeartigen, die in Amerika ebenfalls vor Eintreffen der Europäer nicht vorkamen, sind in Afrika mit mehreren Arten von Zebras und Wildeseln präsent. Unter den großen Raubtieren gibt es mehrere Spezies großer Katzen (Löwe *(Panthera leo)*, Leopard *(Panthera pardus)*, Gepard *(Cinonyx jubatus)*, sowie der Hundeartigen (Canoidea) und der Hyänen (Hyaenidae). In einer fast unüberschaubaren Vielfalt von Arten vertreten sind jedoch die Antilopen, eine tiersystematisch sehr heterogene Gruppe der Wiederkäuer, die äußerlich manchmal Pferden ähneln (Pferdeböcke), manchmal Rindern ähnlich scheinen wie die Gnu *(Connochaetes* spec.) und andere Kuhantilopen, manchmal an Rehe oder Ziegen erinnern wie die zierlichen Gazellen.

Den eintreffenden Europäern erschien diese Vielfalt der afrikanischen Tierwelt zunächst als reines Produkt der Natur (u. a. Adams und McShane 1996, XIII) und war damit der Rezeption von Natur in Nordamerika nicht unähnlich. Wenn überhaupt, dann musste dieser natürliche Reichtum vor den einheimischen Schwarzen geschützt werden (Shetler 2007, S. 181 ff.), die sich nach anfänglichen Rückgängen infolge des meist rigiden Kolonialsystems schon bald durch die ebenfalls von den Europäern induzierte moderne wissenschaftliche Medizin erheblich zu vermehren begannen.

Das beste Mittel zum Schutz der arten- und individuenreichen Tierwelt schienen **Großschutzgebiete** in der Form von **Nationalparks** zu sein, die von den kolonialen Mächten schon bald als vorrangige Wildschutzgebiete ausgewiesen wurden. Dabei kamen traditionelle Siedlungs- und Jagdrechte zum Erliegen; die örtliche Bevölkerung kannte zwar Nutzungsrechte, aber traditionell kein Grundeigentum im europäischen Sinne, und wurde quasi enteignet (Adams und McShane 1996, S. XV). Mehr noch als in Nordamerika wurden Nationalparks gegen die indigene Bevölkerung durchgesetzt (die entsprechende nordamerikanische Bevölkerung wurde bereits zuvor in Reservate umgesiedelt, ausgerottet oder starb durch von Europäern eingeschleppte Krankheiten von selbst aus).

Wenn sich die betroffene ländliche afrikanische Bevölkerung wehrte und auf ihren überkommenen Nutzungstraditionen beharrte, wurde sie schnell zu Wilderern kriminalisiert (vgl. Grzimek, B. & Grzimek, M. 1961; Adams und McShane 1996, S. XV).

Interessant ist, dass selbst großflächige Schutzgebiete (die größten davon entsprechen durchschnittlichen deutschen Bundesländern) sich selbst überlassen nur selten funktionieren. Dies zeigt sich besonders im südafrikanischen Krüger-Nationalpark, wo die sich vermehrenden Elefantenherden nach einigen Jahrzehnten begannen, die Gehölze und Bäume der Savanne im Übermaß zu zerstören. Es waren offensichtlich unter den Schutzmaßnahmen zu viele Elefanten geworden.

Doch zu viele Elefanten – wie kann das sein in einem Ökosystem, das sich eigentlich selbst regulieren sollte? Jede Art hat doch ihre natürlichen Feinde, die sie kurzhält. Wirklich jede Art? Die riesigen und wehrhaften Elefanten werden jedenfalls nur selten von Löwen und schon gar nicht von anderen Raubtieren der afrikanischen Savanne angegriffen, auch die Jungtiere nicht, weil sie von den Alten wirkungsvoll geschützt werden. Aber wer konnte dann in der Vergangenheit die schädliche Massenvermehrung von Elefanten verhindern? Eine sinnvolle Antwort lautet: die Afrikaner selbst, indem sie die Elefanten jagten. Die Elefanten (Elephantidae) als Spezies haben auf diesen vielleicht schon Jahrhunderttausende anhaltenden Bejagungsdruck auf ihre Weise reagiert, indem sie ihre Reproduktion steigerten. Das scheinbar vom Menschen unberührte natürliche Gleichgewicht der Savanne kommt ohne den Menschen als Stellgröße gar nicht aus. – Dass übermäßiger Bejagungsdruck vor allem durch moderne Schusswaffen auf der anderen Seite wiederum Großtierarten gefährden kann, soll damit aber nicht angezweifelt werden.

Der enorme **Artenreichtum** der afrikanischen Großtierwelt ist geradezu der Beweis dafür, dass frühe menschliche Besiedlung sich keineswegs negativ auf die Tierwelt auswirken muss. In allen anderen Kontinenten oder Großinseln wie Madagaskar oder Neuseeland währte die menschliche Existenz viel kürzer und kam infolge rascher Besiedlung buchstäblich über Nacht. So kam es dazu, dass überall außerhalb Afrikas die pleistozäne Großtierwelt vor etwa 6000 bis 10.000 Jahren weitgehend ausgerottet wurde (pleistozäner Overkill; Martin und Wright 1967). Im europäischen Raum waren davon Riesenhirsch und Mammut, Waldelefant, Waldnashorn, Steppennashorn, Höhlenlöwe, Höhlenbär, Höhlenleopard und Höhlenhyäne (und noch viele andere Arten) betroffen.

Da die Generationen wegen des langsamen Wachstums und der Entwicklung der Jungtiere gerade bei Elefanten in zeitlich großen Abständen aufeinander folgen, sind wie auch beim Menschen Jahrhunderttausende erforderlich, bis es zu einer echten Artneubildung kommt. Solange lässt sich aber der menschliche Einfluss in Afrika zurückverfolgen, wobei Feuer (vgl. Wrangham 2009) und Jagd die maßgeblichen Einflüsse waren. Während das Feuer die Vegetation beeinflusst und vor allem den Wald zurückdrängt und damit die offenen Savannen- und Grasländer als Futtergrundlage der großen Wildtierherden, damit aber auch der Raubtiere, begünstigt, beeinflusst die Jagd die Wildbestände direkt.

Auf jeden Fall haben sich durch den genetischen Prozess der Koevolution Tierwelt, Pflanzenwelt und Mensch in Afrika gemeinsam entwickelt. Der afrikanische Mensch ist in gewisser Weise der Schöpfer der umgebenden Natur, ihrer Tier- und Pflanzenarten, geworden. Für keinen anderen Kontinent lässt sich dies behaupten.

Konträr zu dieser Sichtweise wird die afrikanische Natur heute in den westlichen Medien weithin in großem Gegensatz zum afrikanischen Menschen gesehen. Die afrikanische Natur ist in gewissem Sinne entafrikanisiert, d. h. es wird sehr genau hingeschaut, ob die Afrikaner mit dieser Natur auch sachangemessen und richtig umgehen. Wenn nicht, wird dies durchaus schnell einmal Inhalt einer Sitzung des Deutschen Bundestages, der sich Kraft seiner territorialen Zuständigkeit doch eher für Mittel-europäisches als für Afrikanisches interessieren sollte. Afrikaexterne nationale und internationale Gremien setzen sich für ein Verbot des Elfenbeinhandels und für einen Schutz der afrikanischen Elefanten ein. – Als eine Gruppe von afrikanischen Staaten vor einigen Jahren anlässlich einer Sitzung eines UN-Gremiums einen Antrag zum Schutz des Nordseeherings einbrachte, wurde dies von europäischer Seite als „billige Polemik" (!) abgetan. Warum eigentlich? Gingen nicht die Bestände des Herings in der Nordsee ebenfalls auf erschreckende Weise zurück?

Grundsätzlich haben Europäer die afrikanische Natur seit jeher als ihren ureigensten Besitz angesehen. Weder dürfen aus dieser Perspektive heraus „die Chinesen" sich den afrikanischen Rohstoffhandel sichern, noch die Afrikaner selbst über ihre Tierwelt entscheiden.

Obwohl die Kolonialmächte den einheimischen Völkern die traditionelle Nutzung der Wildbestände innerhalb der Schutzgebiete als **Wilderei** untersagten, übten zumindest deren gehobene Statthalter bevorzugt Jagd auf afrikanisches Großwild aus. Oft wurden die

Wildschutzgebiete eben gerade für die **Großwildjagd** der Europäer eingerichtet. Nach der Entkolonialisierung in den 1960er-Jahren gingen die Privilegien der europäischen Oberschicht an die neuen afrikanischen Eliten über, die zumeist städtisch sozialisiert waren und den ländlichen Nutzungsansprüchen ebenso verständnislos gegenüberstanden. Heute hat die Großwildjagd, wie alle elitären Formen des Tourismus, an Raumwirksamkeit wie an ökonomischer Bedeutung verloren und ist durch einen **Safaritourismus** ersetzt worden, bei dem Fotos die eigentlichen Jagdtrophäen darstellen.

In diesem Safaritourismus sind verschiedene Staaten unterschiedliche Wege gegangen. Während Kenia auf den preisgünstigen Massentourismus in Verbindung mit Strandurlaub setzt, haben Botswana, Namibia und Zimbabwe einen gehobenen Tourismus entwickelt, der weniger Reisende zu gehobenen Preisen ins Land führt und bei höheren Durchschnittsausgaben pro Gast oft zu einer ähnlichen regionalen Wertschöpfung führt. In beiden Fällen profitieren die entsprechenden Volkswirtschaften durchaus vom ansteigenden Tourismus in den Nationalparks. Regional bleiben die Effekte hingegen vielfach vergleichsweise gering, da für die örtliche Bevölkerung häufig nur die einfachen Arbeiten in den Hotels übrig bleiben. Fast nirgendwo wurde die ländliche Bevölkerung, ihrer traditionellen Nutzungsmöglichkeiten beraubt, wirklich mit den ihnen entzogenen Naturschutzgebieten versöhnt.

Von daher überrascht es nicht, dass der Druck durch Wilderei anhält. Im Fokus steht dabei oft nicht nur die Versorgung der lokalen Märkte mit Bushmeat, sondern zunehmend die Belieferung asiatischer Märkte mit Nashorn-Horn, dem in der traditionellen Medizin große heilende Wirkung zugesprochen wird. Da für die Nasenhörner viel Geld bezahlt wird, wurden außerhalb des südlichen Afrika die beiden afrikanischen Nashornarten fast überall vernichtet oder an den Rand der Ausrottung gebracht. In jüngster Zeit hat die Wilderei auf Nashörner aber auch in Südafrika enorm zugenommen.

Dennoch lässt sich festhalten, dass in keinem Kontinent, pauschal betrachtet, so große Flächen als Schutzgebiete ausgewiesen sind wie gerade in den Savannenlandschaften des östlichen und südlichen Afrika, unter anderem bedingt durch den klar ersichtlichen Devisenvorteil. In einigen Staaten übersteigt der Anteil geschützter Flächen 20 % der gesamten Staatsfläche.

Andererseits wird außerhalb dieser zumeist großzügig ausgewiesenen Flächen durch das starke Bevölkerungswachstum und die zunehmende agrare Erschließung die

Abb. 30.6 Kleinbäuerliche Besiedelung hat die noch vor wenigen Jahrzehnten großflächigen Waldgebiete des äthiopischen Hochlandes aufgezehrt bis auf wenige Reste, die hier aus Gründen der Brennholzversorgung und als Schattenbäume für das Vieh stehen gelassen wurden. Es hat sich eine abwechslungsreiche Kulturlandschaft herausgebildet mit kleinen Ackerflächen zwischen ausgedehnten Viehweiden, die in weiten Teilen auch Mitteleuropas bis ins 19. Jahrhundert hinein vorherrschte (vgl. Kap. 2, Abb. 2.1). Für das artenreiche afrikanische Großwild sind diese Flächen allerdings ungeeignet. (Foto: © Kornelia und Friedrich Gervé)

noch vor rund hundert Jahren nahezu landesflächen-deckende afrikanische „Wildnis" sehr rasch aufgebraucht (Abb. 30.6); die naturnahe Landschaft der Schutzzonen verinselt. Aber dieses Phänomen ist nicht spezifisch afrikanisch. Es ereignet sich nur mit historischer Ver-zögerung und betrifft eine besonders reiche Großtierwelt.

Gier nach Elfenbein dezimiert Tierbestand extrem

Elefanten-Schützer schlagen Alarm: Die Zahl der afrikanischen Dickhäuter ist wesentlich geringer, als bis-her angenommen – und geht wegen der zunehmenden Wilderei um jährlich 30.000 Tiere zurück. Zu diesem Ergebnis kam eine bislang beispiellos gründliche Elefanten-Zählung, die in den vergangenen zweieinhalb Jahren in 18 wildtierreichen Staaten Afrikas durchgeführt wurde. Die Zählung ergab, dass in den 18 untersuchten Ländern nur noch gut 350 000 Savannen-Elefanten leben: Experten waren bislang von einer halben Million aus-gegangen.

[…]

Lichtblicke gab es lediglich im Süden des Kontinents – in Botswana, Simbabwe und Südafrika, wo inzwischen 60 % aller afrikanischen Savannen-Elefanten leben. Mit mehr als 130.000 Exemplaren verfügt Botswana über die größte Dickhäuterzahl des Kontinents, was das dürre Land vor neue ökologische Herausforderungen stellt. Satelliten-Tracking hat ergeben, dass von der weit verbreiteten Wilderei in Angola bedrohte Elefanten in dem relativ gut beschützten Botswana Zuflucht suchen: Nun ist die Bevölkerungsdichte der Jumbos dort so hoch, dass der Baumbestand kaum wieder gut zu machenden Schaden erleidet.

Vor der Kolonialisierung durch die Europäer sollen in Afrika rund zwei Millionen Elefanten gelebt haben. Ihre Zahl ging ständig zurück, bis Naturschutzbemühungen den verhängnisvollen Trend von den 1970er Jahren an stoppen konnten. Seit zehn Jahren nimmt die Wilderei aber wieder zu, was auf den wachsenden zahlungskräftigen Mittelstand in China und Vietnam zurückgeführt wird. Dort wird Elfen-bein als Schmuckrohstoff verwendet und gilt als Heilmittel.

Der illegale Handel mit den Stoßzähnen ist in den Händen hochprofessioneller Banden, die zur Tötung der Tiere auf lokale Helfer zurückgreifen. Die Elefanten werden mit hochkalibrigen Jagdgewehren, oft aber auch mit russischen Schnellfeuergewehren oder vergifteten Pfeilen unter enormen Schmerzen getötet. Im ehemaligen Bürgerkriegsland Angola soll es sogar vorkommen, dass die Tiere mit Landminen in die Luft gejagt oder mit Granaten beschossen werden.

(Johannes Dietrich in StZ v. 2.9.2016).

Vom Welterbe zur Baustelle?

Afrikas größtem Schutzgebiet, dem Selous-Wildtierreservat in Tansania, droht die Umwandlung in eine riesige Baustelle. Nach einer im Dezember 2018 unterzeichneten Vereinbarung zwischen Tansania und Ägypten soll dort ein ägyptisches Konsortium bereits im Juni 2019 mit dem Bau eines Staudamms zur Stromproduktion beginnen. Mit ihm würde das Herzstück des Weltnaturerbes mit einer Fläche von rund 1200 Quadratkilometern in einem Stausee verschwinden. Angesichts der akuten Bedrohungslage hat der deutsche Bundestag am 17. Januar 2019 das Thema im Plenum debattiert. In einem gemeinsamen Antrag von Union und SPD, dem auch die Grünen zugestimmt haben, fordern die Abgeordneten die Bundesregierung dazu auf, sich für den Erhalt des einmaligen Schutzgebiets und für nachhaltige Alternativen zur Stromversorgung einzusetzen.

WWF-Magazin 2/2019.

Anmerkung des Verfassers: In dem Artikel zeigt sich in besonderem Maße einerseits die nationale Zentriertheit der politischen Akteure in Deutschland (was die Denkmuster betrifft), andererseits auch der Anspruch nach Welt-Zuständigkeit. Man kann sich fragen, ob diese genauso reagiert hätten, wenn das Staudammprojekt ein westliches Industrieland betroffen hätte. Erst kurz zuvor wurden von der Regierung Trump Natur- und Umweltschutzgesetze im Hinblick auf Erdölförderung in Alaska sehr gelockert, ohne dass der deutsche Bundestag dies in einer Sitzung debattiert hätte. Faktisch-territorial ist das deutsche Parlament weder für Alaska noch für das östliche Afrika zuständig. Auch dass die deutsche Bundes-regierung dieses Reservat in der Vergangenheit finanziell gefördert hat, erscheint als Begründung für diese formale Einmischung unzureichend. Scheinbar „geschenkte" Geld-mittel für „Entwicklungszusammenarbeit" werden so für die betroffenen Gesellschaften zu einem Vehikel für äußere Einmischung und sind damit teuer erkauft.

Zum anderen muss man sich fragen, warum erneuerbare Energie aus Wasserkraft, von den politischen Gremien in Deutschland weithin als „nachhaltig" präferiert, in Afrika nun gerade eben nicht nachhaltig sein soll.

Im Übrigen könnte ein Stausee im Zentrum des riesigen Schutzgebietes den Tierbestand durchaus auch stabilisieren, weil im tropisch-wechselfeuchten Klima die Verfügbarkeit von Wasser am Ende der Trockenzeit einen Minimumfaktor vor allem für die präferierten Großsäuger darstellt.

Indien

In mancher Hinsicht ist die historische Situation in **Indien** mit der in Afrika vergleichbar. Beide Räume wurden bis nach dem Zweiten Weltkrieg von europäischen Kolonialmächten beherrscht. Beide haben aber auch aus-geprägte eigene vorkoloniale Traditionen aufzuweisen. Zudem werden beide Räume insgesamt nicht von einer monotheistischen Religion beherrscht, sondern haben so etwas wie religiösen „Wildwuchs" ermöglicht. Bis in die Gegenwart konnten animistische Traditionen fortleben, die im Falle Indiens bruchlos mit „Buchreligionen" ver-bunden sind, die aber ebenfalls aus diesen volksreligiösen Traditionen schöpfen. Alle diese Einflüsse haben das Ver-ständnis von Natur mitgeprägt.

Schlägt man eine historische Darstellung der Geschichte des Naturschutzes auf, von denen es zumindest als einführende Kapitel in dem Naturschutz gewidmeten

Monografien einige gibt, werden die Anfänge des Naturschutzes fast stets ausschließlich in Europa und Nordamerika verankert. Wie nahezu alle modernen Ideen breitet sich, diesen Darlegungen folgend, die Idee des Naturschutzes von diesen Zentren ausgehend weltweit aus: Europa (mit seinem nordamerikanischen Ableger) als Lehrmeister, die übrige Welt als Lernende.

Dem steht die Tatsache gegenüber, dass es naturgeschützte Gebiete sowohl in Afrika als auch in Indien seit alters her gegeben hat und immer noch gibt. Nur spricht man in diesen Fällen nicht von Naturschutz. Es handelt sich meist um alte Wälder, die von der Nutzung ausgenommen sind. Diese **Herausnahme aus der Nutzung** wird in den betreffenden Kulturen nicht naturschützerisch oder gar ökologisch begründet, sondern religiös. Es sind *sacrified forests*, die einer bestimmten Gottheit oder einem Naturgeist geweiht sind. Faktisch erfüllen diese Flächen aber zumeist alle Voraussetzungen, die an ein Naturschutzgebiet zu stellen sind. Es ist in diesen Wäldern verboten, Bäume zu fällen. Eine Entnahme von *minor products* der Waldnutzung wie Kräutern und Beeren ist dagegen oftmals erlaubt. Dieser Umstand wirkt ausgesprochen modern, weil gerade im zurückliegenden Jahrzehnt der Schutz von Wäldern durch Nutzung von Nebenprodukten verbreitet diskutiert wird (zusammenfassend s. Shackleton 2011).

Daneben sind natürlich westliche (d. h. internationale) Einflüsse auch in Indien angekommen, etwa in Form der Ausweisung von Nationalparks. Vielfach gingen diese aus **Wildschutzgebieten** der Briten hervor, was der Situation in Afrika vergleichbar ist. Die formal gebildeten Schichten der indischen Gesellschaft sind diesem Naturschutzanliegen zumeist sehr aufgeschlossen. Dies liegt auch daran, dass der **Hinduismus** die strikte

Trennung in Tier und Mensch, wie sie den biblischen Schöpfungsgedanken charakterisiert, nicht in dieser Form kennt. Tier und Mensch sind eher gestufte Erscheinungen derselben Seele und können im Sinne der Seelenwanderung nach dem Ableben der einen Lebensform in die andere übergehen. Der Mensch ist in diesem Weltbild nicht unbedingt zur Herrschaft geboren und besitzt auch keinen göttlichen Auftrag, sich „die Erde untertan" zu machen.

Dass die Tierwelt aus religiösen Gründen eher als Mitgeschöpf angesehen wird, ohne eine ganz prinzipielle Trennung zwischen Mensch und Tier, legt auch im indischen kulturellen Kontext die aus Europa bereits bekannte Vermengung von Tierschutz als Schutz der Rechte des tierischen Individuums mit Naturschutz als Schutz von Arten und Lebensräumen nahe.

Heute ist Indien überzogen von einem Netz an **Nationalparks** und anderen Schutzgebieten, in denen ähnlich wie in vielen afrikanischen Staaten bemerkenswert viel zum Schutz der Natur geleistet wird. Der geschützte Flächenanteil betrug zu Beginn des Jahrtausends knapp 5 % der gesamten Staatsfläche (NEGI 2008, S. 236) und ist damit geringfügig höher als in Deutschland. Bedenkt man die hohe Besiedlungsdichte und den starken agraren Nutzungsdruck in Indien, so ist dieser Anteil an sich schon erstaunlich.

Im Vergleich zu Afrika kommt allerdings dem Safaritourismus eine deutlich geringere, wenngleich ebenfalls anwachsende ökonomische Bedeutung zu. Anders als in vielen afrikanischen Staaten stellen in Indien Einheimische den Hauptanteil der Touristen in Nationalparks und den übrigen Naturschutzgebieten. Träger des Naturschutzgedankens sind in Indien ebenfalls eher städtische und gebildete Schichten, die allerdings gesamtgesellschaftlich tonangebend sind. Auch hier gibt es die bereits aus Afrika bekannten Konflikte zwischen dem Naturschutz und einer landhungrigen ländlichen Bevölkerung.

Durch den Sperrgürtel des Himalaja nach Norden abgegrenzt, besitzt der indische Subkontinent eine hohe Zahl an **Endemiten**. Vor allem in den Bergräumen Nordindiens, teilweise aber auch in den südindischen Westghats (Abb. 30.7, 30.8), haben sich noch naturnahe Lebensräume halten können. Da die vorherrschende Religion des Hinduismus die Jagd eigentlich ausschließt, haben sich bemerkenswert große Bestände an großen Waldtieren bis in die Gegenwart erhalten. Dies gilt für große Populationen des Indischen Elefanten, dessen Bestand für Gesamtindien immer noch auf Zehntausende geschätzt wird. Aber auch die Hälfte der weltweiten Tigerbestände entfällt auf Indien, insgesamt wohl 2000 bis 3000 Tiere. Dies ist erstaunlich, wo doch in Deutschland die

Abb. 30.7 Halbimmergrüner Wald in den südindischen Westghats. Anders als im eigentlichen tropischen Regenwald verliert ein Teil der großen Bäume in der winterlichen Trockenperiode sein Laub. (Quelle: Eigene Aufnahme)

Abb. 30.8 Nilgiri-Langur (*Semnopithecus johnii*). Obwohl die Tiere mehr als 10 kg wiegen können, sind sie fast reine Baumbewohner. Da sie dazu starke Äste benötigen (s. Bild), sind sie auf naturnahe alte Wälder angewiesen. Diese nehmen in den südlichen Western Ghats nur noch wenige Prozent der ursprünglichen Fläche ein und sind außerdem räumlich sehr zersplittet. Trotz noch recht beachtlicher Population (man kann die Art, wie hier während einer Geographie-Hochschulexkursion, regelmäßig beobachten) gilt der nur hier vorkommende Lokalendemit als potenziell gefährdet. (Foto: © Annelie Bayer)

Wiederansiedlung weit kleinerer Raubtiere auf großen Widerstand trifft – und das, obwohl Indien im Vergleich mit Deutschland insgesamt dichter besiedelt und stärker von der Landnutzung abhängig ist.

Abb. 30.9 Die Indische Sternschildkröte (*Geochelone elegans*) gehört mit ihrer intensiven Panzerzeichnung zu den weltweit schönsten Landschildkrötenarten und ist deswegen, obwohl in vielen Regionen Indiens noch häufig, durch Absammeln potenziell bedroht. (Quelle: Eigene Aufnahme)

Abb. 30.10 Das Sumpfkrokodil (*Crocodylus palustris*) ist in Indien durch gezielte Verfolgung und durch den Straßenverkehr fast überall verschwunden und hat nur in größeren Schutzgebieten überlebt. (Quelle: Eigene Aufnahme)

Daneben ist wie in anderen (wechsel-)feuchten tropischen Regionen auch in Indien eine unübersehbare Vielfalt an Vögeln, an Reptilien (zwei Vertreter zeigen Abb. 30.9 und 30.10), an Amphibien, an Süßwasserfischen und an Gliederfüßern zu schützen. Ein Beispiel für eine standörtlich auch hohe Artendichte an Säugern gibt Abb. 30.11. wieder.

Abb. 30.11 Bei schlechter Einsehbarkeit des Geländes und bei vorherrschender Nachtaktivität der Tiere ist ein Nachweis von Einzelarten durchaus schwierig. Indirekte Beobachtungen wie etwa an Fußspuren können helfen. Hier sind am Rande eines Stausees in einem südindischen Nationalpark mehrere Raubtiere in der Nacht nacheinander auf der Suche nach Beutetieren, die zum Trinken ans Wasser kommen, dem Seeufer gefolgt: ein Lippenbär (*Melursus ursinus;* Spuren im Hintergrund) sowie vermutlich eine Dschungelkatze (*Felis chaus;* kleine und flacherer Eindrücke, eher im hinteren Vordergrund). Dazwischen Abdrücke, die auf ein Hundeartiges Raubtier, und da es sich um mindestens zwei Tiere handelt und die Tiefe des Einsinkens für ein höheres Gewicht spricht, vermutlich auf den Rothund (*Cuon alpinus*) verweisen. (Quelle: Eigene Aufnahme)

Katastrophales Geiersterben in Indien

In Indien, Pakistan und Nepal ereignet sich eine Tiertragödie riesigen Ausmaßes. Innerhalb von nur rund 10 Jahren ist dort das einstige Millionenheer von Indischen Geiern, Bengalengeiern und Schmalschnabelgeiern bis auf kleine Reste zusammengeschmolzen. Je nach Art haben lediglich ein bis drei Prozent der Vögel überlebt und noch ist kein Ende absehbar.

[…]

Die betroffenen Vögel zeigen gichtähnliche Symptome und sterben schließlich an Nierenversagen. Während zunächst eine noch unbekannte Viruskrankheit vermutet wurde, fanden Forscher inzwischen heraus, dass das Medikament Diclofenac Hauptverursacher des Massensterbens ist. Dieses aus der Humanmedizin stammende, entzündungshemmende Mittel wird seit den 90er Jahren in Indien, Pakistan und Nepal auch in der Tiermedizin eingesetzt – vor allem bei Rindern. Die Geier nehmen den Wirkstoff über die Haustierkadaver auf, von denen sie sich ernähren   (www.nabu.de/tiereundpflanzen/voegel/international/03.530.html, Meldung vom 29.3.2005, Zugriff am 17.9.2018).

31

Naturschutz in der Dritten Welt – eine Säule des Neokolonialismus?

Im Mai 1990 wurde von der Enquete-Kommission „Vorsorge zum Schutz der Erdatmosphäre" des Deutschen Bundestages ein rund 1000 Seiten umfassendes Werk vorgelegt, gewidmet dem *Schutz der Tropenwälder – eine internationale Schwerpunktaufgabe.* Von Regierungen und Parlamenten Europas und Nordamerikas getragene Initiativen nahmen sich des Schutzes des Afrikanischen Elefanten an. Der Schutz der afrikanischen Savanne und ihrer Tierwelt waren seit jeher den Europäern ein besonderes Anliegen (Kap. 30); so wurde Bernhard Grzimeks *Serengeti darf nicht sterben* (1965) in Dutzende Sprachen übersetzt und markierte den Beginn der Ausweisung von Großnaturschutzgebieten in Afrika. Europas Medien, Europas Bürger, Europas Regierungen und Parlamente sehen sich für den Schutz der Natur auch anderer Erdteile und Klimazonen verantwortlich.

Mitte der 1980er-Jahre bereiste der damalige Bundeskanzler Helmut Kohl Brasilien, ließ sich dabei wählerwirksam auch in eines der neu geschaffenen Regen-

© Springer-Verlag Berlin Heidelberg 2020
K.-D. Hupke, *Naturschutz,*
https://doi.org/10.1007/978-3-662-62132-5_31

waldschutzgebiete in Amazonien fliegen und legte dort ein Bekenntnis zum Schutz des Jaguars *(Panthera onca)* ab. Dies kostete zunächst nichts, keine Steuergelder jedenfalls, denn für Amazonien ist der deutsche Bundeskanzler bekanntermaßen territorial nicht zuständig. Allerdings muss man Bundeskanzler Kohl zugestehen, dass er in den Nachfolgejahren ein gemeinsames deutsch-brasilianisches Forschungs- und Handlungsprogramm für den amazonischen Regenwald aufgelegt und dafür einige Millionen DM bereitgestellt hat.

Was allerdings frappiert, ist die Tatsache, dass Helmut Kohl zeitgleich viel mehr zur Rettung einer bedrohten Katzenart hätte leisten können, und das viel näher der Heimat. Es lief nämlich eine Initiative zur Wieder-ansiedlung des Luchses im Schwarzwald an, der vielleicht größten geschlossenen Waldlandschaft in Deutschland. Eine Allianz von Bauern und Jägern hat diese Ansiedlung allerdings damals verhindert. Bedenken wurden ins-besondere dahin gehend geäußert, dass es durch die Luchse zu Verlusten bei Rehen und Lämmern kommen könnte.

Dass Bundeskanzler Kohl den Schutz der viel größeren Raubkatze am Amazonas massiv einforderte (und schließlich sogar finanziell unterstützte), aber gleich-zeitig nicht fähig war, im eigenen Land den Schutz einer vergleichbaren Art durchzusetzen, wirft ein Schlaglicht auf die Durchsetzungsfähigkeit von Naturschutzinteressen überhaupt.

Mit Helmut Kohls Duzfreund jenseits des Rheins verhielt es sich kein bisschen anders. Der damalige französische Präsident Mitterrand forderte anlässlich einer Reise nach Brasilien eine **Internationalisierung Amazoniens.** Dies entfachte sofort einen Protest-sturm von Politik und Medien in Brasilien. Die uralte und von europäischen Betrachtern stets als irrational charakterisierte brasilianische Sicht, dass erst ein bevölkertes Amazonien Brasilien auch diesen Landesteil als dauerhaften Besitz sichern würde, erhielt dadurch neuen Auftrieb – und vor allem Realitätsgehalt. Man möge sich umgekehrt vorstellen, ein ausländischer Staatsgast in Paris würde die Internationalisierung des Louvre fordern – oder einer anderen französischen Institution oder eines Landesteiles! Die Umkehr der Perspektive, wie sie die Afrikaner beim Schutz des Nordseeherings (vgl. Kap. 30) versuchten, führt eindrucksvoll vor Augen, wie viel wir den Afrikanern und Südamerikanern an **territorialer Einmischung** zumuten – gerade auch im Naturschutz.

Verräterisch ist dabei oft bereits unsere Sprache. Dass die Waldflächen in fast allen tropischen Staaten drastisch zurückgehen, weiß bei uns fast jedes Kind. Aber was ist Wald? Wenn zum Begriff **Wald** auch naturferne Forste aus angepflanzten Beständen gehören (für uns in fast jeder Statistik zum Wald gezählt), warum sind dann in Malaysia und Indonesien die gepflanzten Plantagenbestände an Ölpalmen oder Kautschukbäumen nicht ebenfalls Wald? Wie selbstverständlich verwenden wir bei den Tropen einen anderen, am vermuteten Urzustand orientierten Waldbegriff. Würden wir diesen strikten Begriff auch auf Deutschland anwenden, hätte Deutschland keinen (oder fast keinen) Wald (mehr).

Generell gilt, dass Europäer (und die von ihnen kulturell und genealogisch sich herleitenden Nordamerikaner) in den Ländern der sogenannten **Dritten Welt** gerne unberührte Natur sehen. Während in Deutschland die Nutzung des Waldes etwa im Försterberuf oft geradezu idealisiert wird in einer Einheit von Waldnutzer und Waldschützer (sollten dabei nicht auch Interessensgegensätze denkbar sein?), wird jede Nutzung „unberührter" Natur in tropischen Wäldern schlicht abgelehnt. Dabei wurde der Blick verbaut, dass selbst die

Regenwälder am Amazonas viele Anzeichen einer vor-europäischen menschlichen Prägung aufweisen, welche erst die Forschung der letzten Jahrzehnte allmählich aufzudecken beginnt (z. B. die Existenz anthropomorpher Böden (Lehmann et al. 2004) oder die bemerkenswerten Anteile fruchttragender Bäume in lokalen Waldbildern). Nicht ganz zu Unrecht sprechen einige Forscher von der alten Kulturlandschaft Amazonien, wenn sie den amazonischen Regenwald meinen.

Die Beziehungen zwischen dem reichen und dem ärmeren Teil der Welt besitzen aber auch noch andere Aspekte. Zumindest für den Waldschutz wird in den wohlhabenden wirtschaftlich entwickelten Gesellschaften im Moment relativ viel getan. So werden in den vergangenen Jahrzehnten die von Natur aus meist dominierenden langsamwüchsigen Laubbaumarten wieder etwas bevorzugt. Dies geht auf Kosten der Holzproduktion, die u. a. den immer noch wachsenden Zellstoff- und Papierbedarf deckt. Deutschland ist auch aus diesen Gründen heraus der größte europäische Importeur von Papier und dessen Vorprodukt Zellstoff. Das heißt, dass bei Schonung heimischer Wälder zur Deckung der heimischen Nachfrage exotische Wälder stärker genutzt werden müssen. Neben nordischen Ländern wie Finnland und Kanada kommt aus diesem Grund immer mehr Holz auch aus Südamerika, wo etwa die zuvor offenen Savannenflächen der brasilianischen Campos, die noch vor wenigen Jahrzehnten nahezu die Hälfte dieses Riesenlandes bedeckten, zunehmend von Eucalyptuspflanzungen zur Holzproduktion eingenommen werden, unter Vernichtung naturnaher Lebensräume. Eine vergleichbare Entwicklung lässt sich auch in den Nachbarländern Argentinien und Paraguay feststellen. Ähnlich wie bei nachwachsenden Energien (Kap. 33) lässt sich auch hier feststellen: Naturschutz (und Umweltschutz) in den reichen Industriegesellschaften hat seinen Preis – die ärmeren Länder müssen ihn zahlen.

Neokoloniale Beziehungen sind gekennzeichnet durch **Ungleichheit.** Diese ist heute nicht mehr vorherrschend oder zumindest nicht ausschließlich eine Ungleichheit der direkten Machtmittel. Sie spiegelt sich aber in einer Ungleichheit der angewandten Maßstäbe und Normen. Afrikanern, Asiaten und Lateinamerikanern ist diese Ungleichheit zumeist bewusst; sie sind damit aufgewachsen. Wir dagegen sind das nicht; zumindest nicht auf der Verliererseite.

32

Die Natur verschwindet, der Naturschutz kommt? – Zur Alibifunktion von Naturschutz und von naturgeschützten Flächen

Eine Natur, die nicht prinzipiell vom Menschen bedroht wird, braucht den Naturschutz nicht. Insofern überrascht auch nicht, dass etwa im riesenhaften Amazonien bis in die 1970er-Jahre Naturschutz kein Thema war; jedenfalls nicht für die Planungsbehörden. Die scheinbar unberührten Waldgebiete waren noch riesig, die Rodungen auf etwa 5 % der Regenwaldfläche begrenzt. Welchen Sinn hätte es denn gehabt, einen mehr oder weniger beliebigen Teil des riesigen Waldmeeres als Naturschutzgebiet oder als Nationalpark auszuweisen? Außerhalb der ohnehin kaum im Gelände feststellbaren Grenzziehung hätte es eine vergleichbar vielfältige und unberührte Natur gegeben.

Dies änderte sich, als ab etwa Mitte der 1970er-Jahre zum ersten Mal das Ende der riesigen Regenwaldgebiete absehbar schien. Zwar war es nicht so, dass bei der damaligen (und auch jetzigen) Abholzungsrate der Regenwald nicht noch ein paar Jahrzehnte Bestand gehabt hätte. Aber das Ende der riesigen Regenwaldareale im zeitlichen

© Springer-Verlag Berlin Heidelberg 2020
K.-D. Hupke, *Naturschutz,*
https://doi.org/10.1007/978-3-662-62132-5_32

Kontext etwa eines Menschenlebens war in greifbare Nähe gerückt. Die Voraussetzung dafür bildeten technische Neuerungen wie Motorsäge und Bulldozer, ab etwa Beginn des neuen Jahrtausends zudem eine weltweit rasch wachsende Nachfrage nach Agrarprodukten infolge eines steigenden Lebensstandards in vielen Ländern sowie der wachsenden Nachfrage nach erneuerbaren Energiequellen.

Die Ausweisung großer Nationalparks oder anderer geschützter Flächen ist fast stets gekoppelt an Abholzungspläne im räumlichen Umfeld der neu geschaffenen Schutzgebiete, welche diese in der Größenordnung stets noch um ein Mehrfaches übertreffen. Die Ausweisung von **Großnaturschutzgebieten,** von den agierenden NGOs stets als Erfolg bejubelt, wird zum Begleitfaktor einer um sich greifenden **Regenwaldvernichtung**, nämlich auf allen nicht geschützten Flächen im weiten Umfeld. – Vergleichbare Koppelungen von Unterschutzstellung und verstärkter Abholzung sowohl im historischen als auch regionalen Zusammenspiel sind auch aus dem südostasiatischen Raum (Malaysia, Indonesien) bekannt. Naturschutz in diesem Kontext ist nicht nur eine Erfolgsgeschichte, sondern auch ein Indikator und Begleitfaktor für Naturvernichtung. Ebenso ist der Alibicharakter von Naturschutzgebieten, um außerhalb und in weit größerem Maßstab Natur vernichten zu können, oft mehr als offensichtlich.

Innerhalb der Naturschutzgesetzgebung der EU wird diese **Koppelung von Naturvernichtung mit Naturschutz** sogar ausgesprochen gepflegt. So erzwingt die Neuformulierung des Bundesnaturschutzgesetzes von 2009 explizit die Ausweisung von **Ausgleichsflächen** bei naturzerstörerischen Maßnahmen etwa in Zusammenhang mit der Neuausweisung von Baugebieten (Abb. 32.1). Für eine Fläche, die durch eine Bebauungsmaßnahme in ihrem naturschützerischen Wert verschlechtert wird,

Abb. 32.1 „Ökologische Ausgleichsmaßnahme" zugunsten der Aufwertung eines Ersatzbiotops; Beispiel Heidelberger Bahnstadt. Auf einem ehemaligen Güterbahnhofs- und Rangiergelände wurden hier Gebäude für Start-ups und Wohnungen errichtet. Eine randliche ehemalige Bahntrasse mit einer etwa 2 m hohen Böschung wurde mit Trockenmauern, Gesteinspackungen und Totholz aufgewertet. Im Rahmen der Biotoppflege an anderer Stelle ohnehin anfallendes Mähgut, welches im Herbst automatisch Pflanzensamen enthält, wurde hier ausgebreitet und so eine initiale Vegetation aus lokalen Arten angeregt. Nach Errichtung der Trockenmauern wurden die auf dem später zu überbauenden Gelände verbreiteten Mauereidechsen in ihr neues Biotop umgesiedelt, das auch sehr gut angenommen wurde. – Neben dem Naturschutzzweck wurden auch die entstehenden Wohnungen durch die Nähe eines doppelten Grünstreifens aufgewertet: eher in Häusernähe (im Bild links oben) durch stärker gärtnerisch gestaltete Anlagen, weiter rechts und im Vordergrund durch das besagte Ausgleichsbiotop; dazwischen liegt ein verbindender Rad- und Fußweg. (Quelle: Eigene Aufnahme)

muss eine andere Fläche in räumlicher Nähe aufgewertet werden. Im Vergleich zu den oben genannten Beispielen aus Amazonien oder Südostasien ist allerdings im deutschen Naturschutzrecht eine Vergleichbarkeit der

Ausgleichsflächen mit den zerstörten Flächen gefordert – sowohl im Hinblick auf die Qualität der betreffenden Flächen als auch in Bezug auf ihre Größe. Damit verliert der Zusammenhang zwischen Naturzerstörung und Naturaufwertung im deutschen Naturschutzrecht den Alibicharakter und es kann zu einem echten Ausgleich kommen. – Der ursächliche Zusammenhang zwischen Naturzerstörung und Naturschutz/Naturaufwertung bleibt gleichwohl sehr eng und hinterlässt beim Naturschützer ein gewisses Unwohlsein.

Eine andere Frage ist, wie man Naturzerstörung grundsätzlich mit naturschützerischen Maßnahmen kompensieren kann.

Versetzen wir uns dazu in die räumliche Situation etwa Westamazoniens. Fortlaufend wird dort Regenwald gerodet, der als primär gilt. Kompensierend wurden nicht ganz so große, aber ebenfalls großflächige Naturschutzgebiete ausgewiesen. Ein wirksamer Ausgleich zur Zerstörung anderer Flächen?

Mitnichten. Ein Schutzstatus hat einen Vorläufigkeitscharakter, mehr nicht. Er wird per Regierungsdekret oder per Gesetz verfügt, und er gilt, solange dieses Gesetz besteht. Die rechtlichen Grundlagen eines Naturschutzgebietes können aber jederzeit geändert werden. Das ist keineswegs hypothetisch. In Brasilien wurde in den vergangenen Jahren für einige Flächen der Naturschutzstatus wieder zurückgenommen, in Ecuador und Peru in Naturschutzgebieten zumindest statuswidrige Nutzungsformen genehmigt wie die Förderung von Erdöl.

Von ganz anderer sachlogischer Qualität ist dagegen die Rodung eines Regenwaldgebietes. Gleichgültig, wie sich unsere Haltung zu Regenwald und Naturschutzfragen in Zukunft gestalten wird: Ein primärer Regenwald ist, zumindest in menschlichen Zeitmaßstäben, nicht wiederherzustellen. Die Vernichtung des Regenwaldes kann somit durch Naturschutzgebiete nicht prinzipiell aufgehalten, sondern lediglich verzögert werden (in Abhängigkeit von zukünftigem politischen und wirtschaftlichen Perspektivenwechsel der maßgeblichen Gesellschaften). Das ist nicht nichts. Ein „Schutz für alle Zeiten" oder auch nur eine grundlegende Kompensation von Naturzerstörung ist das aber nicht. Wenn man naturgeschützte Flächen gegen naturzerstörte Flächen aufrechnet, ist die kalkulatorische Basis der Rechnung falsch.

Dies gilt in gewisser Hinsicht auch für den „heimischen" mitteleuropäischen Naturschutz. Die Kompensation von flächigen Erschließungsmaßnahmen durch naturschutzfachliche Aufwertung anderer Flächen wird oft als großer Fortschritt gefeiert. Übersehen wird dabei, dass man bei der Überbauungsmaßnahme von einer gewissen historischen Endgültigkeit ausgehen kann. Aus einmal überbauter Fläche wird nicht so rasch wieder ein naturnaher Lebensraum.

Wie sieht es dagegen bei der Kompensationsmaßnahme aus? Da wird bspw. eine zuvor agrare Fläche aufgekauft und als extensive Wiese weitergepflegt. Die vertragliche Bindung sieht dafür eine Laufzeit von vielleicht 40 Jahren vor, die von den Investoren der verbrauchten Fläche vorzufinanzieren ist. Das ist gewiss ein langer Zeitraum. – Aber danach? In 40 Jahren ist der als Kompensationsmaßnahme angelegte Tümpel verlandet und die extensive Wiese muss weiter gepflegt werden. Dafür ist nun kein Geld mehr da. – Wie für das Naturschutzgebiet in Amazonien gilt auch hier tendenziell: Die kompensatorische Maßnahme ist nur vorläufig, die Naturzerstörung dagegen in menschlichen Zeitmaßstäben endgültig.

Brasilien gibt riesigen Naturpark für Bergbau frei

Die brasilianische Regierung erlaubt in einer bisher geschützten Region künftig Bergbau. Das sieht ein Dekret des ehemaligen Präsidenten Michel Temer vor.

Der Nationalpark Reserva Nacional do Cobre e Associados (Renca) in den nördlichen Bundesstaaten Amapa und Para umfasst rund 46.000 Quadratkilometer und ist damit größer als Dänemark. Dort werden große Vorkommen an Gold und anderen Mineralien vermutet.

„Das Ziel der Maßnahmen ist es, neue Investitionen anzuziehen, Wohlstand für das Land sowie Arbeitsplätze und Einkommen für die Gesellschaft zu schaffen", zitiert die Nachrichtenagentur Reuters eine Mitteilung des zuständigen Ministeriums für Bergbau und Energie. All dies geschehe „auf der Grundlage von Nachhaltigkeitsregeln".

(Spiegel.de/wirtschaft/soziales/amazonas, ges. 25.8.2017).

33

Naturschutz in Zeiten des Klimawandels

Josef Reichholf (2009, S. 114) ist grundsätzlich zuzustimmen, wenn er ausführt:

„Auf jeden Fall veränderte aber die Klimaerwärmung in den 150 Jahren seit Mitte des 19. Jahrhunderts weitaus weniger in unseren Wäldern als die Forstwirtschaft. Wo noch so etwas wie Naturwald wächst, gibt es kaum Spuren in der Artenzusammensetzung, die auf klimatische Veränderungen hinweisen".

Allerdings besteht die Bedrohung auch nicht so sehr im bisher eingetretenen Ausmaß der Erwärmung, welche den bisher nacheiszeitlich eingetretenen Schwankungsbreiten entsprechen sollte. Insofern muss man bei geringen im Moment zu erwartenden Effekten vorsichtig damit sein, den Klimawandel jetzt schon in seinen Auswirkungen „beobachten" zu wollen. Kap. 7 versuchte aufzuzeigen, dass die als Beleg für Auswirkungen des Klimawandels genannte Zunahme vieler „mediterraner" Orchideen allein mit einem Wandel in der „Pflege" der entsprechenden Offenlandtypen erklärt werden kann, ohne dass wir darin den

© Springer-Verlag Berlin Heidelberg 2020
K.-D. Hupke, *Naturschutz,*
https://doi.org/10.1007/978-3-662-62132-5_33

Klimawandel bemühen müssten. Ähnlich interpretations-bedürftig ist auch das Aussterben des Moor-Steinbrechs (*Saxifraga hirculus*; Abb. 33.1), der in Mitteleuropa als Eiszeitrelikt gilt, in Deutschland als mögliche Folge der Klimawandels; es könnte sich auch um eine einfache Folge der Eutrophierung durch atmosphärisch eingetragene Stickstoffverbindungen handeln. – Das Problem liegt vielmehr in der in Zukunft zu erwartenden Temperatur-zunahme, deren menschlicher Ursprung, wenn auch nicht strikt zu beweisen, so doch durch die enge Korrelation mit der Emission klimaverändernder Spurengase als wahrscheinlich anzunehmen ist.

Bei einer ungebremsten (oder nur wenig verlangsamten) globalen Zunahme der Kohlendioxid-(aber auch Methan-, Distickstoffmonoxid- u. a.)Konzentrationen ist von einer Zunahme der globalen Temperaturmittel um mindestens 3 Grad Celsius, wahrscheinlicher aber 5 Grad Celsius

Abb. 33.1 Moorsteinbrech *(Saxifraga hirculus):* ein Bewohner norddeutscher und voralpiner Flachmoore, gilt als Eiszeitrelikt. Ausgestorben in Deutschland als Folge der Klimaerwärmung? (Wikipedia)

und mehr bis zum Ende dieses Jahrhunderts auszugehen (https://science2017.globalchange.gov/). Dies würde einer thermischen Verschiebung von Süddeutschland etwa an die Côte d'Azur entsprechen. Kaum anzunehmen, dass dies ohne Folgen auf die Dynamik der Arten bleiben dürfte, wobei tendenziell thermophile Arten zunehmen, thermophobe verschwinden würden. Wie schnell eine solche Wanderung gelingt, scheint unsicher; zumal die Schnelligkeit des klimatischen Wandels sowie die Erschwernis der Wanderungen für viele Arten durch die infrastrukturell vorgegebene Verinselung der Areale generell Wanderungen erschweren sollten. Da es sich um hochkomplexe und konkurrenzorientierte ökologische Beziehungen handelt, ist es auch nahezu unmöglich, klare Szenarien für die weitere Zukunft zu entwerfen. Generell scheint zumindest für den Süden Deutschlands eine Zunahme der Gesamtartenvielfalt durch den Klimawandel möglich, zumal wärmere Klimazonen unter vergleichbaren Niederschlägen im Allgemeinen die höheren Artenzahlen aufweisen. – Denkbar erscheint aber auch, dass sich durch die infrastrukturelle Erschwernis der Wanderungen und durch die Langsamkeit vieler Wanderungsprozesse zunächst einmal gar nicht viel in der Artenzusammensetzung ändern wird. Wobei allerdings eine gewisse Verschiebung der Artenfrequenzen aufgrund der hohen Temperaturdifferenz schon zu erwarten ist (Abb. 33.2, 33.3, 33.4).

Möglicherweise (noch) stärker als die Erwärmung könnte sich eine mögliche Verschiebung der Niederschläge auf die Zusammensetzung von Vegetation und Tierwelt auswirken. Von einigen Klimatologen wird in Annäherung an das sommertrockene Klima Südeuropas (das im Moment bereits in Südfrankreich beginnt) eine vermehrte Frequenz trockenheißer Sommermonate in Mitteleuropa erwartet, in diesem Falle verbunden mit einer durch

Abb. 33.2 Die Rotbeerige Zaunrübe *(Bryonia dioica)* ist als wärmeliebende Pionierart in Südwestdeutschland fast ausschließlich in niederen Lagen unterhalb 500 m NN zu finden. Die Extreme reichen bis über 700 m (Sebald et al. 1993). Seit einigen Jahren findet sie sich aber zunehmend häufiger auch an der Obergrenze ihrer bisherigen Verbreitung. (Eigene Aufnahme)

vermehrte zyklonale Niederschläge bewirkten Erhöhung der Niederschläge in den Wintermonaten, aber auch wohl in den Übergangsjahreszeiten. Beide Effekte zusammen lassen es möglich erscheinen, dass uns in weniger als einem Jahrhundert ein immergrüner Hartlaubwald (in der Art der natürlichen mediterranen Wälder) als potenzielle natürliche Vegetation umgibt. Der wichtigste Vertreter, die Steineiche *(Quercus ilex),* gedeiht bereits heute in den Grünanlagen „klimabegünstigter" deutscher Städte recht gut.

Unter den Umständen des zu vermutenden zukünftigen Klimawandels mehren sich die Stimmen, welche eine aktive Adaptation an eine möglicherweise ohnehin nicht mehr zu verhindernde Entwicklung fordern. Hierzu gehört auch die „Arbeitsgemeinschaft Deutscher Waldeigentümer"

Abb. 33.3 Vermutlich als Folge abnehmender Frostextreme findet sich die in Gärten häufig gepflanzte Lorbeerkirsche *(Prunus laurocerasus)* zunehmend auch in den Wäldern klimamilder Regionen Südwestdeutschlands. Die Lorbeerkirsche ist als immergrüner Strauch oder Baum bereits ein Vertreter der klimatischen Subtropen und in Kleinasien heimisch. Wie der sehr kalte Februar 2018 bei Heidelberg gezeigt hat, treten unterhalb etwa 8 Grad minus durchaus schwere Frostschäden v. a. an den jungen Zweigenden auf, die aber durch verstärktes Wachstum in der darauffolgenden Vegetationsperiode wieder ausgeglichen werden konnten. Die bis in die 1960er Jahre noch gelegentlich auftretenden Extremfröste bis etwa 20 Grad minus würden den Strauch wohl abtöten. (Eigene Aufnahme)

(AGDW), der politisch einflussreiche Zusammenschluss privater Großwaldbesitzer. Stark wasserbedürftige Laubbaumarten sollen nach deren Vorstellungen verstärkt

Abb. 33.4 Die Gottesanbeterin *(Mantis religiosa)* ist die einzige mitteleuropäische Vertreterin einer vornehmlich tropischen Insektenordnung. In Baden-Württemberg lange nur im äußersten Südwesten (Raum Kaiserstuhl-Freiburg) heimisch, wandert sie seit einigen Jahrzehnten nach Norden und hat mittlerweile über die Ortenau den Raum Karlsruhe/Heidelberg erreicht, was vermutlich auf die wärmeren und längeren Sommer zurückzuführen ist (gegen Winterkälte ist die Art relativ unempfindlich). (© Wenzel Halla)

durch Douglasien-Anpflanzungen *(Pseudotsuga menziesii;* Abb. 33.5) ersetzt werden, einer ursprünglich nordamerikanischen Nadelholzart, welche sich gegenüber allen erdenklichen Klimaextremen als sehr anpassungsfähig erwiesen hat. Auf den meisten Forststandorten Mitteleuropas ist diese Baumart entsprechend auch am wuchskräftigsten, d. h. erwirtschaftet die höchsten forstlichen Mengenerträge. Da Douglasienholz im Außenbereich sich zudem noch als außergewöhnlich witterungsbeständig zeigt,

Abb. 33.5 Die Douglasie, eine wüchsige Baumart – auch unter den Bedingungen des Klimawandels? (Eigene Aufnahme)

sollte auch einem immer größer werdenden Marktsegment dieser Holzart nichts mehr im Wege stehen. Die deutschen Wälder sollen, wenn es nach der AGDW geht, mithilfe der Douglasie „fit gemacht werden für den Klimawandel".

„Naturschutzfachlich" gesehen erscheint ein zunehmender Anteil von Nadelholz bedenklich, nachdem bereits seit dem 19. Jahrhundert die mitteleuropäischen Wälder großenteils in Nadelforsten überführt wurden und in den zurückliegenden Jahrzehnten sich im Gegensatz dazu wieder eine leichte Tendenz zum naturnahen Laubholz niedergeschlagen hatte. Nadelgehölze erzeugen eine langlebige, sich im Gegensatz zu Laub nur langsam zersetzende Streu am Waldboden, welche diesen abdichtet und überdies noch einen sauren Waldboden erzeugt mit sinkendem pH-Wert. In den Zeiten des deutschen „Waldsterbens" (1980er Jahre) galten saure Waldböden in Gebieten mit kalkarmem geologischen Untergrund als eine Hauptursache für Krankheit und Absterben von Bäumen (Beese et al. 2012). Im Vergleich dazu bilden Laubbäume (etwas eingeschränkt: die Rotbuche *Fagus sylvatica*) zumeist einen rasch zersetzbaren, sich gut mit dem Mineralboden vermischenden Humus (= Mull) mit annähernd neutralem pH-Wert aus, der ein arten- und individuenreiches Bodenleben ermöglicht und der für artenreiche Pflanzengesellschaften von Frühblühern geeignet ist (vgl. Semmel 1977, S. 20 f.).

Eine entsprechende Kritik an der erkennbar aus ökonomischen Gründen bevorzugten Douglasie (Wissenschaftlicher Beirat f. Waldpolitik 2016; Czybulka et al. 2018) konterte die AGDW („Die Waldbesitzer") mit dem Argument, voreiszeitlich (d. h. bis vor ca. zwei Millionen Jahren) sei die Douglasie als Gattung ja auch in Mitteleuropa nachzuweisen und nur aufgrund der Eiszeit ausgestorben. Die Anpflanzung durch den Menschen könnte in diesem Zusammenhang also fast schon als Wiedergutmachung im Hinblick auf eine durch natürliche Temperaturschwankung „geschädigte" Natur gelten. Wieder einmal zeigt sich, dass man unter „Naturschutz" (im Wortsinne verstanden als „Schutz der Natur") sehr vieles verstehen kann; mitunter auch sehr Entgegengesetztes.

Gerade beim Klimawandel muss man aber über Mitteleuropa hinaus auch die weltweiten Folgen im Blick haben. Tendenziell haben sich entlang der Wendekreise des Sonnenzenitstands im Frühsommer Trockenzonen entwickelt, die nur ausnahmsweise, etwa in Oasen mit Quellwasseraustritt, ein intensiveres pflanzliches und tierisches Leben ermöglichen. Diese ariden Kernzonen sind daher zwar aus naturschützerischer Sicht keineswegs bedeutungslos, aber erscheinen vielen Naturschützern im Vergleich mit den sehr artenreichen tropischen Regenwäldern und im Vergleich mit den wechselfeuchten tropischen Savannenzonen mit ihrer besonders in Afrika (Kap. 30) sehr artenreichen Großtierwelt als von weniger zentralem Interesse. Aber gerade diese artenreichen Savannenlandschaften scheinen bei einer weiter zunehmenden Erwärmung besonders eingeengt von einer vom Äquator her sich ausdehnenden immerfeuchten Waldzone und einer sich ebenfalls, in diesem Falle zum Äquator hin, erweiternden ganzjährigen Trockenzone. Die eigentliche Temperaturerhöhung scheint in den Tropen keine große Rolle zu spielen, anders als in den Szenarien mit extrem aufgeheizten polaren Regionen und entsprechenden Auswirkungen wie Gletscherschmelze und Auftau von Dauerfrostboden.

Betrachtet man das Klimageschehen sehr langfristig, sozusagen über die großen geologischen Epochen hinweg, fällt auf, dass das gesamte Tertiär (heute: Paläogen und Neogen), rund 65 Mio. Jahre lang, insgesamt deutlich wärmer gewesen ist als die jüngsten rund 2 Mio. Jahre. Die Natur hat sich diesen Temperaturschwankungen erkennbar angepasst. Kein Grund also, sich um die Erwärmung Sorgen zu machen?

Nicht ganz. Während vergangener Klimawechselphasen hatten die Tier- und Pflanzenarten Millionen von Jahren Zeit, sich dem allmählich einstellenden Klimawandel genetisch anzupassen. Kam der Klimawandel dennoch in erdgeschichtlichen Kategorien gedacht recht plötzlich, wie dies bei den ersten Kaltzeiten zu Beginn des Pleistozäns der Fall gewesen zu sein scheint, starben tatsächlich auch Arten aus; bei der bereits oben genannten Douglasie (Gattung *Pseudotsuga*) scheint dies vor 1 bis 2 Mio. Jahren der Fall gewesen zu sein. Menschliche Eingriffe sind im

Vergleich zu natürlichen Klimaveränderungen tendenziell sehr kurzfristig und stellen sich im Laufe mehrerer Jahrzehnte bis weniger Jahrhunderte ein. Dies ist zu wenig für die Pflanzen- und Tierwelt, um sich genetisch-evolutionär an die veränderten Umweltbedingungen anzupassen. Ein Massenaussterben von Arten ist damit, wenn nicht in jedem Falle zu erwarten, so doch bei starkem menschlichen Impakt rein von den Zusammenhängen her gut möglich.

Baumartenzusammensetzung

Die von Standards für die Zertifizierung nachhaltiger Waldwirtschaft (z. B. FSC) geforderte Orientierung der Baumartenzusammensetzung an der natürlichen Waldgesellschaft ist angesichts der Herausforderungen des Klimawandels nicht zielführend. Einerseits verlieren die Waldgesellschaften natürliche Baumarten wie die Esche oder Ulmen aufgrund von Pathogenen, sodass sie artenärmer und weniger anpassungsfähig werden. Andererseits bietet diese auf die bisherigen Standortgegebenheiten ausgerichtete Orientierung keine Garantie dafür, dass die bisher oder früher natürlich am Standort vorkommenden Baumarten auch die in der Zukunft am besten angepassten Arten sind.
(Wissenschaftlicher Beirat für Waldpolitik 2016).
Anmerkung des Verfassers: In diesen unauffälligen in den Sachverständigenbericht eingebetteten Passus fließt aus Sicht des Naturschutzes „eine Menge Sprengstoff" ein: Das Ideal der „natürlichen" Zusammensetzung eines Waldes wird grundsätzlich infrage gestellt. Damit soll hier den „Sachverständigen" jedoch keineswegs ihre Kompetenz abgestritten werden. Es handelt sich nur wieder um einen Beispielfall für frequente Konflikte zwischen ganz unterschiedlichen Zielsetzungen im Naturschutz und im Umweltschutz.

In der Forschungsliteratur wie in der medialen Öffentlichkeit stark diskutiert werden auch die Auswirkungen des Klimawandels auf Gletscherflächen und Gletscherhaushalte. Während Deutschland nur minimale **Gletscherflächen** besitzt, die eher ausgedehntere Firnfelder von jeweils nur wenigen ha Fläche darstellen und weder große landschaftsästhetische Wirkung noch große Auswirkungen auf den Wasserhaushalt erwarten lassen (Schneeferner und Höllentalferner in den Bayerischen Alpen; Blaueis, Watzmanngletscher, Schöllhorneis und Eiskapelle in den Berchtesgadener Alpen), zudem noch aufgrund ihrer geringen Ausdehnung und niederen Lage den zu erwartenden Klimawandel der kommenden Jahrzehnte kaum überstehen dürften, sind die zentralalpinen

Abb. 33.6 Zentralalpines Gipfelpanorama. Gut erkennbar ist etwa in der Bildmitte auf dem Talgletscher der Übergang von weißem Firnschnee in das graue Gletschereis, welcher im Spätsommer etwa die Schneegrenze und damit den Übergang zwischen Nährgebiet (im Gesamtjahr Überschuss an Schnee und Eis) und Zehrgebiet des Gletschers markiert. – Gletscherflächen, obwohl fast unbelebt, stellen in der Hochgebirgsästhetik wie im Wasserhaushalt des Gebirges wichtige Einflussgrößen dar. Vor allem die kleineren Alpengletscher sind durch den Klimawandel bedroht. (© Björn Bartzel)

Gletscher oft noch großflächig ausgeprägt (Abb. 33.6). Die Gletscher, auch wenn sie in ihren Gletscherzungen oft tief hinabreichen, als „oberstes Stockwerk" des Hochgebirges sind im Bewusstsein von Österreichern, Schweizern und Südtirolern tief verankert. Aber auch hier wird die Klimaerwärmung zu einer raschen Flächenverringerung der großen, aber auch zu einem völligen Verschwinden v. a. der kleinen Kargletscher führen. Oft sind es gerade die großen Talgletscher, die durch ihren großen Massenhaushalt an der Gletscherzungenspitze besonders sensibel auf Klimawandel reagieren und oft um mehrere Meter jährlich zurückweichen. – Die für die Landschaftsästhetik der großen Gebirgsstöcke der Zentralalpen so wichtigen Gletscherflächen sind selbstverständlich nahezu frei an höher entwickeltem Leben, wenn man einmal von wenigen Spezialisten wie unter den Gliederfüßern etwa dem Gletscherfloh *(Desoria saltans)* absieht. Aber der Naturschutz im extremen Hochgebirge gilt auch gar nicht wie ansonsten Arten und Lebensräumen von Arten, sondern die eindrucksvolle und hier im Wesentlichen abiotische Natur steht als landschaftliches Spektakulum im Mittelpunkt. Gerade der Abschluss mit „ewigem Schnee" lässt den Blick von den tiefen mit grüner Wald- und Wiesenvegetation gefüllten Talzonen bis ganz nach oben im Kontrast besonders reizvoll erscheinen. Selten so deutlich wie hier in der Fels- und Eisregion wird Natur als Gegenwelt zur menschlich genutzten und oft auch übernutzten Umwelt greifbar (Kap. 1, 2). In Österreich ist ein Großteil des östlichen zentralalpinen Hauptkammes im Nationalpark Hohe Tauern geschützt. Der westliche österreichische Teil im Gebiet der Ötztaler Alpen genießt den weniger einschneidenden Status eines Naturparks (Erläuterung beider Kategorien in Kap. 6).

Bisher war von den Auswirkungen des Klimawandels auf die Natur als Objekt des Naturschutzes die Rede. Der befürchtete und zu erwartende Klimawandel besitzt aber auch noch eine andere Komponente, die in gesteigerten gesellschaftlichen Maßnahmen zu seiner Bekämpfung resultiert.

Deutschland als eine der größten Industrie- und Wirtschaftsmächte hat sich im Jahr 2000 das **Erneuerbare-Energien-Gesetz** (wörtlich: Gesetz zum Vorrang erneuerbarer Energien) auferlegt, das inzwischen (2003, 2009) mehrfach ergänzt und erweitert wurde. Darin sind Vergütungssätze festgelegt, welche sogenannte erneuerbare Energien gegenüber fossilen oder nuklearen Energiequellen begünstigen. Ein derartiger Umbau der Energieversorgung, der v. a. eine weitere Erwärmung des Erdklimas verhindern soll, käme auch den Zielen des Naturschutzes entgegen. Allerdings zeigt sich, dass über diese Naturschutz und Umweltschutz verbindende gemeinsame Zielsetzung hinaus der Ausbau der **Energieerzeugung aus Biomasse** für den Naturschutz ausgesprochen nachteilig ist, ja wohl noch viel negativer zu sehen ist als die damit möglicherweise unterbundene Klimaveränderung.

Dies hängt hauptsächlich damit zusammen, dass die bisherige, überwiegend der Nahrungsmittelversorgung dienende intensive Landwirtschaft ohnehin schon in einer **Flächenkonkurrenz** mit dem Naturschutz steht. Nun kommt zur Konkurrenz um die knappen Flächen neben dem Naturschutz und der Nahrungsmittelproduktion noch die Erzeugung von Energie aus Biomasse dazu.

Da neben Deutschland auch andere Industriestaaten die Energiegewinnung aus Biomasse fördern (in den USA werden mittlerweile rund 30 % der Maisernte (*Zea mays*) energetisch genutzt), wird ein immer größerer Flächenanteil für die Landwirtschaft erforderlich. Die Nachfrage nach **Bioenergie** ist inzwischen zur Hauptursache für die Vernichtung tropischer Wälder sowohl in Südamerika als

Abb. 33.7 Moorregenwald in Südostasien. Dieser ein wenig homogen wirkende, aber artenreiche Waldtyp bedeckte bis vor etwa einem halben Jahrhundert den größten Teil der Tiefländer der Malaiischen Halbinsel, Sumatras und Borneos. Seitdem ist er überwiegend Ölpalmenplantagen zum Opfer gefallen. Palmöl gilt als erneuerbarer Energiestoff und wird in großem Umfang auch für europäische Blockheizkraftwerke verwendet. – Gerade hier zeigt sich die Problematik nachwachsender Rohstoffe. Im Bild ist die Vegetation im Vordergrund aufgrund des rodungsbedingten Abbrennens braun verfärbt. (Eigene Aufnahme aus den 1980er Jahren)

auch in Südostasien (Abb. 33.7) geworden. Im ersteren Fall werden Wälder v. a. zugunsten des zunehmenden Anbaus von Mais und Zuckerrohr gerodet, im zweiten Fall zugunsten von Palmölplantagen, die unter anderem schwerpunktmäßig den anteiligen Biokraftstoff E 10 in Deutschland beliefern. Die große Bedeutung der energetischen Verwendung etwa der Getreideernten zeigt sich in einer seit Jahren zu beobachtenden engen Korrelation der Preiskurven von Weizen und Erdöl.

Man muss es ganz klar ausdrücken: Unsere Erde ist flächenmäßig zu klein, um die verschiedenen Ansprüche zu befriedigen: nämlich Natur, v. a. auch tropische Wälder, zu schützen *und* eine immer noch wachsende Weltbevölkerung angemessen mit Nahrungsmitteln zu versorgen *und* einen nennenswerten Beitrag zur globalen Energieversorgung über Bioproduktion zu leisten.

Flächeninanspruchnahme für Energiepflanzenanbau

Die Flächeninanspruchnahme für den Anbau von Energiepflanzen ist in den vergangenen Jahren stark angestiegen und zieht entsprechende Auswirkungen auf Natur und Landschaft nach sich.

Aktuelle Schätzungen gehen von einer Anbaufläche von 2,2 Mio. ha aus, was etwa 17,5 % der deutschen Ackerfläche entspricht. Mais für die Biogasproduktion wird auf etwa 0,9 Mio. ha angebaut, bei Raps für Biokraftstoffe sind es 0,6 Mio. ha. Das bedeutet, dass mehr als jeder dritte Hektar Mais und fast jeder zweite Hektar Raps der Bioenergieproduktion dient.

(Natur und Landschaft 91 2016, H. 12, S. 575).

Neben der Ausdehnung der Landwirtschaftsflächen zur Erzeugung von Biomasse ist auch die **Intensivierung der Agrarproduktion** aufgrund der zusätzlichen Nachfrage als negativ für die naturschützerischen Ziele zu sehen. So wird naturschützerisch wertvolleres Grünland, das immerhin mehrere bodenbrütende Vögel sowie eine Anzahl von Wildkräutern beherbergt, in den vergangenen Jahren zunehmend in Maisäcker umgewandelt, gerade auch in Deutschland.

Biomasse, die sich aus Abfällen oder aus Klärschlämmen herleitet, zur Energieversorgung zu verwenden, steht hingegen nicht mit den Zielen des Naturschutzes im Widerspruch. Der große Durchbruch in der Versorgung mit erneuerbaren Energien wird jedoch mit diesem Schwerpunkt alleine nicht zu erreichen sein.

Die Nachfrage nach **nachwachsenden Energien und Rohstoffen** hat mittlerweile auch den deutschen Wald erreicht. Nach Jahrzehnten eher geringer Holzerlöse, die das wirtschaftliche Interesse am Wald erlahmen ließen und eine Herausnahme von Naturvorrangflächen in Form etwa von Bannwäldern ermöglichten, scheint es nun zu einer Energiewende im Wald zu kommen. Anhänger von stärker naturüberlassenen Wäldern kämpfen im Moment erbittert gegen Leute, die von eigenen Interessen ausgehend (Großprivatwaldbesitzer) die Holzwende im Wald fordern und eine intensivierte Holzproduktion verlangen. Letzten Endes stand auch der Kampf um einen Nationalpark im Nordschwarzwald unter diesem Vorzeichen.

Unter energetischen Gesichtspunkten ist die Ausweisung von sich selbst überlassenem Bannwald unergiebig. Die absterbenden Baumriesen erzeugen keinen durch den Menschen nutzbaren Energieüberschuss. Doch auch das Reifenlassen von Bäumen ist energetisch gesehen wenig effizient, da ein Wald, der sich der Reifephase nähert, einen geringeren jährlichen Holzzuwachs erzeugt als ein jugendlicher Wald. Was also tun? Den Wald als eine Art Niederwald alle zehn oder 20 Jahre abholzen (Abb. 33.8)? Für den Naturschutz eine Schreckensvorstellung, weil die meisten Arten des Waldes mit diesem verfilzten Baumjungwuchsgeflecht nicht zurechtkämen und verschwänden.

Doch auch andere Formen einer nachhaltigen Energieerzeugung sind aus naturschützerischer Sicht mehr als bedenklich. Dazu gehört insbesondere die Nutzung von Flüssen für die **hydroelektrische Energiegewinnung.** Zum einen werden die Wasserturbinen, selbst wenn sie mit Netzen geschützt sind, zur Todesfalle für unzählige Fische. Zum anderen muss das Flusswasser fast in jedem Falle angestaut werden, um die Stromerzeugung je nach Bedarf und Nachfrage kurzfristig über die Steuerung des Abflusses regulieren zu können und um das nötige Gefälle für den Kraftschub der Turbinen zu erreichen.

Abb. 33.8 Bäuerliche schematisierte Reihenanpflanzung von raschwüchsigen Hybridpappeln, die nach ca. 20 Jahren von einem Holzvollernter gefällt werden. – Sieht so der „Energiewald" der Zukunft aus? (Eigene Aufnahme)

Auch aus Gründen der Schiffbarmachung sowie des Hochwasserschutzes (in jahreszeitlich trockenen Regionen auch zur Bereitstellung von Brauchwasser) werden Flüsse aufgestaut.

Die hydrologischen Verhältnisse eines solchen **Stausees** entsprechen nicht mehr denen eines Flusses, sondern eher jenen eines stehenden Gewässers. So wird beispielsweise der Sauerstoffgehalt reduziert, da sich das Wasser kaum mehr bewegt und damit geringerer Sauerstoffeintrag aus der Luft erfolgt. Daraus ergeben sich eine Verschiebung und auch oft Verarmung des zu erwartenden Artenspektrums. Darüber hinaus wird bei verringertem Sauerstoffgehalt die natürliche Fähigkeit zu einem Abbau organischer Substanzen im Sinne einer Selbstreinigung der Gewässer herabgesetzt.

Zudem verhindern Staumauern die Wanderungen von Arten. Mehrere Fischarten, wie Lachs *(Salmo salar)*, Aal *(Anguilla anguilla)*, Maifisch *(Alosa alosa)*, sowie Rundmäuler (Neunaugen) sind ausgesprochene **Wanderarten.** Doch auch nicht als Wanderarten geltende Fische zeigen oft eine erstaunliche Mobilität, die der genetischen Durchmischung und damit der genetischen Gesundheit dient. So konnte erst in jüngerer Zeit nachgewiesen werden, dass die ursprünglich angenommenen drei Forellenarten Bachforelle, Seeforelle *(Salmo trutta)* und Meeresforelle *(Salmo trutta trutta)* genetisch so gut wie identisch sind und einer einzigen Art angehören, deren Mitglieder sich durch Wanderungen fortlaufend austauschen müssen. Diese Wanderungen werden aber durch Staustufen verhindert oder stark eingeschränkt. Die als Ausgleich vorgeschriebenen Fischtreppen werden von den wandernden Arten oft nicht angenommen oder bilden Flaschenhälse für die Wanderungen, an denen schon Beutegreifer wie der Graureiher bereitstehen und die Fische erbeuten.

Als Folge des Ausbaus der Flüsse sind in Deutschland alle wandernden Fischarten selten geworden oder bereits ausgestorben.

Naturschützer sehen sich in der Zwickmühle

Zufällig genau am Tag nach der Kritik des Tübinger Oberbürgermeisters Boris Palmer (Grüne) am Vorrang des Artenschutzes gegenüber der Windkraft hatte der Naturschutzbund Baden-Württemberg (Nabu) für Freitagnachmittag drei Experten zum Thema Milan eingeladen. „Uns Naturschützer zerreißt es schier", sagte der Landesvorsitzende Andre Baumann am Rande der Tagung in Stuttgart. „Zum einen wollen wir den Schutz der Roten Milane, zum anderen wollen wir die Energiewende." Der Nabu will wissen, wo sich Rotoren und der vom Aussterben bedrohte Vogel denn nun tatsächlich ausschließen. Baumann spricht von offenen Fragen.

Genau diese Debatte hatte am Donnerstag Boris Palmer gefordert. Aus Anlass der Ablehnung eines der Windparks in Horb am Neckar wegen eines Rotmilanvorkommens hatte Palmer spöttisch gesagt: „Wird ein Standort für die Windkraft veröffentlicht, wird am nächsten Tag ein Milan gesichtet."

(Michael Petersen in Stuttgarter Zeitung vom 17.8.2013).

Kommentar: Der Konflikt erscheint als solcher in der Tat kaum auflösbar, wenn man, wie dies bei den beteiligten Akteuren der Fall ist, nicht von einer klaren begrifflichen und inhaltlichen Trennung von Naturschutz und Umweltschutz ausgeht.

Zum anderen: Der „vom Aussterben bedrohte Vogel" ist nach dem Mäusebussard *(Buteo buteo)* in weiten Teilen Baden-Württembergs der mit Abstand häufigste habichtartige Greifvogel. Man begegnet ihm auf Wanderungen in geeignetem Gelände, d. h. strukturreichen halboffenen Landschaften, beinahe überall nahezu täglich, fast alle möglichen Milanreviere scheinen besetzt. – Eine besondere Verantwortung Deutschlands für den Erhalt der Rotmilane ergibt sich allerdings daraus, dass etwa die Hälfte aller Rotmilane in Deutschland lebt, die andere Hälfte meist in unmittelbar benachbarten Gebieten wie Elsass, Dänemark oder Westpolen.

Neue Gefahr für den Rotmilan

Würden nicht mehrere Bürgerinitiativen gegen das Projekt ankämpfen, wäre das Vorgehen der EnBW womöglich nicht bekannt geworden: Der Stromkonzern hat bereits im Juni beim Stuttgarter Regierungspräsidium eine Ausnahmegenehmigung vom artenschutzrechtlichen Tötungsverbot von Rotmilanen beantragt, um bei Adelberg (Kreis Göppingen) zwei Windräder bauen zu können. Die Anlagen zwischen Adelberg und Börtlingen sollen mit 230 m[n] Gesamthöhe die höchsten ihrer Art in der Region werden – liegen aber offenbar mitten in einem regelmäßig von Rotmilanen frequentierten Flugkorridor. Sie könnten damit leicht zu einer Todesfalle für die Greifvögel werden.

(Karen Schnebeck in Stuttgarter Zeitung v. 23.8.2016).

Verbandsinterne Irritationen zwischen Naturschutz und Umweltschutz

Hans-Josef Fell verlässt den BUND

Mit „sofortiger Wirkung" hat **Hans-Josef Fell** seine Mitgliedschaft beim Bund für Umwelt und Naturschutz (BUND) gekündigt. Der bayerische Landesverband der Umweltorganisation gefährde den Atomausstieg und behindere Klimaschutz, begründet Fell in einem fünfseitigen Schreiben seine Entscheidung. Der Schritt falle ihm nicht leicht, da er „die Naturschutzarbeit der vielen ehrenamtlichen Mitglieder des BUND sehr schätze", so der bündnisgrüne Politiker. Allerdings wolle er „die zunehmend kontraproduktive energiepolitische Arbeit" des Verbandes „nicht mehr mittragen". Fell saß für seine Partei 15 Jahre im Bundestag, **verpasste aber 2013** den Wiedereinzug ins Parlament. Er ist einer der **vier Urheber** des Erneuerbare-Energien-Gesetzes (**EEG**).

(https://www.klimaretter.info/umwelt/nachricht/19252-hans-josef-fell-verlaesst-den-bund; Meldung v. Juli 2015; ges. 9.1.2017).

Kommentar: Einer, der die tendenzielle Unvereinbarkeit von Naturschutz und Umweltschutz verstanden hat.

Kampf gegen den Klimawandel – Wiedervernässung von Mooren als Beitrag zum Schutz des Erdklimas?

Lediglich rund 6 % der landwirtschaftlichen Nutzfläche in Deutschland sind Moore. Gleichwohl sind diese mit 41 Mio. t CO^2 für fast die gesamten (93 %) Treibhausgasemissionen aus landwirtschaftlich genutzten Böden verantwortlich (Umweltbundesamt 2013 in Schäfer, Kowatsch 2015) – immerhin ca. 4,4 % der deutschen Treibhausgasemissionen (TEEB DE 2015).

[...]

Wenn man die Größen anderer Klimaschutzmaßnahmen aus dem Bereich der Landnutzung gegenüberstellt, zeigt sich, wie kostengünstig eine Wiedervernässung von Mooren zur Reduktion von Treibhausgasemissionen ist. Die Vermeidungskosten liegen hier lediglich zwischen 0 € und 15 € pro eingesparter Tonne CO_2. Dagegen verursacht ein reduzierter Ausstoß von Treibhausgasen durch Einsatz von Wasser- und Windkraft oder von Biomasse mit 22 – 459 € pro Tonne CO_2 deutlich mehr Kosten.

(Schlegelmilch et al. 2018).

Kommentar: Die „Kosten" der Wiedervernässung von Mooren scheinen hier eher noch vorsichtig angesetzt. Nach der klassischen marktwirtschaftlich ausgerichteten Volkswirtschaftslehre sind Subventionen an sich schädlich, da diese das Marktgleichgewicht verzerren und zu Kostenbelastungen an anderer Stelle, v. a. bei Steuern, führen. Folgt man diesem etablierten Ansatz, hätte die Aufgabe von landwirtschaftlicher Nutzung auf Moorstandorten sogar eine Kosteneinsparung zur Folge.

34

Wanderer, Radfahrer, Autofahrer: Wie Freizeitmodalitäten unseren Blick auf die Natur prägen

Autofahren. *Den Blick in die mittlere Ferne gerichtet, etwa 30 oder 40 m, dorthin, wo der Vordermann fährt oder wo neue Hinweisschilder oder Verkehrszeichen lesbar werden. Dazwischen geht der Blick immer wieder auf das Armaturenbrett. Dann wieder in die Ferne. War da ein Baum am Straßenrand? Ein Greifvogel? Vorbei. Egal, jedes genaue Hinschauen ist eine Verkehrsgefährdung. Also weiter geradeaus schauen. Zwischendrin mal aufs Armaturenbrett, dabei auch weiterhin die Fahrtrichtung im Blick behalten.*

Radfahren. Den Blick etwa 10 oder 20 m vor dem Rad. Auf den Weg achten, es könnten Schlaglöcher kommen. Ein Baum am Wegrand, darauf ein Greifvogel. Mal kurz hingeschaut. Könnte ein Mäusebussard gewesen sein. Genauer hinzuschauen, gar zu beobachten, dafür reicht die Zeit nicht. Absteigen ist unbequem. Außerdem würde der Greifvogel dann vermutlich ohnehin das Weite suchen. Also weiterfahren. Die Landschaft durchaus im Blick, ferne Hügel am Horizont, eine Baumgruppe, die sich allmählich nähert. Aber keinen Blick für das Detail.

© Springer-Verlag Berlin Heidelberg 2020
K.-D. Hupke, *Naturschutz*,
https://doi.org/10.1007/978-3-662-62132-5_34

Wandern. Manchmal ermüdende Langsamkeit. Eine weite baumlose Ebene ohne Detailimpressionen. Langeweile. Zeit zum Nachdenken. Oder für Gespräche. Oder zum genauen Hinsehen. Ein Baum am Wegrand, darauf ein Greifvogel. Stehenbleiben, genau hinschauen, beobachten. Details registrieren. Sich einprägen. In weiten Flügelschlägen erhebt sich der Greifvogel. Ihm nachsehen. Flugbild registrieren. Danach wieder den Blick auf den Boden gewandt. Eine kleine Blume blüht am Wegrand. Noch nie gesehen. Stehenbleiben. Sich hinunterbeugen. Den Duft einatmen.

Die gerade eben formulierten Zeilen sollen suggestiv unser Erleben der Außenwelt bei unterschiedlichen Fortbewegungsweisen deutlich machen. Schließlich haben sich die bevorzugten Fortbewegungsmodalitäten in den zurückliegenden Jahrzehnten verändert. Dies allein, und nicht nur massenmedialer Einfluss, hat eine Revolution unserer **Umweltwahrnehmung** hervorgerufen. Im Grunde genommen hat von den Arten und Formen der Natur nur derjenige etwas, der sich langsam, in der Regel also zu Fuß, fortbewegt. Die Eintönigkeit unserer flurbereinigten und maschinengerechten Agrarlandschaften erlebt ebenso nur der Fußgänger in vollem Ausmaß, während schon der Radfahrer die eintönigsten Großagrarflächen rasch durchfahren hat.

Der Schnelligkeit und Flüchtigkeit moderner Verkehrsmittel entspricht auch die Flüchtigkeit der optisch-ästhetischen Animation unserer Fernsehwelten. Erlebte Natur im Freien ist im Vergleich dazu auf den ersten Blick oft wenig spektakulär, benötigt zum vollen Genuss Hintergrundwissen und muss immer noch ohne die erläuternde Stimme aus dem Hintergrund auskommen. Das macht sie für viele Zeitgenossen zum Problem, das sich in erlebter Langeweile niederschlägt.

Es soll aber an dieser Stelle nicht ein weiteres Exempel in Sachen Kulturpessimismus aufgezählt werden. Natürlich ist Natur ein Angebot an Körper und Geist. Andererseits kann man auch ohne besondere Sensibilität für ein **Erleben der Natur** durchaus glücklich werden. Es gibt ja schließlich auch Musikbanausen oder historisch Unbedarfte, die unter diesem „Defizit" nicht zwangsläufig leiden. Allerdings entsagen Menschen, die auf Naturkenntnis und auf Naturbeobachtung völlig verzichten, auch einem Bereich, der den sonstigen Erfahrungshorizont des gesellschaftlichen Innenlebens konterkariert und somit eine Art Gegenwelt darstellt. Natürlich begegnet uns im Rahmen einer vom Menschen geprägten Natur – und wo hätten wir sonst eine andere – wiederum die gesellschaftliche Realität. Systeme von Natur, wie der Naturschutz sie versteht, bedeuten jedoch immer auch ein Stück Losgelöstheit von menschlichen und gesellschaftlichen Einflüssen. Der Mensch ist, wenn es um die Prägung von Natur geht, eben immer nur ein Faktor von mehreren, ansonsten natürlichen Einflüssen. In der Summe, und wenn man bedenkt, dass es um die Wechselwirkung von eigenständigen Lebewesen geht, sind die Naturfaktoren in diesem Zusammenhang mindestens so bedeutend wie die menschlichen Einwirkungen. Wo in der Gesellschaft findet man ansonsten einen derartig teilautonomen Bereich?

Ansonsten sei eine für viele provozierende These gewagt: Die Natur braucht den Menschen nicht; sagt man. Der Mensch braucht aber auch die Natur nicht unbedingt; zumindest nicht die idyllische und am Bild der traditionellen Agrarlandschaft orientierte Natur, die vom Naturschutz in Europa so favorisiert wird. Die menschliche Gesellschaft würde auch ohne Naturschutz überleben. Der Mensch hat sich in seiner Stammesgeschichte wie in der Gegenwart als unglaublich anpassungsfähig erwiesen; stärker als jede andere biologische Art. Er braucht auch Naturschutzgebiete nicht. Selbst wenn sich das Klima daraufhin (und sei es nur geringfügig) ändern sollte. Menschliche Gesellschaften können in vielen Klimazonen überleben – um nicht zu sagen: in fast allen.

Bedauerlich wäre es trotzdem, wenn der Blick auf eine bedrohte Natur aus dem öffentlichen Bewusstsein verschwände.

35

Mensch und Natur – ein konstruierter Gegensatz?

Menschen asiatischer Herkunft wird von Europäern gerne unterstellt, sie seien harmoniebedürftig und wichen Konflikten gerne aus. Bei vielen Begegnungen zwischen Europäern und Asiaten findet dies durchaus Bestätigung. Die Frage ist nur, wo dieser Umstand herrührt.

Auch wenn wir heute zumeist nicht mehr explizit religiös sind, ist unser Denken doch stark von Denkmechanismen geprägt, die durch religiöse Vorstellungen überkommen sind. In den auf den alttestamentlichen Überlieferungen beruhenden westlichen Religionen Judentum, Christentum und Islam ist die Vorstellung der Welt sehr stark vom fundamentalen Gegensatz zwischen Gottheit und der Gegenwelt des Teufels geprägt. Der Mensch muss sich entscheiden. Ein Mittelweg oder eine Art Kompromiss ist ausgeschlossen. Jedes Zaudern auf dem rechten Weg ist automatisch des Teufels.

Von dieser Grundvorstellung her kann sich auch im säkularen Leben eine differenzierte Moralauffassung nur

© Springer-Verlag Berlin Heidelberg 2020
K.-D. Hupke, *Naturschutz*,
https://doi.org/10.1007/978-3-662-62132-5_35

schwer durchsetzen. Wir kopieren auch heute noch verbreitet dieses bipolare Muster und sehen die ganze Welt tendenziell in bipolaren Dichotomien: Regierung und Opposition, Arbeitgeber und Arbeitnehmer, Arm und Reich, Mann und Frau. Und natürlich auch: Natur und Mensch.

Die fernöstlichen asiatischen Religionen hingegen haben keine monotheistische Gottheit. Sie besitzen viele Götter, die nebeneinander bestehen und parallel zueinander verehrt und angebetet werden können. Ein und dieselbe Gottheit kann sich in unterschiedlichen Zuständen zeigen, sogenannten Inkarnationen. Solche Religionen erziehen zu Toleranz. Toleranz legt Kompromisse und mittlere Wege nahe.

Gehen wir auf eine der Hauptoppositionen modernen westlichen Denkens und Inhalt unseres Buches ein: den **Gegensatz von Natur und Mensch.** Oft wird der menschliche Einfluss auf die Natur ganz im Sinne einer moralisierenden religiösen Vorprägung als unheilvoll erfahren. Viele Naturschützer sind zeitlebens auf der Suche nach einer vom Menschen **unberührten Natur,** die sie heute selbst in Hochgebirgen und tropischen Regenwäldern wohl kaum noch finden können. Das wirkt geradezu tragisch (Abb. 35.1).

Wildlebende Pflanzen und Tiere sowie die aus ihnen zusammengesetzten Lebensgemeinschaften bzw. Biotope sind einer Vielzahl von unterschiedlichen **Umweltbedingungen** ausgesetzt. Die wenigsten davon sind nur günstig, viele sind nachteilig oder fordern zum Überleben bestimmte Anpassungsprozesse. Zahlreiche dieser Umweltbedingungen sind natürlich, wie geologischer Untergrund, Böden, Relief und Klima. Mehr oder minder stark kommt nahezu überall ein unterschiedlich wirksamer **menschlicher Einfluss** hinzu. Dieser ist aber insgesamt und prinzipiell nicht so viel anders zu sehen als die übrigen,

Abb. 35.1 Das strikte Trennungsmodell von Natur und Kultur greift nicht. Hier wird in einem Naturschutzgebiet durch Baggerarbeiten den gewünschten „Naturzuständen" nachgeholfen. (© Gerd Markert)

als natürlich empfundenen Faktoren. Auch menschliche Einflüsse modifizieren Lebensgemeinschaften und Biotope, zerstören diese in der Regel aber nicht weniger, als dies etwa Trockenheit in den Wüsten oder Kälte in den Polarregionen tun würden. Und doch gibt es so viele Menschen, die von der Schönheit der Natur in der Wüste schwärmen oder von der Unberührtheit der Polargebiete: obwohl es sich in beiden Fällen um eher artenarme Lebensräume unter extremem Umweltstress handelt, damit vielen anthropogen verarmten Lebensräumen nicht unähnlich.

Die Suche nach unberührter Natur verrät mehr über Zivilisationsflucht und Idealisierung zivilisationsferner Zustände als über die Natur selbst.

Andererseits ist aber auch der Mensch Natur. Er ist dies mit seiner Körperlichkeit, die keineswegs von der Zivilisation gesteuert ist, auch wenn einigen modernen Medizinern, Biotechnikern oder Pharmakologen so etwas vorschweben sollte. Er ist vorläufiger Endpunkt einer jahrmillionenlangen Evolution, die von Anfang bis zum Ende völlig Natur ist. Selbst wenn er sich noch so naturfern gebärdet, kann der Mensch der Natur ebenso wenig entfliehen wie der alttestamentliche Jonas seiner Gottheit.

Selbst das im Rahmen der übrigen Natur auffällige geistige Potenzial des Menschen ist insofern Natur, als es auf einem eutroph entwickelten Organ des menschlichen Körpers beruht und auch dieses Gehirn des Menschen im Laufe der Evolution durch Prozesse entstanden ist, die wir nur als Natur sehen können.

Dennoch hat der sich selbst reflektierende und seinen geistigen Standort bestimmende Mensch allen Grund, sich darüber Gedanken zu machen, dass und warum er die überkommene Vielfalt erhalten und schützen möchte. Er ist der einzige Teil der Natur, der sich selbst und sein Handeln infrage stellen kann. Zum ersten Mal seit Hunderten von Millionen von Jahren entsteht im Menschen so etwas wie Verantwortung: für sich selbst, aber auch für die ihn umgebende Natur. Damit ist die Ausrottung von Arten durch den Menschen anders zu sehen als ein vergleichbarer natürlicher Prozess etwa zu Beginn der Kaltzeiten oder bei einem anderen natürlichen Klimawandel.

36

Ideensuche: Wie kann Naturschutz gesellschaftlich begründet und verankert werden?

Es gibt nach dem im vorigen Kapitel Gesagten vielleicht keine grundlegende Pflicht, aber doch gute Gründe, die Natur zu schützen (was immer das im Detail bedeuten mag). Dafür ist der Naturschutz in einer durch medial gesteuerte Diskurse geprägten Welt dringend auf **positive Außenwirkung** angewiesen. Leider geschieht diese kaum oder doch oft höchst unprofessionell. Das vorliegende Kapitel soll einige Lösungsmöglichkeiten in die Diskussion einbringen.

Die schlechte **Außendarstellung des Naturschutzes** fängt schon am Rande eines Naturschutzgebiets an. Dieses ist meist durch ein Schild mit dem bekannten Symbol (im Westen Deutschlands ein Weißkopfseeadler, im Osten eine Eule) markiert. Darunter folgt häufig eine Verbotsliste: Lagern oder Feuermachen zum Beispiel (Abb. 36.1). Die große Chance, gerade an dieser Stelle dem Wanderer oder Spaziergänger das jeweils Besondere und Schützenswerte an dem ausgewiesenen Naturschutzgebiet zu erklären (Abb. 36.2), wird zumeist vertan.

© Springer-Verlag Berlin Heidelberg 2020
K.-D. Hupke, *Naturschutz,*
https://doi.org/10.1007/978-3-662-62132-5_36

Abb. 36.1 Tafel mit Verbotsliste. (Eigene Aufnahme)

Ähnliches gilt auch für das unbedingte Betretungsverbot auf den Flächen abseits der Wege. Wie soll denn ein
flächenhaftes Objekt wie ein Naturschutzgebiet erfahren
werden, wenn nicht durch Betreten? Das Argument
der Schadensverursachung durch Betreten gilt nur sehr
beschränkt. Schließlich richtet das „Betreten" etwa durch
Schafe mit ihren scharfen Hufen bei einem Pflegeeinsatz
mindestens den gleichen Schaden an wie ein Betreten
durch den Menschen; von einer Rotte Wildschweine ganz
zu schweigen. Außerdem wird ein massiertes Betreten
durch Naturinteressierte mangels öffentlichen Breiten-
interesses ohnehin nicht zu erwarten sein. Auch das

Abb. 36.2 Bildtafeln mit Erläuterungen, welche links charakteristische blühende Kräuter und Schmetterlinge vorstellen, rechts einen Einblick in Ökologie und Landschaftsgeschichte geben. Alle dargestellten Verhältnisse und Einzelarten sind genau auf die Situation gerade eben dieses Standorts in einem Magerrasengebiet ausgerichtet. (Eigene Aufnahme)

Argument der Beunruhigung von Tieren während Brut und Aufzucht scheint nicht stichhaltig. Ein schnürender Fuchs, und davon gibt es mehr als genug, wird von einem bodenbrütenden Vogel mindestens genauso bedrohlich erlebt. Auch hier scheint wieder der Versuch durch, den Menschen aus der Natur exkludieren zu wollen, als quasi einzigen Schädling, den die Natur kennt. – Wenn der Bruterfolg des Auerhuhns durch Betreten des Hochmoorrandes gefährdet ist, sollten die entsprechenden Flächen unbedingt erweitert werden, um Auerhuhn und Mensch in der Fläche kompatibel zu machen. Abgesehen davon, dass die Betretungsqualitäten eines Moorkiefernwaldes ohnehin nicht so sind, dass, wie gesagt, mit einem stärkeren Andrang an Naturbegeisterten zu rechnen wäre.

In ähnlicher Weise ist auch der Fang einzelner naturgeschützter tierischer „Objekte" wie Kaulquappen im Einzelfall durchaus locker zu sehen. Es gibt wohl keine bessere Form der Erziehung zum Naturinteressierten und späteren Naturschützer als das Beobachten von selbst gefangenen Kaulquappen im eigenen Mini-Aquarium. Da aber zwischenzeitlich alle heimischen Amphibien geschützt sind, ist dies selbst Biologielehrern und anderen Multiplikatoren verboten. Diese Regelung des Naturschutzgesetzes gilt grundsätzlich und selbst für eine Entnahme aus Wagenspuren, die bereits nach einigen regenlosen Tagen austrocknen und ihren Bewohnern mit hoher Wahrscheinlichkeit zum Grab werden sollten.

Naturschützer und deren gesetzlicher Arm sollten erkennen, dass der Mensch, sobald er beobachtend oder auch mal ein Tier fangend in das Naturschutzgebiet eintritt, durchaus keine andere Rolle spielt als die (übrigen) tierischen Besucher oder Bewohner eben auch. Naturschutz muss in diesem Falle, sei es durch Pflege oder durch Prozessschutz, darauf achten, dass die gewünschten **ökologischen Qualitäten des geschützten Lebensraumes** erhalten bleiben. Ob einzelne tierische oder pflanzliche Individuen weggesammelt oder anderweitig geschädigt werden, ist dabei zumeist unwichtig. Individuen auch eigentlich schützenswerter Arten werden eigentlich immer irgendwie geschädigt, schon durch jeden Pflegeeingriff. Naturschützer sollten Naturschutzgebiete nicht ansehen wie etwa ein Priester das Allerheiligste seiner Kirche, das unter keinen Umständen angerührt werden darf. Denn das Allerheiligste einer Kirche oder eines Tempels ist, mit Verlaub gesagt, etwas Museales und irgendwie Totes. Eine Reliquie oder ein Schrein verändern sich nicht mehr, es sei denn durch den allgemeinen Verfall im Laufe der Zeit. Dagegen wird in einem naturnahen Lebensraum immer irgendwie geboren und gestorben. Letzteres ergibt sich allein schon aus der Tatsache, dass die meisten Arten mehr Nachkommen erzeugen als beim besten Willen überleben können. Von daher muss der Tod eines Individuums (nicht einer Art) den Naturschützer (anders als den Tierschützer) nicht unbedingt berühren, solange die schützenswerten Eigenschaften des unter Schutz stehenden Lebensraumes erhalten bleiben.

Angesichts dieser Überlegungen würde ein Forderungskatalog an einen modernen und gesellschaftlich integrierten, in diesem Sinne **zukunftsfähigen Naturschutz** etwa folgende Punkte umfassen:

1. Naturschutzgebiete müssen sich ihrer **breitenpädagogischen Aufgabe** bewusst werden, was aber nur ganz allmählich geschieht. Es darf kein Naturschutzgebiet mehr geben ohne motivierende und aussagekräftige Bildtafeln mit kurzen Texten, die das Besondere an dem vorliegenden Gebiet herausstellen (damit aber auch: zur Diskussion stellen).
2. Eine Kernfrage stellt sich immer wieder: **Für wen Natur schützen?** Wem soll sie dienen, wer soll direkten Zugang haben, wer soll sie ansehen dürfen?
3. Forderung nach **Öffnung von Naturschutzgebieten** gegenüber einer interessierten Öffentlichkeit. Wo durch eine zu große Dichte an Besuchern Schäden zu erwarten sind (etwa in der Lüneburger Heide als Naherholungsraum von Hamburg), müssen die entsprechenden Schutzgebiete dem Bedarf entsprechend erweitert werden, bis der Nutzungsdruck sich auf ein tragbares Maß eingespielt hat. Menschen sollen an der Natur keine geringeren Rechte haben als, sagen wir, Füchse *(Vulpes vulpes)* und Wildschwein *(Sus scrofa)*.
4. **Offene Diskurse** sind naturschutzfachlichen Setzungen allemal vorzuziehen. Die Diskussion, welche Natur auf welche Weise geschützt werden soll, ist unter Ein-

beziehung aller interessierten Kreise und einer breiten Öffentlichkeit zu führen. Nach dem bisher Ausgeführten ergibt sich, dass es im Bereich Naturschutz eigentlich keine ausgewiesenen Fachleute geben kann. Biologen und Landschaftsmaler, Erholungssuchende und Lokalhistoriker, verliebte junge Pärchen und spielende Kinder sind alle gleichermaßen Experten in eigener Sache, welche die Natur suchen und nutzen. Gerade die Vielfalt der Zugänge lässt einen Diskurs über Natur überhaupt erst interessant werden und wird erst den vielen historisch entstandenen Konnotationen von Natur gerecht.

Exklusive Naturzugänge sind in einer Gesellschaft, die sich ansonsten als offen definiert, mehr als fragwürdig. Zudem wird über einen Ausschluss des Menschen, vor allem der jungen Menschen, eine naturpädagogische Chance verpasst.

37

Naturschutz contra Zeitgeist?

Es soll nicht alles verklärt werden, was in meiner eigenen Jugend Lebensinhalt war. Aber eines scheint sicher: Der schulische **Biologieunterricht** hat sich stärker als in der Gegenwart an der erlebbaren Natur der Arten und der Lebensräume orientiert. Ich kann mich an zwei dicke Bücher zu Beginn des Gymnasiums erinnern: Den Pflanzenkunde-Schmeil und den Tierkunde-Schmeil. Beide waren eng an der biologischen Systematik orientiert, die sie den Schülerinnen und Schülern auf, wie ich finde, eindrucksvolle Weise vermittelt haben: in einer Auswahl an Arten und Lebensformen, die anschaulich geschildert und mit Farbbildern hinterlegt waren. Die Bilder stellten meist weniger die einzelne Art als vielmehr ausschnitthaft einen biologischen Lebensraum dar. Diese schweren Bücher bargen viel zu viel Inhalt, als dass sie in der Schule komplett hätten durchgearbeitet werden können. Aber sie regten zu häuslicher eigener Lektüre an. Für ein Schulbuch ist das schon ziemlich bemerkenswert.

© Springer-Verlag Berlin Heidelberg 2020
K.-D. Hupke, *Naturschutz,*
https://doi.org/10.1007/978-3-662-62132-5_37

Die besondere Hinführung durch die Schule zu **Artenkenntnis** und biologischer Systematik – auch wenn sie, wie so vieles, was in der Schule gelehrt wird, keine ganz tiefen Spuren hinterließ – erzeugte doch eine gewisse Bereitschaft, sich auch außerhalb der Schule auf Natur einzulassen. Dies geschah bei den vielen Wanderungen, die damals noch verbreitet ein fixer Bestandteil des Familienlebens waren. Eine gute Hilfe leisteten dabei Bestimmungsbücher, die im deutschen Sprachraum meistens aus dem Kosmos-Verlag kamen und neben einem populären Titel *(Was blüht denn da?, Was fliegt denn da?)* durch ausgezeichnete Farbdrucke der betreffenden Arten bestachen.

Die Erweckung des Interesses an einzelnen Arten in der Schule hat aber auch einen Boden für die Akzeptanz von Tiersendungen im damals noch jungen Fernsehen geschaffen. Die Grzimeks und Schuhmachers, die Sielmanns und schließlich auch Horst Stern (Kap. 3) schufen und vertieften ein Interesse an Tierformen, das sich in den 1970er-Jahren allmählich mehr dem „Ökologischen" zuwandte.

Natürlich hat diese **Sozialisation** zur Kenntnis von Tier- und eventuell Pflanzenarten hin, wie sie eben dargestellt wurde, auch etwas sehr Subjektives, das wohl in besonderem Maße auf meine Person zutrifft. Aber eine bestimmte Art der Sozialisation verläuft höchst selten nur alleine. Dieses Muster war wichtig genug, um dem Naturschutz eine größere **Akzeptanz in der Gesellschaft** zu verschaffen. Die Monatszeitschrift *Der kleine Tierfreund* wurde wohl in nahezu jeder Schule mit Erfolg verkauft; eine Zeitschrift mit einer Mischung naturschützerischer und tierschützerischer Ambitionen. Hunderttausende von Mädchen und Jungen ließen sich auf eine erstaunlich differenzierte Sichtweise in der Darstellung von Tierarten, ihrer Lebensweise und ihres Verhaltens ein.

Inzwischen ist die breite Darstellung von einzelnen Arten und Lebensformen aus dem schulischen Biologieunterricht so gut wie verschwunden. Stattdessen siegte das Exemplarische, das Naturgesetzliche und das Regelhafte. Aus gutem Grund, denn auch die **Entwicklung der Biologie** als zugrunde liegender Naturwissenschaft (Tab. 37.1) war weitergegangen. Statt einer Sammlung dessen, was in der Natur vorkommt, wurden Labormethoden und eine technisch orientierte Blickrichtung beherrschend. Manche behaupten, die Biologie sei erst jetzt zu einer echten Naturwissenschaft geworden. Auf jeden Fall verschwanden in Anlehnung

Tab. 37.1 Biologie als für den Naturschutz wichtige Bezugswissenschaft zwischen *Naturkunde* und *Naturwissenschaft*. (Eigene Darstellung)

Merkmalskategorie	Biologie als Naturkunde	Biologie als Naturwissenschaft
Bezug zur Einzelart	Jede Art ist wichtig und prinzipiell Teil des wissenschaftlichen Interesses	Konzentration auf Charakterarten, die „alles Wesentliche" einschließen
Arbeitsweise/Denkrichtung	Beschreibend individualisierend	Naturgesetzlich stellvertretend-exemplarisch
Darstellende Großform	Beschreibung, Lithografie	Experiment
Forschungs- und Darstellungsmethode	Qualifizierend	Quantifizierend
Zeitliche Grobeinordnung	Traditionell	Modern
Zukunftsprognose	Schwindend	Zunehmend
Verwandte Wissenschaften	Kunst- und andere Kulturwissenschaften, historische und Geisteswissenschaften	Exakte Naturwissenschaften (Chemie, Physik)

an die akademische Orientierungswissenschaft auch an der Schule die Pflanzen- und Tiersystematik sowie die Vielzahl der dargestellten Arten und Formen ab den 1970er-Jahren weitgehend aus dem Biologieunterricht. Die heutigen Abiturjahrgänge haben aus der Schule praktisch keine Artenkenntnis mehr. Dem Naturschutz entschwindet damit die Wissensgrundlage, auf der er stets aufbauen konnte. Neben einer verbal nach wie vor hohen Akzeptanz des Begriffs Naturschutz tritt eine weitgehende und zunehmende Fremdheit gegenüber den **Inhalten von Naturschutz.** Dies zeigt sich auch in der Struktur von Naturschutzorganisationen. Entweder sie überaltern bis an die Grenze zur Überlebensfähigkeit, oder sie adaptieren sich an den Zeitgeist, indem sie Ziele des Tierschutzes wie des allgemeinen Umweltschutzes aufnehmen, was in Mangel an Fähigkeit zur Feindifferenzierung ohnehin die wenigsten Mitglieder merken sollten.

Dass Joggen und Radeln (Kap. 34) weitgehend das Wandern und Spazierengehen als Bewegungstätigkeit im Freien abgelöst haben, lässt auf einer anderen Ebene die Möglichkeit zur gründlichen Beobachtung von wildlebenden Tieren und Pflanzen zurückgehen. In eine ähnliche Richtung geht die rückläufige Anbindung an agrarisches und gärtnerisches Gestalten in Bauernhof und Privatgarten, wie verbreitet zu beobachten ist.

Dem Naturschutz kommt also als Folge moderner Lebensstile zunehmend der **Zugang zur Natur** abhanden. Der naturschützerische Nachwuchs macht sich dadurch rar, während die alte Generation von Naturschützern tendenziell ins Pflegeheim übersiedelt oder verstorben ist. Umso mehr Grund also, auf die Bildungsarbeit besonderen Akzent zu legen.

38

Der Nutzen der Vielfalt: Realität, Poesie oder Esoterik?

Weitgehend unhinterfragt wird in Wissenschaft, Politik und Medien der **Nutzen von Natur** im Sinne der Objekte des Naturschutzes, also der Vielfalt von Arten und Lebensräumen, einfach angenommen. Seltener finden sich schon Versuche, einen solchen Nutzen zu begründen und herzuleiten.

Diese Argumentation von Nutzen ist schon deshalb schwer, weil dieser über einen ökonomisch vordergründigen Gewinn hinaus viele Facetten haben kann. Es ist vor allem an einen interessengebundenen Mehrwert zu denken, etwa an die Interessen der Nutzer der Landschaft, von Landwirten bis zu Erholungssuchenden, sowie an die Interessen der Naturschützer selbst.

Dennoch fußt jeder Diskurs in einer halbwegs offenen Gesellschaft zumindest auf dem Versuch, die Gegenseite durch Argumente zu überzeugen. Argumente benötigen eine rationale Basis, die aber weder auf eine emotionale Komponente noch auf subjektive Betroffenheit verzichten muss.

© Springer-Verlag Berlin Heidelberg 2020
K.-D. Hupke, *Naturschutz,*
https://doi.org/10.1007/978-3-662-62132-5_38

In diesem Zusammenhang wird stets auf die Abhängigkeit des Einzelnen wie der menschlichen Gesellschaft von Naturprodukten verwiesen. Alle unsere **Nutzpflanzen und Nutztiere**, und werden sie heute auch noch so naturfern produziert, stammen von **Wildformen** ab. Zwar würde vielleicht nicht jeder so weit gehen wie der frühere Präsident des Bundesamtes für Naturschutz, Hartmut Vogtmann, der die Vielfalt alter Nutzsorten zu schützen ebenfalls als primäre Aufgabe des Naturschutzes ansieht. Immerhin bilden Wildpflanzen und Wildtiere jedoch einen Pool, aus dem sich prinzipiell neue Nutzformen züchten lassen.

Aber auch bereits bestehende Nutztiere und -pflanzen, oft durch Züchtungsprozesse genetisch verarmt, können davon profitieren, dass es Wildformen gibt, mit denen eine Kreuzung möglich ist. Schon wiederholt hat sich durch die Zukreuzung von Wildformen die Möglichkeit ergeben, die Vitalität von Kulturformen zu steigern, oder haben Kulturformen damit das Potenzial entwickelt, auf neue Anforderungen des Marktes zu reagieren.

Nicht nur als Nahrungsmittel, sondern auch zur **Entwicklung neuer Medikamente** sind Wildpflanzen von Bedeutung. Die meisten heute in Gebrauch befindlichen Medikamente haben eine natürliche Entsprechung, zumeist in Naturpflanzen, die in vieler Hinsicht als ein reiches chemisches Labor (oder als gut ausgestattete Apotheke) gesehen werden können. Die Liste bedeutender Arzneimittel mit Naturvorlage ist nahezu endlos lang und führt vom Schmerzmittel Aspirin (der Naturstoff findet sich in heimischer Weidenrinde) bis zu den modernen Chemotherapeutika und Zytostatika der Krebstherapie wie Vincristin und Vinblastin (vom Madagaskar-Immergrün *Catharanthus roseus*).

Warum die in und von der Natur produzierten Stoffe als Medikamente mit höherer Wahrscheinlichkeit wirken als rein synthetisch hergestellte Stoffe, sei am Beispiel der **Antibiotika** kurz erläutert.

Das zumindest historisch bedeutendste Antibiotikum ist das Penicillin, welches schon vor fast einem Jahrhundert von dem britischen Arzt und Wissenschaftler Alexander Fleming entdeckt wurde (in Gebrauch kam es allerdings erst viele Jahre später). Es ist natürlicher Bestandteil verschiedener Schimmelpilze. Wie das Penicillin sind fast alle heute genutzten Antibiotika von Naturstoffen abgeleitet (werden aber meist synthetisch produziert).

Probleme mit **Bakterien** (und nur gegen diese sind Antibiotika definitionsgemäß einsetzbar) haben jedoch nicht nur Menschen, sondern vielleicht stärker noch in den Tropen lebende Amphibien wie etwa die zahlreichen süd- und mittelamerikanischen Baumsteigerfrösche (Dendrobatidae). Ihr Körper ist nicht von einer Haut mit einer festen Hornschicht umhüllt wie beim Menschen und anderen höheren Wirbeltieren, sondern von einer Schleimhaut. Diese bietet kaum mechanischen Schutz gegen Bakterien, stellt aber durch ihren Reichtum an im tropischen Regenwald seltenen Nährsalzen und das immerwährende feuchtwarme Milieu einen idealen Nährboden für Bakterien dar. Das bedeutet jedoch, dass sich die tropischen Amphibien, um überhaupt überleben zu können, evolutionsgeschichtlich „etwas einfallen lassen" mussten, um nicht Opfer von hautbesiedelnden pathogenen Bakterien zu werden. Dazu haben sie einige Dutzend Jahrmillionen Zeit gehabt und zahlreiche natürliche Antibiotika entwickelt. Die Antibiotikaforschung beschreitet also in gewissem Sinne ein bereits vorerforschtes Terrain, wenn sie auf Hautabstrichen von Amphibien nach neuen antibiotischen Stoffen sucht. Sie tut sich damit auf der Suche nach neuen Antibiotika leichter, als wenn sie wahllos neue synthetische Stoffe entwickeln und diese auf ihre Wirksamkeit als Antibiotika bei gleichzeitiger Unschädlichkeit gegenüber dem Patienten testen würde. Das Interesse von Pharmakonzernen an der tropischen Biodiversität nährt sich auch aus solchen Überlegungen.

Zugleich muss aber davor gewarnt werden, Natur nur als einen **Genpool** zum Nutzen von Landwirtschaft und Pharmazie zu sehen. Natur kann genauso sehr zerstörerisch sein. Die Ursprünge bedeutender neuerer **Infektionskrankheiten** wie Aids und Ebola liegen in tropischen Regenwäldern. Das weltweit größte Potenzial an Viren, Bakterien, Einzellern und Pilzen steckt in den tropischen Feuchtwäldern. Es ist fast als Glücksfall zu bezeichnen, dass Aids und Ebola zwar im unbehandelten Zustand zumeist tödlich verlaufen, aber andererseits schwerer übertragbar sind als viele grippeartige Infekte. Diese hingegen sind wiederum meist vergleichsweise harmlos. Denkbar und auf lange Sicht wohl auch realisierbar ist jedoch ein absolut tödlicher Erreger, welcher so infektiös ist wie eine leichte Sommergrippe. Noch niemals in der menschlichen Geschichte waren die Voraussetzungen für einen Erreger so günstig. Zum einen schöpfen diese aus einem Potenzial von zwischenzeitlich mehr als 7 Mrd. Menschen, wobei in größeren Populationen generell die Wahrscheinlichkeit höher ist, dass ein Erreger neu entsteht oder überspringt. Zum anderen sind wir heute so mobil, dass jeder entsprechende Erreger in wenigen Wochen wohl weltweit verbreitet wäre, wie sich auch beim vergleichsweise doch „harmloseren" COVID-19 gezeigt hat. Allerdings können wir uns aber vor einer Infektion nicht auf die gleiche Weise in unsere Wohnungen zurückziehen und monatelang von der Außenwelt abschotten, wie dies in Pestzeiten etwa die Bewohner entlegener Bauernhäuser tun konnten. Schließlich sind unsere Bedürfnisse viel zu vielgestaltig geworden und schon die Versorgungstechnik würde binnen weniger Tage zusammenbrechen, wenn aus Furcht vor einer Ansteckung niemand mehr außer Haus ginge.

Mit diesem Schreckensszenario soll deutlich gemacht werden, dass die tropischen Wälder nicht nur das Potenzial zur zukünftigen Versorgung der Menschheit haben. Sie haben genauso das Potenzial, wenn nicht zu ihrer Vernichtung, so doch zu ihrer Dezimierung. Es ist bezeichnend für die Öffentlichkeitsarbeit von NGOs bis hin zu Medien und Politik, dass nur das Erstere wahrgenommen wird.

Aber das ist vielleicht auch besser so.

Die bisherigen Betrachtungen legen es nahe, Naturschutz als eine Art Biotopschutz für ein Konstrukt zu sehen. Schließlich sollte deutlich geworden sein, dass es sich um Problemansätze handelt, die man nur aus der Geschichte unseres Verhältnisses zu Natur und Landschaft und aus deren Idealisierung ableiten kann.

Wenn man die inhaltlichen und formalen Schwächen in den Argumentationsketten zugunsten des bisherigen und stark amtlich, aber auch durch NGOs geprägten Naturschutzes kritisiert, wie dies in einem Großteil der Kapitel dieses Buches der Fall ist, muss man auch die Alternativen mit in diesen Denkansatz einbeziehen.

Gäbe es Naturschutz nicht, würde ein stark marktwirtschaftlich geprägter Automatismus auch noch die letzten von Biodiversität geprägten Flecken vor allem im ländlichen, d. h. vorwiegend agrarisch genutzten Raum aufzehren. Möglicherweise würde dies den Bewohnern dieser Räume in ihrer großen Mehrheit kaum auffallen und nur eine städtische Minderheit mit entsprechenden Freizeitinteressen treffen.

Andererseits sind Areale hoher Biodiversität fast stets auch Flächen hoher Ästhetik und eines großen optisch-visuellen Reichtums. Dies gilt durchaus für traditionell geprägte Agrarflächen wie für „urwaldnahe" Bannwälder. Gerade aber **Vielfalt und Ästhetik** sind zentrale Kategorien für **Lebensqualität,** auch dort, wo man diese nicht bewusst wahrnimmt. Sie ergänzen unsere nüchtern-ökonomische wie unsere wissenschaftlich-technische rationale Welt. Geld und technische Effizienz können aber *per se* keine Werte generieren, da ihnen die vorgelagerte Sinngebung fehlt, die im Kant´schen Sinne *a priori* angelegt ist. Ökonomische und naturwissenschaftliche Effizienz ergeben nur einen Sinn, wenn man weiß, wofür man dieses zusätzlich geschaffene Geld benötigt, welche Technik man für welchen Zweck einsetzen will. Ziele und Zwecke können jedoch weder von der Ökonomie noch von Naturwissenschaft und Technik definiert werden. Eher ergeben sich diese Ziele anhand der historischen Tradition, anhand von persönlichen Erfahrungen und von Lebenspraxis, oder aber aufgrund von religiösen oder philosophischen Erörterungen. Vor allem jedoch sind Ziele und Sinngebungen stets etwas sehr Individuelles, sowohl bezogen auf Einzelpersonen als auch auf gesellschaftliche Gruppen, Kulturen oder Epochen.

Von daher kann dieses Buch durchaus als Plädoyer zugunsten des Naturschutzes aufgefasst werden, sobald er seine Kriterien wie **Prozessschutz** oder **Schutz der überkommenen Agrarlandschaft** oder aber **ästhetische Kriterien** klar formuliert. Dann lässt sich darüber diskutieren. Diese Reflexion der eigenen Grundlagen ist dem Naturschutz stets zu empfehlen, statt wie so oft alle Bemühungen amtlicher und privater Naturschützer als ein pauschales Eintreten für die Natur zu etikettieren. Dieses Label verbirgt nämlich mehr, als es erklärt.

Auf jeden Fall wäre die Gesellschaft ohne Naturschutz deutlich ärmer; vielleicht weniger im Sinne von Biodiversität oder Natur, als vielmehr um einen Impuls, der auf traditionellen Werten aufbaut. Dieser kontrastiert damit auch wohltuend mit dem Effizienzdenken moderner ökonomischer und naturwissenschaftlicher Technokratien, deren Ziele und Werte oft noch unklarer sind als bei den Naturschützern ohnehin.

In diesem Sinne wäre eine Gesellschaft ohne Naturschützer sicherlich ärmer.

Bedrohte Kaffeebohne

An seine morgendliche Tasse Kaffee denkt wohl kaum jemand, wenn Wissenschaftler den Verlust der biologischen Vielfalt beklagen. Der Botaniker Aaron Davis und seine Kollegen von den Kew Royal Botanical Gardens in der englischen Grafschaft Sussex aber sehen hier durchaus Zusammenhänge: Weltweit liefern die beiden Arten Arabica und Robusta fast die gesamte Ernte der begehrten Bohnen für das Genussmittel. Doch der Klimawandel könnte den Kaffee-Anbau zum Beispiel durch häufigere Dürreperioden in Schwierigkeiten bringen. Auch neu auftretende Schädlinge oder Pflanzenkrankheiten könnten die Ernte massiv dezimieren. Doch dieses Problem könnten Züchter lösen, indem sie widerstandsfähige Wildkaffee-Arten einkreuzen. Darunter gibt es mit weltweit 124 Arten zwar reichlich Auswahl. Doch 60 % dieser Arten stehen heute auf Roten Listen der Weltnaturschutzunion IUCN und gelten als gefährdet oder vom Aussterben bedroht, berichten die englischen Forscher in der Zeitschrift „Science Advances". (….)
    Um die Artenvielfalt der Kaffeepflanzen zu erhalten, schlagen die Forscher um Aaron Davis daher Schutzgebiete vor (Roland Knauer, Stuttgarter Zeitung v. 19.1.2019).

39

Zur Zukunft des Naturschutzes

Die vorangehenden Kapitel haben unter anderem versucht aufzuzeigen, dass dem Naturschutz in gewissem Sinne die Naturschützer abhandenkommen. Dieses Kapitel nun versucht zu verdeutlichen, dass daneben auch die zu schützende Natur einem problematischen Niedergang unterliegt, den der bislang existierende Naturschutz bestenfalls verzögern kann.

Dieser **Niedergang** naturnaher, zumindest aber vielfältiger Ökosysteme ist ein Prozess, der in exzessiver Form im 19. Jahrhundert mit der **Ausbreitung der Industrie** über weite Teile Europas und Nordamerikas seinen Ausgang nahm. In immer wieder neuen Wellen werden in diese Dynamik weitere Weltregionen mit einbezogen. Im Moment befinden sich Ostasien und Lateinamerika in einem Prozess starker wirtschaftlich-industrieller Entwicklung, Südasien ist dabei zu folgen. Vermutlich ist danach Afrika an der Reihe. Der Vorgang der sich ausbreitenden Industrialisierung ist gekoppelt mit einem zunehmenden Hunger nach Energie- und Rohstoffen.

© Springer-Verlag Berlin Heidelberg 2020
K.-D. Hupke, *Naturschutz,*
https://doi.org/10.1007/978-3-662-62132-5_39

Boden, an sich ein Naturgegenstand ohne eigentliche Herstellungskosten, wird unter diesen Vorzeichen kapitalisiert und gewinnt einen ökonomischen Stellenwert und Marktwert. Traditionelle Landnutzungssysteme unterliegen weltweit einem raschen Wandel hin zu Gewinnmaximierung, Entstehung von großbetrieblichen Strukturen und Aufkauf durch international agierende Investoren (**Land Grabbing**).

Die dargestellte Entwicklung ist nicht denkbar ohne eine **bürgerliche Gesellschaft.** Sie ist der eigentliche Motor dieser Entwicklung und man weiß auch als wenig voreingenommener Betrachter oft nicht, ob man mehr ihre wissenschaftlich-technische Innovationskraft bewundern oder ihre vernichtende Wirkung auf traditionelle Systeme von Natur und Kultur verachten soll. Auf jeden Fall lässt die sich ab dem 18./19. Jahrhundert weltweit ausbreitende bürgerliche Denkweise, die nicht an Traditionen, sondern an wirtschaftlichen Gewinnen und am individuellen Vorteil orientiert ist und die sich auch in staatlichen Gesetzgebungswerken und Verfassungen spiegelt und verstärkt, in jeder Hinsicht keinen Stein mehr auf dem anderen. Ob menschliche Arbeitskraft oder mineralische Ressourcen, das Holz von Naturwäldern oder Feldfrüchte: Diese Gesellschaft kann wirklich alles in nahezu unbegrenzten Mengen gebrauchen, in den Produktionsprozess überführen und in Dollar oder Euro wandeln.

Man könnte einwenden, dass es **Naturzerstörung** auch bereits in vorindustrieller Zeit und in nicht-bürgerlichen gesellschaftlichen Systemen gegeben hat. Das ist sicherlich richtig. Aber die Naturzerstörung etwa im spätpleistozänen Overkill erfolgte in Jahrtausenden, mithin in einer anderen zeitlichen Dimension. Dies gilt auch für andere historische gesellschaftliche Eingriffe bis in die frühe Neuzeit. Das Besondere an der momentanen Naturzerstörung sind ihre Geschwindigkeit und ihre weltweite Gültigkeit.

Auch die Beeinträchtigungen der Natur in der früheren Sowjetunion (eine ausdrücklich als nicht-bürgerlich definierte Gesellschaft), wie beispielsweise die Austrocknung des Aralsees, können nicht losgelöst von der Einbettung des sozialistischen Systems in die globale Wirtschaft gesehen werden. Gerade die Staaten der östlichen Wirtschaftsgemeinschaft waren eingebunden in einen Konkurrenzkampf um die größere industrielle Warenproduktionseffizienz; einen Kampf, den sie letzten Endes verloren und der den Hauptgrund für das Ende der Sowjetunion und des von ihr geführten Bündnisses darstellte.

Doch zurück zu den ganz konkreten Gefahren für den Fortbestand naturnaher Systeme. Die größte Gefahr für traditionelle bis naturnahe Ökosysteme, an denen dem Naturschutz gelegen ist, geht von einer **Intensivierung der land- und forstwirtschaftlichen Nutzung** aus. Eine solche Flächenausdehnung und Intensivierung hat es fast schon seit jeher gegeben. Bis etwa Ende des 20. Jahrhunderts war sie stark durch eine **wachsende Weltbevölkerung** motiviert. Die Bevölkerung der Erde wächst zwar zu Beginn des 21. Jahrhunderts immer noch; allerdings flacht die Wachstumskurve etwas ab und die Statistiker der Weltbevölkerungsorganisation der UN (United Nations Population Fund, UNFPA) rechnen um die Mitte des jetzigen Jahrhunderts mit einer Stagnation, danach gar mit einem gewissen Rückgang der Weltbevölkerung. Von dieser Seite her könnte man also allmählich eine leichte Entwarnung geben.

Andererseits steigen natürlich auch die Lebensansprüche in vielen Schwellenländern an und damit auch der Bedarf an tierischen Produkten und an Gemüse, was den Flächenverbrauch noch einmal befeuert.

Ausschlaggebender ist jedoch die zunehmende Bedeutung von Agrarprodukten und Agrarflächen für die **Erzeugung erneuerbarer Energieressourcen.** Bereits jetzt wird ein größerer zweistelliger Prozentsatz von Getreide (Weizen, Mais) energetisch verwendet und findet sich untere anderem als Additiv in Treibstoffen wieder. Der Bedarf vor allem der Industrie- und vieler Schwellenländer an Energie ist unerschöpflich und eine Deckung aus anderen Quellen erscheint in näherer Zukunft problematisch oder scheidet aus. Damit aber wird die Nachfrage nach agrarischen und forstlichen Flächen über die Bedürfnisse der Nahrungsmittelerzeugung hinaus noch einmal enorm gesteigert.

Grundsätzlich werden also an die begrenzten agraren Eignungsflächen drei Anforderungen gestellt, nämlich:

- Nahrungsmittel für eine immer noch wachsende Menschheit bereitzustellen;
- zunehmend nachwachsende Energierohstoffe zur Verfügung zu stellen;
- sowie zudem naturnahe Ökosysteme wie etwa tropische Feuchtwälder zu ermöglichen.

Im Grunde genommen bräuchten wir, wenn wir all diese Bedürfnisse einbeziehen, noch einen zweiten bis dritten Planeten.

Die zunehmende Nachfrage nach agraren und forstlichen Rohstoffen hat zu einer **Ausweitung der genutzten Flächen** geführt. So werden die bislang fast ungenutzten Feucht- und Trockenwälder und Savannen Zentralbrasiliens und Paraguays immer stärker von Nutzungsinseln durchzogen, die sich ihrerseits verdichten und die zuvor dominierenden naturnahen Landschaftstypen zunehmend verinseln.

Ähnlich einschneidend, wenngleich oft nicht auf den ersten Blick erkennbar, ist eine Tendenz zur **Intensivierung bereits genutzter Flächen.** So wird gerade in Mitteleuropa das zuvor sehr verbreitete und in den regenreichen Landschaften Nordwestdeutschlands und der Mittelgebirgslagen dominierende Grünland zunehmend umgebrochen und beispielsweise in Maisäcker umgewandelt.

Auch wenn intensiv genutztes Grünland keineswegs als die Ideallandschaft des Naturschutzes zu sehen ist, bieten eine Wiese oder eine Weide doch einen Lebensraum für vielleicht zwei Dutzend Wildpflanzenarten und kommen als Nistort für Bodenbrüter wie Feldlerche und Kiebitz *(Vanellus vanellus)* infrage oder als Nahrungsraum für den Weißstorch *(Ciconia ciconia).* – Von all dem bietet ein Maisfeld nichts.

Die Renaissance von **Holz als Energierohstoff** ist in diesem Zusammenhang ebenfalls durchaus mit Skepsis zu sehen. Jahrzehnte zumeist geringer Holzpreise an der Grenze zur Rentabilität haben die Akzeptanz naturnaher Waldbilder mit hohen Anteilen nicht geernteter alter Bäume und Totholz anwachsen lassen, die für viele Arten lebensnotwendig sind (Kap. 14). Nun wird aufseiten der Waldbesitzer und ihrer Verbände die Diskussion um die Waldnutzung erneut sehr heftig geführt. Den Hauptanteil daran trägt der Preisanstieg bei Nutz- und Brennholz, der seit einigen Jahren in geringerem Umfang zu beobachten, in der Zukunft aber stark zu erwarten ist und welcher sowohl den hohen Energiepreisen als auch dem Erneuerbare-Energien-Gesetz (EEG) in Deutschland zu verdanken ist. Holz ist wieder ein wichtiger Energierohstoff geworden. Die Maximierung der Holznutzung aber steht den Zielen des Naturschutzes im Wald entgegen.

Wenn die natürlichen Lebensräume zurückgehen, kann man mit Ersatzstrategien versuchen, dagegenzusteuern.

Der Schutz möglichst ausgedehnter naturnaher Lebensräume als Naturschutz im engeren Sinne wurde in den zurückliegenden Kapiteln dargestellt. Andere Möglichkeiten liegen im Schutz von Einzelarten in einer technisch-artifiziell geprägten Umgebung. Hier kommt **Zoologischen Gärten** bei der Erhaltung insbesondere von Großtieren eine größere Bedeutung zu. Tatsächlich haben die Zoos ihre Rolle entscheidend umdefiniert. Während sich die Zoologischen Gärten bis in die 1980er-Jahre hinein vor allem als volkspädagogische Instanzen verstanden haben, wird dieses Interesse nun den **Zuchtprogrammen für bedrohte Arten** untergeordnet (Abb. 39.1). So werden beispielsweise Unterarten von Großkatzen wie der Persische Leopard oder der Sumatra-Tiger *(Panthera tigris sumatrae)* heute über Zuchtprogramme von Zoos genetisch am Leben gehalten, weil die Wildbestände zunehmend zu gering und räumlich

Abb. 39.1 Der Syrischer Braunbär ist eine Unterart des Braunbären *(Ursus arctos)* mit hellem Fell, die in freier Wildbahn vom Aussterben bedroht ist, aber in Zoos (wie hier in Heidelberg) überleben wird. (Eigene Aufnahme)

zu isoliert sind, um dies leisten zu können. Auswilderungs- wie Einfangprogramme sollen dafür sorgen, dass die Bestände in freier Wildbahn und in den weltweiten Zoos sich immer wieder genetisch mischen und somit gesund und vital bleiben. Die Zoos haben damit erfolgreich Kritik gekontert, wonach sie über Wildfänge mitschuldig an der Ausrottung von seltenen Arten in der Natur würden. Tatsächlich geht die Tendenz in den Zoos heute in Richtung der Haltung deutlich weniger Tierarten, die aber stärker in einen der Natur nachempfundenen Lebensraum eingebettet werden und sich dort auch fortpflanzen sollen.

Einfacher ist die Erhaltung von Pflanzenarten in **Botanischen Gärten** zu erreichen. Große Botanische Gärten sind ähnlich wie Zoos häufig an Artenschutzprogrammen beteiligt. So werden im Botanischen Garten der Universität Heidelberg insgesamt etwa 10.000 Pflanzenarten gehalten; das sind dreimal mehr Arten, als wild in Deutschland leben, und etwa 3 % aller Pflanzenarten weltweit überhaupt. Allein die Bromeliaceen-Sammlung (Abb. 39.2) umfasst mehrere Hundert Arten, von denen viele an den natürlichen Wuchsorten in Astgabeln süd- und mittelamerikanischer Regenwaldbäume als bedroht gelten können.

Aber ist es das, was Naturschutz wirklich will? Das Überleben von Arten in Gärten oder gar in Genombanken zu sichern, fernab ihrer natürlichen Lebensräume? Immerhin bietet das an sich naturferne Überleben einer Art so etwas wie ein Potenzial, das eine spätere Wiederansiedlung an einem naturnah restaurierten Standort zumindest nicht ausschließt.

Abb. 39.2 In den Sammlungen für Ananasgewächse (Bromeliaceen; im Bild) und Orchideen des Botanischen Gartens der Universität Heidelberg werden Tausende von teilweise in freier Natur bedrohten oder gar ausgestorbenen Arten erhalten. (Eigene Aufnahme)

Sensationeller Erfolg für den Schildkrötenschutz

Im *Allwetterzoo* ist die Freude groß: Erstmals können in Münster geschlüpfte Schildkröten in ihre Ursprungsheimat gebracht werden! Es handelt sich um 14 unter der Obhut von Elmar Meier geschlüpfte Annam-Sumpfschildkröten. Der weltweit anerkannte Experte gilt als einer der erfolgreichsten Züchter asiatischer Schildkröten. Im *Internationalen Zentrum für Schildkrötenschutz* (IZS) im *Allwetterzoo* pflegt Elmar Meier seit 2003 mit großem Engagement und ehrenamtlich verschiedene hoch bedrohte Arten, die im Freiland zum Teil ausgerottet sind.

Am Montag, 12. August, brachte Elmar Meier die 14 münsterschen Schildkröten nach Rotterdam. Gemeinsam mit 57 Artgenossen aus dem Zoo Rotterdam und dem Bestand eines deutschen Privatzüchters reisten sie nach Vietnam. Dort sollen die Reptilien für die genetische Auffrischung der Population sorgen. Die Annam-Bachschildkröte *(Mauremys annamensis)* gehört zu den vom Aussterben bedrohten Süßwasserschildkröten Vietnams. Der Bestand dieser endemischen Art nahm durch illegalen Handel und Lebensraumverlust rapide ab. Seit den 1930er-Jahren galt die Art als verschollen und wurde erst 2006 [in freier Natur] wieder gesichtet.

[...]

Mit bis zu 30 cm Panzerlänge ist die Annam-Bachschildkröte eine der größten asiatischen Sumpfschildkrötenarten. Sie lebt heute endemisch in einem kleinen Gebiet in der Provinz Quang Nam in Zentralvietnam. Die früher durchaus häufige und weiter verbreitete Art galt schon Mitte des 20. Jahrhunderts als extrem selten, da keine freilebenden Exemplare mehr gefunden werden konnten. Allerdings wurden immer wieder einzelne Exemplare auf chinesischen Märkten angeboten und sogar gelegentlich Schildkröten dieser Art nach Europa und in die USA importiert.

Nachdem dann 2006 doch noch eine wildlebende Population entdeckt wurde, wurden in Vietnam und China einige Nachzuchtprojekte ins Leben gerufen. In Deutschland verzeichnet auf Basis der vereinzelt importierten Tiere vor allem das *Internationale Zentrum für Schildkrötenschutz* im *Allwetterzoo Münster* gute Zuchterfolge mit der Annam-Bachschildkröte und arbeitet hier auch eng mit dem Zoo von Rotterdam zusammen (Minor 2013, S. 11 f.).

Letzte Chance für die Dickhäuter

Artenschutz: Das Nördliche Breitmaulnashorn ist faktisch ausgestorben. Aber es soll gerettet werden.

(…)

Auch wenn noch drei mächtige Tiere durch das Schutzgebiet trotten, naht das Ende des Nördlichen Breitmaulnashorns. Wenn nicht Forscher wie Joseph Saragusty, Thomas Hildebrandt, Oliver Ryder und eine ganze Reihe weiterer Spezialisten noch nach einem Strohhalm greifen würden: der Befruchtung im Reagenzglas. Dazu braucht man neben geballtem Fachwissen zunächst einmal nur zwei Dinge: Samenzellen und Eizellen der hochbedrohten Unterart. „Die Samen von vier Männchen bewahren wir in flüssigem Stickstoff bei minus 196 Grad Celsius auf", erklärt Joseph Saragusty. So bleiben die tiefgekühlten Zellen fit, und der Forscher ist sehr zuversichtlich, dass sie nach dem Auftauen ihren Job tun werden. Bei Pferden klappt das jedenfalls hervorragend – und die gehören neben den Tapiren zur nächsten Verwandtschaft der Nashörner.

Roland Knauer in StZ v. 18.7.2016.

40

Nachklapp: Naturschutzfachlichkeit geht alle an!

In Olaf Kühnes ausgezeichneter Monografie *Landschafts-theorie und Landschaftspraxis* (2013) findet sich folgende Passage, die zwar auf die Landschaftswissenschaften bezogen ist, aber auch den Naturschutz explizit mit einschließt. Man muss nur „Landschaft" durch „Natur-schutz" ersetzen und der Text passt auf unsere Thematik fast vollkommen:

Neben laienhaften Landschaftsverständnissen [Natur-schutzverständnissen] *haben sich mit der gesellschaftlichen Modernisierung expertenhafte Landschaftsverständnisse* [Naturschutzverständnisse] *entwickelt: Auf der Suche nach „Problemlösungen" wird diese „berufsmäßig organisierten Spezialisten" zugewiesen (Tänzler 2007, S. 125). Die experten-hafte Landschaftssozialisation* [Naturschutzsozialisation] *erfolgt in der Regel im Erwachsenenalter in Form einer systematischen Vermittlung von landschaftsbezogenen* [natur-schutzbezogenen] *Deutungs- und Bewertungsmustern zumeist in einem landschaftsbezogenen* [naturschutzbezogenen] *Fach-studium (Landschaftsplanung und Landschaftsarchitektur,*

© Springer-Verlag Berlin Heidelberg 2020
K.-D. Hupke, *Naturschutz,*
https://doi.org/10.1007/978-3-662-62132-5_40

Landschaftspflege, Naturschutz, Städtebau, Geographie u. a.) bzw. einer landschaftsbezogenen [naturschutzbezogenen] *Ausbildung (z. B. Landschaftsbauer). Diese Sozialisation in eine professionelle Disziplin bedeutet zumeist die Anerkenntnis und Aufrechterhaltung ihrer diskursiven Regeln (schließlich gilt es, sich gegen die Entwertung des eigenen kulturellen Kapitals zu wehren).*

(Kühne 2013, S. 208).

Das Zitat stellt die Diskursabhängigkeit von professionellen Konstrukten dar, denen eben mühelos auch der Naturschutz zugeordnet werden kann. Die Eigeninteressen werden darin betont („gegen die Entwertung des eigenen kulturellen Kapitals"), ohne dass die entsprechenden professionellen Muster explizit angegriffen würden. Allein die Art der Generierung und Vermittlung lässt diese aber zumindest perspektivisch, wenn nicht gar fragwürdig erscheinen.

Grundsätzlich handelt es sich bei Naturschutzfragen aber um etwas anderes als etwa eine biologische Detailforschung, beispielsweise, welche Hauptfutterpflanzen der Feldhamster bevorzugt oder wie man sich die Synthese der DNA-Polymerase vorstellen muss. Die beiden letzten Fragen wird man den Fachleuten überlassen (müssen).

Naturschutz schließt dagegen Wertungen und Sichtweisen mit ein, die unserem Alltagswissen entstammen. Diese Alltagsperspektive geht bei naturschutzfachlicher Professionalisierung zwar nicht verloren, aber sie wird überschichtet. Der professionalisierte Naturschützer ist zwar dem „Laien" überlegen, was die historischen Zusammenhänge und den Blick auf die Vielperspektivität der naturschützerischen Überlegungen angeht. Aber seine Werturteile sind damit grundsätzlich nicht gültiger, als es der oft naivere Zugang des naturschützerischen Laien ist. So kann sich der professionelle Naturschützer unter Umständen trösten, wenn ein wohnumfeldnahes Flachmoor verschwindet. Dieses mag unter naturschutzfachlichen Gesichtspunkten von keinem sehr großen Wert gewesen sein. Möglicherweise repräsentierte es Lebensgemeinschaften, die im nahen Umfeld noch an anderen Standorten vertreten sind. Oder es war ohnehin floristisch degradiert. – Nur der Bewohner des Wohnumfeldes kann erwägen, was ihm gerade dieses Flachmoor bedeutet und warum er gerade dieses nicht verlieren möchte. Seine Perspektive, eventuell bestimmt durch Wohnortnähe, Erholungsinteressen und Einbau in den Lebensalltag, ist der naturschutzfachlichen Perspektive gegenüber keineswegs nachrangig, vielmehr ergänzt sie diese.

Laien inhaltlich an einer Diskussion zu beteiligen, in welcher es um konkurrierende Modellbildungen der Quantenphysik oder um algorithmische Ansätze in der Chemieforschung geht, wäre Unsinn. Die Fachlichkeit des professionellen Naturschutzes ist jedoch von anderer Art. Naturnutzer (Abb. 40.1) müssen darin eine besondere bewertende Rolle spielen.

Abb. 40.1 Naturnutzer. **a** Lagernde Familie im Randbereich eines Naturschutzgebiets. **b** Betagtere Damen im Naturschutzgebiet auf der Suche nach einem botanischen Fotomotiv. (Eigene Aufnahmen)

Literatur

Adams JS, McShane TO (1996) The myth of wild Africa. University of California Press, Berkeley

Altner G (1991) Naturvergessenheit. Grundlagen einer umfassenden Bioethik. Wissenschaftliche Buchgesellschaft, Darmstadt

Amery C (1972) Das Ende der Vorhersehung. Die gnadenlosen Folgen des Christentums. Rowohlt, Hamburg

Baur B (2010) Biodiversität. Haupt, Bern

Bayerische Akademie der Wissenschaften (Hrsg) (1990) Welche Natur wollen wir schützen? Rundgespräche der Kommission für Ökologie 1. Friedrich Pfeil, München

Bayerische Akademie der Wissenschaften (Hrsg) (1995) Bayerische Tropenforschung – Einst und jetzt. Rundgespräche der Kommission für Ökologie 10. Friedrich Pfeil, München

Bayerische Akademie für Naturschutz und Landschaftspflege (Hrsg) (2010) Wildnis zwischen Natur und Kultur: Perspektiven und Handlungsfelder für den Naturschutz. Laufen

© Springer-Verlag Berlin Heidelberg 2021
K.-D. Hupke, *Naturschutz*,
https://doi.org/10.1007/978-3-662-62132-5

Behrens & Hoffmann (2013) Naturschutz-Geschichte(n). Lebenswege zwischen Ostseeküste und Erzgebirge. Steffen Verlag, Berlin

Blümel WD (1999) Physische Geographie der Polargebiete. Springer, Wiesbaden

Böhme G (1989) Für eine ökologische Naturästhetik. Suhrkamp, Frankfurt a. M.

Böhme G (1992) Natürlich Natur. Über Natur im Zeitalter ihrer technischen Reproduzierbarkeit. Suhrkamp, Frankfurt a. M

Bode W, von Hohnhorst M (1994) Waldwende. München, Beck

Bundesamt für Naturschutz (Hrsg) (2005) Gebietsfremde Arten. Positionspapier des Bundesamtes für Naturschutz. BfN-Skripten 128, Bonn

Bundesamt für Naturschutz (Hrsg) (2009) Rote Liste gefährdeter Tiere, Pflanzen und Pilze Deutschlands, Bd. 1. Wirbeltiere, Bonn

Bundesamt für Naturschutz (Hrsg) (2012a) Daten zur Natur 2012. Bonn

Bundesamt für Naturschutz (Hrsg) (2012b) Rote Karte für Isegrim. Nat Landsch 87(4):193

Bundesamt für Naturschutz (Hrsg) (2012c) Hot Spot Wiese. Nat Landsch 87(6):277 f.

Bundesamt für Naturschutz (Hrsg) (2012d) Zahl des Monats. Nat Landsch 87(7):323

Bundesamt für Naturschutz (Hrsg) (2012e) Wie wichtig ist Naturschutz? Nat Landsch 87(11):509

Bundesamt für Naturschutz (Hrsg) (2013a) Bayerisches Löffel-kraut und andere bedrohte Arten sichern. Nat Landsch 88(11):27

Bundesamt für Naturschutz (Hrsg) (2013b) Aktuelle Daten zur natürlichen Waldentwicklung in Deutschland. Nat Landsch 88(12):522

Bundesamt für Naturschutz (Hrsg) (2014) Kampf gegen invasive Arten in der EU. Nat Landsch 89(2):94 (zitiert nach Niedersächsische Allgemeine vom 14.12.2013)

Bundesministerium für Umwelt, Naturschutz, Bau und Reaktorsicherheit und Bundesamt für Naturschutz (2014) Naturbewusstsein 2013. Bevölkerungsumfrage zu Natur und biologischer Vielfalt. BMUB, Berlin

Bund für Umwelt- und Naturschutz Deutschland (BUND) (Hrsg) (2012) Stadtnaturschutz. BUND-Standpunkt, Bd 4. Berlin

Conwentz H (1904) Die Gefährdung der Naturdenkmäler und Vorschläge zu ihrer Erhaltung. Gebrüder Borntraeger, Berlin

Cronon W (Hrsg) (1995) Uncommon ground. Towards reinventing Nature. Norton & Company, New York

Czybulka et al (2018) Laubholz-Irrweg? Erwiderung auf: Wissenschaftlicher Beirat für Waldpolitik. Nat Landsch 93(7):344–345

Delius U (2016) Indigene Fischer fürchten Tiefseebergbau. Pogrom 297:46–49

Deutsche Bahn (Hrsg) (2012) Artenwanderung – die stille Invasion. Mobil 3:72–80

Deutsche Gesellschaft für technische Zusammenarbeit, Bundesamt für Naturschutz und Internationale Naturschutzakademie Insel Vilm (Hrsg) (2000) Naturschutz in Entwicklungsländern. Neue Ansätze für den Erhalt der biologischen Vielfalt. Max Kasparek, Heidelberg

Deutscher Taschenbuch Verlag (Hrsg) (2015) Naturschutzrecht. München

Dorsey K (1998) The dawn of conservation diplomacy. University of Washington Press, Seattle

Dürr HP (1985) Traumzeit. Über die Grenze zwischen Wildnis und Zivilisation. Suhrkamp, Frankfurt a. M

Eisel U (1982) Die schöne Landschaft als kritische Utopie oder als konservatives Relikt. Soz Welt 38(2):157–168

Ellenberg H, Leuschner C (2010) Vegetation Mitteleuropas mit den Alpen. Eugen Ulmer, Stuttgart

Enquete-Kommision „Vorsorge zum Schutz der Erdatmosphäre" des deutschen Bundestages (Hrsg) (1990) Schutz der Tropenwälder. Eine internationale Schwerpunktaufgabe. Economica, Bonn

Erdmann K-H, Borg H-R (Hrsg) (2002) Naturschutz. Neue Ansätze, Konzepte und Strategien. BfN-Skripten 67. Bonn

Eser U (1999) Der Naturschutz und das Fremde. Ökologische und normative Grundlagen der Umweltethik. Campus, Frankfurt a. M

Eser U, Potthast T (1999) Naturschutzethik. Nomos, Baden-Baden

Fiene C (2013) Wahrnehmung von Risiken aus dem globalen Klimawandel. Dissertation Abt. Geographie PH, Heidelberg

Flitner M, Görg C, Heins V (Hrsg) (1998) Konfliktfeld Natur. Biologische Ressourcen und globale Politik. Leske & Budrich, Opladen

Frohn H-W, Schmoll F (2006) Natur und Staat. Staatlicher Naturschutz in Deutschland 1906–2006. Naturschutz und Biologische Vielfalt 35. Bundesamt für Naturschutz, Bonn (Bearb.)

Gadgil M, Guha R (1992) This fissured land. An ecological history of India. University of California Press, Berkeley

Geldmann J, Gonzáles-Varo JP (2018) Conserving honey bees does not help wildlife. High densities of managed honey bees can harm populations of wild pollinators. Science 359:392–393

Gigon A, von Rütte M (2014) Vorbehalte gegen den Naturschutz – Befragungsergebnisse und Hinweise zu Entgegnungen. Nat Landsch 89(7):310–316

Goren-Inbar N, Speth JD (Hrsg) (2004) Human Paleoecology in the Levantine Corridor. Oxbow books, Oxford

Gorke M (2010) Eigenwert der Natur. Ethische Begründungen und Konsequenzen. S Hirzel, Stuttgart

Gradmann R (1898) Das Pflanzenleben der Schwäbischen Alb mit Berücksichtigung der angrenzenden Gebiete Süddeutschlands, Bd 1. Verlag des Schwäbischen Albvereins, Tübingen

Grimmet R, Inskipp T (2005) Birds of Southern India. OM books international, New Delhi

Grossklaus G, Oldemeyer E (Hrsg) (1983) Natur als Gegenwelt. Beiträge zur Kulturgeschichte der Natur. Loeper, Karlsruhe

Grzimek B, Grzimek M (1961) Serengeti darf nicht sterben: 367.000 Tiere suchen einen Staat. Deutscher Bücherbund, Stuttgart

Haber W (2009) Biologische Vielfalt zwischen Mythos und Wirklichkeit. Denkanstöße 7:16–34 Mainz

Haber W (2010) Die unbequemen Wahrheiten der Ökologie. Oekom, München

Hampicke U (1993) Naturschutz und Ethik – Rückblick auf eine 20-jährige Diskussion 1973–1993 und politische Folgerungen. Z Ökol Naturschutz 2(1):73–86

Hard G (1997) Spontane Vegetation und Naturschutz in der Stadt. Geogr Rundsch 49(10):562–568

Heiland S (1992) Naturverständnis. Dimensionen des menschlichen Naturbezugs. Wissenschaftliche Buchgesellschaft, Darmstadt

Hejda M, de Bello F (2013) Impact of plant invasions on functional diversity in the vegetation of Central Europe. J Veg Sci 24:890–897

Hupke K-D (1981) Die Waldgrenze im Innerötztal (Tirol) Unveröff. Staatsexamensarbeit, U Stuttgart

Hupke K-D. (2000) Der Regenwald und seine Rettung. Zur Geistesgeschichte der Tropennatur in Schule und Gesellschaft. Habilitationsschrift. Duisburger Geographische Arbeiten 22

Hupke K-D (2004) Der Wald als Natur? Der Wald als Kultur! Wald-Klischees und Leitbilder der Waldrezeption. Prax Geogr 34(10):4–10

Hupke K-D (2009) Die Erfindung des Tropischen Regenwaldes. In: Kirchhoff T, Trepl L (Hrsg) Vieldeutige Natur. Landschaft, Wildnis und Ökosystem als kulturgeschichtliche Phänomene. Transcript, Bielefeld, S 255–262

Hupke K-D (2014) Ein Standort – viele „Naturen": Welche Natur wollen wir wo schützen? Das Beispiel der Sandhausener Dünen bei Heidelberg. Prax Geogr 44(11):28–32

Jax K (1994) Mosaik-Zyklus und Patch-dynamics: Synonyme oder verschiedene Konzepte? Eine Einladung zur Diskussion. Z Ökol Naturschutz 3:107–112

Jessel B (1997) Wildnis als Kulturaufgabe – nur scheinbar ein Widerspruch! Laufener Seminarbeiträge Nr. 1: 9–20

Kant, I (1974/1781) Kritik der Urteilskraft. Werkausgabe Bd. 10. Suhrkamp, Frankfurt/M.

Kelletat D (2013) Physische Geographie der Meere und Küsten, 3. Aufl. Gebrüder Borntraeger, Stuttgart

Kiemstedt H (1967) Zur Bewertung natürlicher Landschaftselemente für die Planung von Erholungsgebieten. Dissertation, Technische Hochschule Hannover

Kirchhoff T, Haider S (2009) Globale Vielzahl oder lokale Vielfalt: zur kulturellen Ambivalenz von „Biodiversität". In: Kirchhoff T, Trepl L (Hrsg) Vieldeutige Natur. Transcript, Bielefeld, S 315–330

Kirchhoff T, Trepl L (Hrsg) (2009) Vieldeutige Natur. Landschaft, Wildnis und Ökosystem als kulturgeschichtliche Phänomene. Transcript, Bielefeld

Körner S (2000) Das Heimische und das Fremde. Die Werte Vielfalt, Eigenart und Schönheit in der konservativen und in der liberal-progressiven Naturschutzauffassung. Fremde Nähe – Beiträge zur interkulturellen Diskussion, Bd. 14. LIT, Münster

Körner S, Nagel A, Eisel U (2003) Naturschutzbegründungen. Bundesamt für Naturschutz, Bonn

Kowarik I (2010) Biologische Invasionen. Neophyten und Neozoen in Mitteleuropa, 2. Aufl. Eugen Ulmer, Stuttgart

Kuckartz U, Grunenberg H (2002) Umweltbewusstsein in Deutschland 2002 Ergebnisse einer repräsentativen Bevölkerungsumfrage. Umweltbundesamt, Berlin

Kuckartz U, Rädiker S (2012) Das Bewusstsein über biologische Vielfalt in Deutschland: Wissen. Einstellung und Verhalten. Nat Landsch 87(3):109–113

Kühne O (2013) Landschaftstheorie und Landschaftspraxis. Eine Einführung aus sozialkonstruktivistischer Perspektive. Springer, Wiesbaden

Lehmann et al. (2004) Amazonian Dark Earths. Origin – Properties – Management. Kluwer Academic Publishers, Alphen

Levington JS (2013) Marine Biology, 4. Aufl. Oxford University Press, New York

Martin PS, Wright HE (Hrsg) (1967) Pleistocene extinctions: the search for a cause. Yale University Press, New Haven

Maslow A (2013) A theory of human motivation. Kindle Edition, Radford (Nachdr)

Maxeiner D, Miersch M (1996) Öko-Optimismus. Metropolitan, Düsseldorf

Mayer J (Hrsg) (1993) Zurück zur Natur!? Zur Problematik naturwissenschaftlich-ökologischer Ansätze in den Gesellschaftswissenschaften. Loccumer Protokolle 75

McCann JC (1999) Green land, brown land, black land. An environmental history of Africa, 1800–1990. James Currey, Oxford

McKibben B (1999) The end of nature. Anchor Books, New York

Meyer-Abich KM (1990) Aufstand für die Natur. Von der Umwelt zur Mitwelt. Hanser, München

Minor. Informationsbrief der „Arbeitsgemeinschaft Schildkröten" (2013) Straßenverkehr und Schildkröten. Minor 12(4):15

Möller A (1922) Der Dauerwaldgedanke Sein Sinn und seine Bedeutung. Springer, Berlin

Negi SS (2008) Biodiversity and its conservation in India. Status, threats and conservation, 2. Aufl. Indus, New Delhi

Nentwig W (2010) Invasive Arten. Haupt, Bern

Neumann RP (1998) Imposing wilderness Struggles over livelihood and nature preservation in Africa. University of California Press, Berkeley

Ott K (2003) Zum Verhältnis von Tier- und Naturschutz. In Brenner A (Hrsg) Tiere beschreiben. Harald Fischer, Erlangen, S 128–156

Overbeck GE (2014) The effects of grazing depend on productivity – and what else? J Veg Sci 25(1):6–21

Owen J (2010) Wildlife of a garden. A thirty-year-study. Royal Horticultural Society, Kent (UK)

Picht G (1989) Der Begriff der Natur und seine Geschichte Vorlesungen und Schriften. Klett-Cotta, Stuttgart

Piechocki R (2007) Heimat und Naturschutz Die Vilmer Thesen und ihre Kritiker. Naturschutz und biologische Vielfalt 47. Bundesamt für Naturschutz, Bonn (Bearb)

Piechocki R (2010) Landschaft – Heimat – Wildnis. Schutz der Natur – aber welcher und warum? Beck, München

Piechocki R et al. (2010) Vilmer Thesen zu Grundsatzfragen des Naturschutzes. BfN-Skripten 281. Bonn

Plachter H (1991) Naturschutz. Gustav Fischer, Stuttgart

Potthast T, (Bearb, (2007) Biodiversität – Schlüsselbegriff des Naturschutzes im 21. Jahrhundert? Naturschutz und Biologische Vielfalt 48. Bundesamt für Naturschutz, Bonn

Reichholf J (2007) Stadtnatur Eine neue Heimat für Tiere und Pflanzen. Oekom, München

Reichholf J (2009) Die Zukunft der Arten. Neue ökologische Überraschungen. DTV, Frankfurt/M

Reichholf J (2010) Naturschutz Krise und Zukunft. Unseld, Berlin

Reisigl H, Pitschmann H (1958) Obere Grenzen von Flora und Vegetation in der Nivalstufe der zentralen Ötztaler Alpen (Tirol). Vegetatio 8:93–129

Remmert H (1988) Naturschutz. Springer, Berlin

Röscheisen H (2005) Der Deutsche Naturschutzring. Geschichte, Interessenvielfalt, Organisationsstruktur und Perspektiven. Oekom, , München

Rudorff E (1897) Heimatschutz. Joseph Meyer, Leipzig

Runte A (2010) National parks. The American experience. Taylor Trade Publishing, , Lanham

Schäfer A, Kowatsch A (2015) Gewässer und Auen – Nutzen für die Gesellschaft. Bonn, Bundesamt f Naturschutz

Schama S (1997) Der Traum von der Wildnis. Natur als Imagination. Kindler, München

Scherzinger W (1996) Naturschutz im Wald. Qualitätsziele einer dynamischen Waldentwicklung. Eugen Ulmer, Stuttgart

Schiemann G (1996) Was ist Natur? Klassische Texte zur Natur-philosophie. DTV, München

Schlegelmilch K et al (2018) Naturbasierte Lösungen für Klima-schutz und Anpassung an den Klimawandel – Nutzen von Naturschutzmaßnahmen. Nat u Landsch 93:569–577

Schönborn W, Risse-Buhl U (2013) Lehrbuch der Limnologie. Schweizerbart, Stuttgart

Schönichen W (1954) Naturschutz, Heimatschutz. Ihre Begründung durch Ernst Rudorff Hugo Conwentz und ihre Vorläufer. Wissenschaftliche Verlagsgesellschaft, , Stuttgart

Schultz H-D (1997) Mit oder gegen die Natur? Die Natur ist, was sie ist, und sonst gar nichts. Z Erdkundeunterr 7(8):296–302

Sebald O, (u.a), (Hrsg) (1992) Die Farn- und Blütenpflanzen Baden-Württembergs, Bd 4. Eugen Ulmer, Stuttgart

Sebald O (u.a.) (Hrsg²1993) Die Farn- und Blütenpflanzen Baden-Württembergs. Bd. 1. Eugen Ulmer, Stuttgart

Sebald, O (u.a.) (Hrsg) 1996) Die Farn- und Blütenpflanzen Baden-Württembergs. Bd. 5. Eugen Ulmer, StuttgartSeel M (1991) Eine Ästhetik der Natur. Suhrkamp, Frankfurt a. M.

Seeland K (Hrsg) (1997) Nature is culture. Indigenous knowledge and socio-cultural aspects of trees and forests in non-european cultures. Intermediate Technology, London

Shackleton C, Shackleton S (2011) Non-Timber forest products in the global context. Springer, Berlin

Shetler JB (2007) Imagining Serengeti. A history of landscape memory on Tanzania from earliest times to the present. Ohio University Press, Athens

Sieferle RP (1984) Fortschrittsfeinde? Opposition gegen Technik und Industrie von der Romantik bis zur Gegenwart. Beck, München

Spence MD (1999) Dispossessing the wilderness. Indian removal and the making of the National parks. Oxford University Press, , New York

Steffan-Dewenter I, Tscharntke T (2000) Resource overlap and possible competition between honey bees and wild bees in Central Europe. Oecologia 122:288–296

Succow M, Joosten H (Hrsg) (2001) Landschaftsökologische Moorkunde. E. Schweizerbart, Stuttgart

Succow M, Jeschke L, Knapp HD (Hrsg) (2012) Naturschutz in Deutschland. Ch Links, Berlin

Sukopp H, Lohmeyer W (1992) Agriophyten in der Vegetation Mitteleuropas. Landwirtschaftsverlag, Bonn

Tesdorpf, JC (1984) Landschaftsverbrauch. Begriffsbestimmung, Ursachenanalyse und Vorschläge zur Eindämmung. Dargestellt an Beispielen Baden-Württembergs. Verlag Dr. Tesdorpf, Berlin/Vilseck.Trepl L (1994) Geschichte der Ökologie. Vom 17. Jahrhundert bis zur Gegenwart. Beltz Athenäum, Frankfurt a. M.

Trommer G (1992) Wildnis – die pädagogische Herausforderung. Deutscher Studienverlag, Weinheim

Uhrmeister B, Reiff N, Falter R (1998) Rettet unsere Flüsse. Kritische Gedanken zur Wasserkraft. Pollner, Oberschleißheim b., München

Voigt A (2009) Die Konstruktion von Natur. Ökologische Theorien und politische Philosophien der Vergesellschaftung. Sozialgeographische Bibliothek, Bd 12. Franz Steiner, Stuttgart

von Carlowitz, HC (1713) Sylvicultura oeconomica. J.F. Braun, Leipzig

Wächter HJ (2008) Naturschutz in den deutschen Kolonien in Afrika (1884–1918). LIT, Berlin

WBGU (Wissenschaftlicher Beirat der Bundesregierung: Globale Umweltveränderungen, 2013) Menschheitserbe Meer. Berlin

Weber I (2007) Die Natur des Naturschutzes Wie Naturkonzepte und Geschlechtskodierungen das Schützenswerte bestimmen. Oekom, München

Wilson JB (2014) Does the initial floristic composition model of secession really work? J Veg Sci 25(1):4 f.

Wilson EO, France MP (Hrsg) (1988) Biodiversity. Academy Press, Washington

Wissenschaftlicher Beirat für Waldpolitik beim BMEL (Hrsg) (2018) Klimaschutz in der Land- und Forstwirtschaft sowie den nachgelagerten Bereichen Ernährung und Holzverwendung. Berlin.

Wittig R, Niekisch M (2014) Biodiversität: Grundlagen, Gefährdung Schutz. Springer Spektrum, Berlin

Wobus AN, Wobus U, Parthier B (Hrsg) (2010) Der Begriff der Natur. Wandlungen unseres Naturverständnisses und [sic] seine Folgen. Deutsche Akademie der Naturforscher Leopoldina, Halle

Wrangham R (2009) Catching fire. How cooking made us human. Basic Books, New York

Zimmermann J (Hrsg) (1982) Das Naturbild des Menschen. Wilhelm Fink, München

Zucchi H, Stegmann P (Hrsg) (2006) Wagnis Wildnis Wildnisentwicklung und Wildnisbildung in Mitteleuropa. Oekom, München

Stichwortverzeichnis

© Springer-Verlag Berlin Heidelberg 2021
K.-D. Hupke, *Naturschutz*,
https://doi.org/10.1007/978-3-662-62132-5